1+X 职业技能等级证书教材

冶金机电设备点检

中级

有色金属工业人才中心
组织编写

化学工业出版社

·北京·

内 容 简 介

本书是冶金机电设备点检（中级）1+X职业技能等级证书的考试用书，是由冶金机电设备点检职业技能等级标准的建设主体机构组织编写。书中内容依据1+X冶金机电设备点检职业技能等级标准（中级），以典型工作任务为载体培养学生操作技能、心智技能及职业素养。全书共分基础、实践、实训三篇。为方便学习，配套视频讲解，可扫描书中二维码观看。

本书可作为1+X证书考核强化培训教材，也可作为1+X书证融通和模块化教学教材，适合相关专业的职业院校学生和有相关需求的技术人员使用。

图书在版编目（CIP）数据

冶金机电设备点检：中级/有色金属工业人才中心组
织编写. —北京：化学工业出版社，2023.7
ISBN 978-7-122-43648-1

Ⅰ.①冶… Ⅱ.①有… Ⅲ.①冶金工业-机电设备-
设备管理-水平考试-自学参考资料 Ⅳ.①TF3

中国国家版本馆CIP数据核字（2023）第108027号

责任编辑：韩庆利 文字编辑：宋 旋 温潇潇
责任校对：宋 玮 装帧设计：刘丽华

出版发行：化学工业出版社（北京市东城区青年湖南街13号 邮政编码100011）
印 装：河北鑫兆源印刷有限公司
787mm×1092mm 1/16 印张18¼ 字数456千字 2023年11月北京第1版第1次印刷

购书咨询：010-64518888 售后服务：010 64518899
网 址：http://www.cip.com.cn
凡购买本书，如有缺损质量问题，本社销售中心负责调换。

定 价：58.00元

编写委员会名单

主　编　宋　凯　孙　杰　杨莉华

副主编　刘九青　马　琼　邵　林　肖　鹏

参　编（按姓名汉语拼音排序）

陈昱玲　崔殿斌　高　雪　顾耀明　蒋立刚

李秀英　李　夜　林申铭　刘　春　刘　磊

卢雪红　吕春华　石光岳　王　蕾　王　薇

王　一　吴立凡　谢金丁　徐　敏　杨　璐

杨　颖　张　珺　赵丽霞　周　慧　祝丽华

前言

设备点检是一种先进的设备维护管理制度，是设备管理由"事后维修"进入"预防维修"的重大转变，实现防患于未然，提高了设备管理的现代化水平。设备点检员在我国是一种新颖的职业。随着我国科学技术和科技创新能力的日益发展，智能制造步伐日益加大，企业对机电设备运转的连续性和稳定性的要求不断提高，对设备点检人员的素质、知识、技能水平要求不断提高。

新职业教育法明确职业教育是与普通教育具有同等重要地位的教育类型，1＋X 证书制度彰显了职业教育的类型特征，将学历证书和技能等级证书相结合，既满足了学校和学生需求，又满足了社会用人需求，创新了中国特色职业教育发展模式，对于培养高素质复合型人才、能工巧匠、大国工匠，具有重要意义。

《冶金机电设备点检》（中级）是服务于 1＋X 冶金机电设备点检职业技能等级中级培训、教学、考核的重要指导材料。由有色金属工业人才中心组织行业与企业设备管理专家、院校骨干教师等多领域专家共同参与开发。

本书按照新形态一体化教材要求编写，遵循"工作过程导向、任务驱动、教学做一体、工学结合"的原则，依据 1＋X 冶金机电设备点检职业技能等级标准（中级），以典型工作任务为载体，同时提供了实训篇考核视频，全面培养学生的操作技能、心智技能及职业素养。

本书分"基础篇""实践篇""实训篇"三个篇章。各篇章重点内容如下。

1. 基础篇：涵盖认识设备点检、认识冶金工业、认识工程制图。
2. 实践篇：涵盖机械设备点检管理、电气设备点检管理。
3. 实训篇：涵盖机械单元、电气单元、仪器单元的实操考核演练。帮助学习者掌握点检、维护维修基本流程和方法，点检过程中的设备异常工况的初步判断，掌握常见设备的综合维护与保养的方法，掌握设备管理与优化流程和方法等。

本书不仅是 1＋X 证书考核强化培训教材，亦是 1＋X 书证融通、模块化教学教材。需要强调一点：本书重点不在"冶金"，而在"设备点检"，对应职业涉及行业领域包括但不仅限于冶金行业。因此，本书适用于机电、机械、电气等相关专业的院校学生及从事相关设备操作的企业职工。

由于编者水平有限，书中有不妥之处在所难免，恳请读者批评指正。

编　者

目 录

基 础 篇

项目1　认识设备点检

任务 1　设备管理

任务目标

1. 了解固定资产管理的概念及主要内容。
2. 了解设备管理综合评价体系。
3. 掌握设备劣化管理的表现形式、原因及预防对策。
4. 掌握设备倾向管理的内容和实施步骤。

素质目标

1. 养成吃苦耐劳、高度负责的职业素养。
2. 提升协调的能力。
3. 培养观察、分析、判断的能力和认真严谨的工匠精神。

任务引入

设备管理是以设备为研究对象，追求设备综合效率，应用一系列理论、方法，通过一系列技术、经济、组织措施，对设备的物质运动和价值运动进行全过程（从规划、设计、选型、购置、安装、验收、使用、保养、维修、改造、更新直至报废)的科学性管理。请完成以下任务：

（1）设备劣化管理的表现形式、原因及预防对策？

（2）设备倾向管理的内容是什么？如何实施？

知识链接

设备管理是设备技术管理和设备经济管理的综合和统一，其主要任务是：提高工厂技术设备素质，充分发挥设备效能，保障工厂设备完好，取得良好设备投资效益。

1. 固定资产管理

固定资产管理是指对企业固定资产的使用计划、购置、验收、登记入库、领用、维修直至报废等过程的科学性管理。

企业固定资产管理主要内容包括：立足于固定资产全寿命、全过程管理；明确职能部门和使用单位的管理责任；规范固定资产综合核算；明确资产处置流程、促进固定资产妥善保管，防止损坏和流失；充分发挥其使用性能、盘活资产，提高使用效率；实现资产保值增值；以收益最大化为原则，依法合规处置闲置、淘汰资产。

2. 设备管理综合评价体系

生产维护与设备管理综合评价体系，包括定量（指标）和定性（过程）评价两个方面，通过评价体系的建立与完善，促进加强生产维护与设备管理工作，为实现经营目标提供基础保障。

根据经济、高效、通用、敏感的原则，设计生产维护与设备管理综合评价指标体系，以显示企业生产维护和设备管理的总体水平及各个不同的侧面。

✿ 任务实施

1. 设备劣化管理

随着时间的推移，设备原有功能的降低及丧失，以及设备的技术、经济性能的降低，都称为设备的劣化。

（1）设备劣化的表现形式

① 机械磨损。

② 裂纹。

③ 塑性断裂和脆性断裂。

④ 腐蚀。

⑤ 蠕变。

⑥ 元器件老化。

⑦ 橡胶、塑料等制品随时间的增加而发生老化。

⑧ 剥蚀等原因使齿轮的齿面局部损坏。

⑨ 材质强度不够而造成齿面局部变形或断裂。

⑩ 电气、仪表、计算机设备因受潮等原因所引起的短路、断路、烧损等。

（2）设备劣化的原因分析

① 润滑不良。对于处在正常运转状态下的设备来说，转动、滑动部位的劣化，如异常磨损、缺陷，甚至损坏等情况的发生，多数是润滑不当，即给油脂不良所造成。

需要关注的是一旦断油或给油脂不良，将加速设备的劣化，甚至引发重大事故；给设备的某些固定部位涂上润滑油脂，可以防止金属件生锈和被腐蚀，特别是闲置设备。

② 灰尘沾污（包括异物混入）。灰尘能加速油质恶化，使设备的机械磨损量增大，也可能造成阀门阻塞、操作失灵、金属表面粗糙度增加、产品表面出现疵点等。

机械装配时，紧固处混入灰尘会引起松弛；公差配合处混入灰尘会引起配合不佳；轴承内夹杂灰尘会引起轴承的异常磨损。

在电气仪表设备中，灰尘将引起开关、接触器、继电器等的接触不良，设备绝缘下降；

接插件接触不良会造成控制失效，严重时甚至酿成重大设备事故。

需要关注的是灰尘往往是从很小的间隙混入并堆积起来的；在设备点检、维护时，应充分注意防尘对策；维修时要注意文明施工，落实防尘措施。

③ 螺栓松动。螺栓的松动会使所受的应力发生变化，是导致机件损坏，甚至产生设备事故的原因之一，也是加速设备劣化的重要原因。

通过点检可以及时发现螺栓的松动，加以紧固；在设备维修后，应加强紧固和检查。

④ 受热。生产过程中被消耗的能量中的一部分会转变成热能，往往带来加速设备劣化的恶果。特别是对电气、仪表、计算机等电子设备，不但要注意防止外界热源的干扰，而且要注意这些设备工作时，本身会发热。温升是影响电子设备稳定工作的主要因素之一，过高的温升会引起电子元件性能下降，绝缘体老化，甚至烧坏元器件或绝缘件。

需要关注的是对于无用热源的积聚点要特别采取措施进行散热；对有用热源，则要采用有效的隔热的措施，将它与其他设备隔离，将热源对其他设备的影响程度减到最小。

⑤ 潮湿。对电气装置、电子设备、润滑装置等设备，应特别注意防潮，因为潮湿将加剧腐蚀，并使绝缘材料性能下降。在湿度大的环境里，散热受到阻碍，会促使润滑剂性状劣化，金属件也容易生锈和被腐蚀。

需要关注的是潮湿及湿度大的场所要采取可能的防潮、通风措施，还必须加强设备的点检维护。

⑥ 保温不良。对某些设备而言，在寒冷的冬季亦要求保持一定的温度。例如，从润滑油的特性来看，温度过低会造成润滑油的黏度增大，流动性变差，因而会造成被润滑设备的润滑不良，对集中循环润滑系统尤其如此。一旦发生冻结，轻则系统不能工作，重则管道破裂、仪表损坏。

需要关注的是对户外的设备，冬季必须注意防冻，如液体管道、阀门、水泵，以及测定流量、压力的变送器等仪表设备防冻工作尤为重要。

（3）设备劣化的预防对策

设备劣化的预防对策，主要是预防劣化（或延缓劣化）、测定劣化和修复劣化，这三个方面是有机地联系在一起的。

① 预防劣化。应首先从保持设备原有性能的活动着手，主要有日常维护和改善维修两个方面。

设备的日常维护是延缓设备劣化的重要手段，包括轴承、齿轮的传动部分、滑动部分的给油（脂）、密封点等，易损零件的简单调换、调整及污损部位的清扫等工作。这些工作大多很简单，不需要高超的技能。但是对延缓设备劣化起着不可忽视的作用，只要持之以恒，必定能获得良好的效果。

为延缓设备劣化的速度，改善维修是设法改善设备质量的一项根本性措施。改善维修的主要方式有：改进设备结构，以提高设备结构的合理性；改变零件的材质或加工工艺，以提高零件的使用寿命；采用高质量的元器件，以提高电子设备、控制系统的可靠性；采用适当的表面处理工艺，以提高金属件的耐磨或抗腐能力；改善外部环境条件，以改善设备的环境状况。

② 劣化的测定。随着设备运转时间的增加，劣化的加深是不可避免的。点检人员在进行五感点检之外，还必须运用仪器仪表，对设备进行检查，如振动、扭矩、电压、电流、温度、系统精度测量，或者取样后委托专业技术人员进行数据分析等；或者对设备的某些部分

进行解体检查；或者对失效部件、故障部位作进一步分析诊断。在经验、实际数据的基础上，对这些定量检测的结果进行分析研究，掌握设备劣化的程度，进而可以预测判断设备劣化的趋势，预测修理或更换的时间，以便及时作出相应的处理。

③ 修复劣化。为了经济地采用预防设备劣化的对策，应根据设备故障率曲线、使用寿命分布，根据设备运行情况（通过良否检查、倾向检查、实际测定、运转实绩、经验等），掌握设备及其零部件的劣化程度，按维修成本最经济的原则确定维修方法和修理、更换期，然后制订计划、实施维修，这样的维修活动称之为修复劣化。另外，利用新技术改造，把性能低下及失效设备更新为性能良好的新型设备，也可以看作是修复设备劣化的另一种方式。

2. 设备倾向管理

(1) 倾向管理的内容

为了把握设备的劣化倾向程度和减损量的变化趋势，必须观察其故障参数，实施定量的劣化量测定，对测定的结果进行数据管理，并对劣化原因进行分析，以控制设备的劣化倾向，从而预知其使用寿命，最经济地进行维修，这样的管理方式称为倾向管理。

通过检查设备的劣化倾向，分析所得数据的一般劣化趋势，绘制曲线、进行倾向管理，通过实测曲线直观地反映设备劣化的程度与趋势，预测修理和更换的周期。图 1-1-1 为倾向管理检测曲线图。

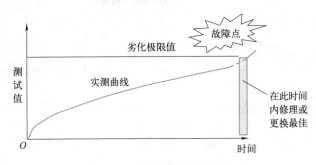

图 1-1-1　倾向管理检测曲线图

若设备的劣化在极限值范围内，则不影响设备的正常运转；但一旦劣化程度超过极限值，就会出现故障，且往往是突发性的故障（事故）。所以理想的设备修理应该是安排在劣化实测曲线将要达到极限值之前的时间范围内。

(2) 设备倾向管理实施的步骤

① 确定项目——选定对象设备。根据点检标准与维修技术标准，选定实施倾向管理的设备对象与管理项目，并预先设计编制好倾向管理图表，以便记录倾向管理数据。

② 制订计划。根据维修技术标准的要求，确定检查周期，按周期对测量参数进行定量测量。在选定测量设备管理项目时要充分考虑到代表突发故障型劣化征兆的参数可靠性，一般可用分析法或比较法来确定，同时还必须考虑当前阶段具备测量的条件与手段及工器具。

③ 实施与记录——根据数据统计作出曲线。根据倾向管理要求选择设备测试状态，按倾向管理计划实施，做好数据测量记录。

测试状态分为动态和静态，动态测试主要是在设备运转状态下的测试，如振动测量；静态测试主要是在设备停止状态下的测试，如磨损厚度测定等。

④ 分析与对策——预测更换和修理周期，提出改善方案。通过数据对比与分析，了解

被管理设备对象的使用寿命和关键的测定日期，并根据一定时间管理数据的积累、结果、经验，结合工况条件对劣化倾向管理的内容做一些修订与完善，如对测量的周期间隔是否需要延长或缩短；对测量参数是否需要改变或删减；对对象设备的劣化极限值是否需要修正；对测量手段是否需要优化和改进，最终达到对设备实施最有效修理的目的。

　　例如：全卷钢丝绳磨损倾向管理。根据表 1-1-1 全卷钢丝绳磨损倾向管理图表和图 1-1-2 全卷钢丝绳磨损倾向管理图，按劣化趋势，预测在 8～9 月份之间超过磨损极限，故计划在 8 月份更换，并测量 8 月更换时的实际数据，为下次预测劣化提供经验，开始新一轮的倾向管理。

表 1-1-1　全卷钢丝绳磨损倾向管理图表

月份	3 月	4 月	5 月	6 月	7 月	8 月
直径/mm	30（新品）	29.7	29.1	28.3	28.2	27.8（更换）

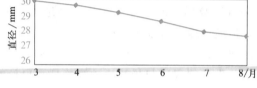

图 1-1-2　倾向管理检测曲线图

任务 2　设备点检管理

任务 2.1　编写设备点检标准

 任务目标

1. 掌握设备点检标准的编写方法。
2. 掌握给油脂标准编写方法。

素质目标

1. 养成吃苦耐劳、高度负责的职业素养。
2. 提升协调的能力。
3. 培养观察、分析、判断的能力和认真严谨的工匠精神。

任务引入

　　点检标准是对设备进行预防性检查的依据，是编制点检计划的基础。给油脂标准是设备润滑工作的依据。请完成以下任务：

（1）设备点检标准的编写方法。

（2）给油脂标准编写方法。

知识链接

设备点检管理由维修技术标准、点检标准、给油脂标准和维修作业标准四项标准组成。四项标准的建立和完善，是点检定修的制度保证体系，是点检定修活动的科学依据。

任务实施

1. 设备点检标准编写方法

（1）点检标准的编制依据

① 国家法规的规定、设备维修技术标准；

② 设备使用说明书和有关技术图纸资料；

③ 同类设备的实绩资料；

④ 点检管理以及运行、故障、检修过程中的实际经验积累。

（2）点检标准的编写方法

点检标准以表格的形式对点检对象设备进行了"五定"。其主要内容包括：点检部位、项目、内容，点检分工，设备点检状态，点检方法，点检周期及判断标准等。

例如表 1-1-2 设备点检作业标准和表 1-1-3 设备点检作业标准样表（加热炉风机电机及控制系统设备点检作业标准）。

表 1-1-2　××设备点检作业标准

设备名称					部位名称				周期标识代号：H-小时 S-班 D-日 W-周 M-月 Y-年					
序号	点检部位	点检内容	点检周期		点检分工		点检状态		检查方法					点检基准	备注
			生产	维修	生产	维修	运行	停止	视	听	敲	触	测		
1															
2															
3															
4															
5															
6															
7															
8															
9															
10															

2. 给油脂标准的编制方法

（1）给油脂标准的编写依据

① 维修技术标准；

② 设备使用说明书和有关技术、图纸资料；

③ 同类设备的实绩资料；

④ 实际经验。

（2）给油脂标准的编制方法

给油脂标准中规定了给油脂部位、给油脂方式、油脂牌号、给油脂点数、给油脂量及更

换量、给油脂周期、作业分工等润滑作业的基本事项，是设备润滑工作的依据。

表 1-1-3　设备点检作业标准样表加热炉风机电机及控制系统设备点检作业标准

所属车间：

设备名称		加热炉风机电机及控制系统				周期标识代号		S—班　D—日　W—周								
序号	点检部位	点检内容	点检分工						点检状态		点检方法						点检基准
			操作		维护		专业		运行	停止	视	听	敲	触	测	仪器诊断	
			操作方	周期	维护方	周期	专业方	周期									
一	控制系统	接触器			O	1D	O	4W	O	O	O			O			接触良好、无噪声
		热继电器			O	1D	O	4W	O	O	O			O			无过热、无噪声
		空气开关			O	1D	O	4W	O	O	O			O			接触良好、无噪声
		电流表			O	1D	O	2W	O		O						指示正常
		信号灯			O	1D	O	4W	O		O						工作正常
		电流互感器			O	1D	O	4W	O					O			二次回路无开路
二	电机	声音、气味			O	1S	O	1W	O			O		O			无异音、无异味
		温度			O	1S	O	1W	O					O	O		无过热
		接线端			O	1D	O	1W	O	O	O			O			无过热、无松动

给油脂标准由主管该设备的点检员负责编写，作业区区域工程师（技术主管）负责审查和指导，该设备所在区域的作业长负责批准。机电设备的润滑方式，润滑油脂牌号、品种、规格、性能及国产化代用均由设备部技术室审批。给油脂标准应根据技术进步和运行实绩而修订完善，版本的有效期为 5 年。

例如表 1-1-4 设备给油脂标准表和表 1-1-5 设备给油脂标准样表。

表 1-1-4　××设备给油脂标准表

S—班　D—日　W—周　M—月

设备名称	装备名称	给油脂部位	给油脂方式	油脂名称	点数	检修车间				生产车间			
						给油量	周期	更换量	周期	给油量	周期	更换量	周期

表 1-1-5　设备给油脂标准样表

S—班　D—日　W—周　M—月

设备名称	给油部位	点数	给油方式	油品名称	检修车间				生产车间			
					给油量	周期	更换量	周期	给油量	周期	更换量	周期
＊＊＊＊	减速箱	2	手工	26♯通用齿轮油	100kg	3Y			5kg	12M	35kg	12M
	制动器	4	油壶	N150♯工业齿轮油	0.2kg	1M						
	联轴器	2	手工	2♯复合铝基脂	0.3kg	6M						
	轴承座	8	手工	2♯复合铝基脂	8kg	6M						

任务 2.2　编写点检计划

任务目标

1. 掌握专业点检计划编制方法。
2. 掌握设备点检路线的制订方法。

素质目标

1. 养成吃苦耐劳、高度负责的职业素养。
2. 提升协调的能力。
3. 培养观察、分析、判断的能力和认真严谨的工匠精神。

任务引入

作为一名专职点检员应具备编制点检计划的能力，请完成以下任务：
（1）专业点检计划编制方法。
（2）设备点检路线的制订方法。

知识链接

点检计划是在制订点检标准的基础上，即决定了设备的点检部位、点检内容，点检方法、点检标准及点检周期等标准规定，点检人员为了均衡日常进行的点检作业及合理安排点检作业的轻重缓急，由专职点检员在点检作业前根据点检标准编制点检作业日程实施计划，称为点检计划。

任务实施

1. 专业点检计划编制方法

（1）点检计划的编制原则
① 点检计划依据点检标准规定的内容及周期编制；
② 设备使用过程中会因劣化、修理、改造等，导致设备状态发生变化，这将促使点检标准、检查的重点部位随之而变化；点检维护人员要运用 PDCA 工作法，根据设备状态、维修效果，及时完善点检计划；
③ 点检计划决定点检员的点检工作负荷，要保持每天工作量的相对均衡，符合实际。
（2）点检计划的编制要点
① 点检计划中的点检部位、点检周期都来自于点检标准；
② 点检作业的日程管理，则需根据设备的重要度、定修模式、点检工作量、点检重合

情况、施工人数及分工协议等作出均衡的安排；

③ 在各作业区的点检人员制订点检计划时，对所管辖范围内的设备按照体系要求，要建立有效的、有计划的全面预防性维护体系，对关键（重要）设备在人力物力财力有限的情况下，要优先确保提供适当的资源保证（备件、修理机会）等。

2. 设备点检路线的制订方法

点检路线图的编制：各个点检区域有各自不同的点检路线图，专职点检员要根据自己承担的设备对象分布范围、点检部位、项目，编制好最短的点检路线图，然后每天依照此路线实施点检作业，以达到安全、高效、防止漏检之目的。

（1）点检路线图编制原则

在不得有遗漏的前提下，专职点检员所承担区域设备的点检项目必须都包括在点检路线内，所定的路线为最短、时间最省，尽量避免点检路线重复并要考虑点检作业的安全。点检路线图好比地图。

（2）编制的具体要求

① 全面：如何进行点检，对动态的、静态的，以及一个班要进行数次点检的点，包括根据管理要求必须了解的相关信息、业务交流的操作室、电气室等地点，都要予以全面考虑，进行排列组合、优化选择。不要忘记电气室、操作室、油库（泵站）等地点！

② 合理：在安排路线时可以将工艺检查项目与设备检查内容结合考虑，或者专门安排点检路线。

③ 快捷：以不遗漏、确保点检时间相对最短和路线最简捷为原则。

④ 图示化：把管辖的区域结合上述内容，画一张容易记忆的简图。对一些地点进行图示说明，标识先后顺序。

（3）点检路线图的编制分工及样张

点检路线图由点检员制订、作业区技术主管审核，点检作业长批准。

图 1-1-3 为点检检查路线图。

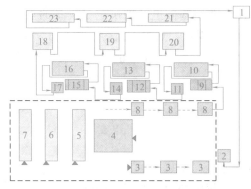

序号	地点	序号	地点	序号	地点
1	点检办公室	9	C3助卷辊阀架	17	C1活门阀架
2	卷取操作台	10	C3液压管路	18	C1气动阀架
3	1#阀架	11	C3活门阀架	19	C2气动阀架
4	稀油500润滑系统	12	C2助卷辊阀架	20	C3气动阀架
5	3#液压泵站	13	C2液压管路	21	C3冷却水管路
6	2#液压泵站	14	C2活门阀架	22	C2冷却水管路
7	1#液压泵站	15	C1助卷辊阀架	23	C1冷却水管路
8	2#阀架	16	C1液压管路		

编制：×××　　　审核：×××　　　批准：×××

图 1-1-3　点检检查路线图

任务 3　设备检修管理

任务 3.1　设备事故（故障）管理

 任务目标

掌握事故（故障）管理的内容。

 素质目标

1. 养成吃苦耐劳、高度负责的职业素养。
2. 提升协调的能力。
3. 培养观察、分析、判断的能力和认真严谨的工匠精神。

 任务引入

设备事故（故障）发生后，点检人员要立即自行处理或迅速组织抢修，在保证人身和设备安全的前提下尽快恢复生产。作为一名点检员小王应该熟悉事故（故障）管理的内容。

 知识链接

设备事故（故障）管理具体指导点检人员以防范为目的，积极有效地开展点检维护管理，减少设备故障和事故的发生。同时，对已经发生的故障和事故，本着持续改进的思路，分析原因、吸取教训、采取措施，防止故障与事故重复发生。总之，设备人员要把维修工作做在设备发生故障之前，一旦发生设备故障及事故，则应通过管理，制订有效的预防对策，从而使设备稳定运行。

 任务实施

事故（故障）管理的内容如下。

1. 设备事故（故障）处理

　　① 设备事故（故障）发生后，点检人员应迅速到达现场，了解事故（故障）的现象、设备损坏的情况。若能自行处理，则尽快予以处理，消除设备故障。若需检修，应立即呼叫相应的检修单位，组织现场抢修。

　　② 点检人员在事故（故障）处理的同时，应及时向相关职能部门报告事故（故障）情况，主作业线设备发生事故（故障）必须立即向公司调度报告。

　　③ 设备事故（故障）处理过程中采取的临时性措施（如电气信号短接、金属材料的临

时焊接等），点检人员必须充分考虑设备投运后，对人员、设备的安全和可靠性等因素，并应制订和落实相应的应对措施。事后，应尽快落实进一步的处理措施。

注意要点：

① 不得将临时性措施作为长期的替代。

② 参加抢修事故（故障）的单位和个人都要服从统一指挥，不得互相推诿。对抢修不力使事故（故障）进一步扩大的责任者，应追究其相关责任，按相关规定处理。

2. 设备事故（故障）分析

① 生产操作人员详细介绍事故（故障）发生前后的生产、设备运行的状况。

② 设备运保人员或设备点检人员、检修人员详细介绍设备发生事故（故障）后，设备的损坏情况、处理经过。点检员同时提供故障设备近期的点检维护情况（包括点检周期、点检结果、检修记录）等、设备改动情况（包括技改、改善项目实施情况、备件等物料改进情况）等，并提出对事故（故障）的初步原因判断。

③ 设备专业技术人员根据上述分析，提出设备事故（故障）的分析结论，确定事故（故障）的最终原因。

④ 根据原因的分析结果，制订相应的纠正措施，落实生产、点检、技术、管理的相应责任者，确定整改计划完成的日期。

⑤ 管理者（点检作业长及以上）根据事故（故障）的最终原因，确定设备事故（故障），确定设备事故（故障）的责任方，提出事故（故障）发生后所必须吸取的经验教训，并针对认定的事故的原因属性，提出处理意见。

⑥ 点检人员依据上述内容，编写成事故报告书。

注意要点：

① 生产操作人员应提供事故（故障）发生前后的各类设备运行趋势和记录。

② 运保、检修和点检人员对事故（故障）涉及的损坏设备零部件不得随意丢弃。

③ 点检人员和专业技术人员应收集、提供生产、设备的相关技术资料（包括现场照片、图纸、产品说明书等）。

④ 事故（故障）分析的各类依据，尽可能以量化数据表示，包括点检实绩等均要对照各类标准的要求进行分析。

3. 事故（故障）信息储存

故障信息数据的采集、储存、统计与分析的工作量非常大，全靠人工填写、整理、运算、分析，不仅工作效率很低，而且易出错误。企业应采用计算机数据库来处理故障信息，设备故障信息输入计算机后，管理人员可根据工作需要，打印输出各种图表，为分析、处理故障，做好改善性维修和可靠性、维修性研究提供依据。

任务 3.2   资材管理

 任务目标

知道备件的计划管理内容。

 素质目标

1. 养成吃苦耐劳、高度负责的职业素养。
2. 提升协调的能力。
3. 培养观察、分析、判断的能力和认真严谨的工匠精神。

 任务引入

科学合理地确定备件储备定额，做到既满足维修需要，又尽可能降低储备量，减少备件对流动资金的占用，是备件管理工作追求的目标。作为一名点检员小王应该掌握备件的计划管理内容。

知识链接

为了缩短修理停歇时间，减少停机损失（指设备损坏而停机，导致生产中断而造成的损失），对某些形状复杂、要求高、加工困难、生产（订货）周期长的配件，在仓库内预先储备一定数量，这种配件称为备品配件，简称备件。

备件的计划管理是备件的一项全面、综合性的管理工作，它是根据企业检修计划、技术措施、设备改造、维修需求等情况对备件计划进行需求计划申报、审核、采购计划编制、执行到备件消耗情况的信息跟踪、统计分析、改进的过程。

任务实施

备件的计划管理内容如下。

1. 备件计划的审核与编制

备件计划编制包括备件需求计划编制申报和备件采购计划审核编制。

① 备件需求计划是最基本的计划，反映着二级单位各种设备维护、检修需用的全部备件，是编制备件采购计划的依据。主要内容有：

a. 生产在用设备维修、预修需用的备件；

b. 技措、安措、环保等措施项目需用的备件；

c. 设备改造需用的备件；

d. 自制更新设备需用的备件。

② 备件采购计划是在备件需求计划基础上，结合备件库存数量、生产消耗、采购资金以及检修项目计划情况，编制产生的。

2. 备件的统计与分析

① 备件的统计是备件计划管理中的一个重要组成部分，通过对统计数字的积累与综合分析，对于修订储备与消耗定额，改进备件的计划管理都能起指导作用。

② 备件统计资料的分析，要注意以下几点：

a. 通过备件收入、发出情况的分析比较，排除非正常性消耗，看储备与消耗定额是否真实；

b. 通过对库存资金的分析，查找上升和下降的原因，分析比较，看资金使用是否合理；

c. 利用历年消耗量、储备量和占用资金的数字分析比较，找出计划管理的客观规律；

d. 对备件各个时期到货情况进行分析，看备件工作对设备检修的配合，以协调两者的关系；

e. 通过各种数据的分析，改进备件管理工作。

任务 3.3　设备定修计划的编制

 任务目标

掌握设备定修计划编制的原则、依据及具体要求。

素质目标

1. 养成吃苦耐劳、高度负责的职业素养。
2. 提升协调的能力。
3. 培养观察、分析、判断的能力和认真严谨的工匠精神。

任务引入

定修计划是控制设备计划停机，有效实施检修的一种管理手段，它是定修模型在计划管理过程中的具体化。点检员小王查阅资料学习设备定修计划的编制原则、依据及具体要求。

 **知识链接**

为维持和提高生产工序设备的性能和开动率，保障设备运行稳定，以检修模型和计划值为基础进行编制的各主作业线设备定修必须停产检修时间和按周期决定的修理日期，包括有关事项说明，并反映工序检修组合等要求的计划，称为定修计划。

任务实施

1. 定修计划编制原则

　　① 充分有效原则；

　　② 经济合理原则；

　　③ 统筹安排原则；

　　④ 有利于生产运营和市场营销原则。

2. 定修计划的编制依据

（1）设备的技术状态

对于技术状态劣化需进行修理的设备，应将其列入年度维修计划的申请项目。

（2）生产工艺及产品质量对设备的要求

由企业工艺部门根据产品工艺要求提出。如设备的实际技术状态不能满足工艺要求，应安排计划检修。

（3）安全与环境保护的要求

根据国家和有关主管部门的规定，设备的安全防护装置不符合规定，排放的气体、液体、粉尘等污染环境时，应安排改善修理。

（4）设备的修理周期与修理间隔期

设备的修理周期和修理间隔期是根据设备磨损规律和零部件使用的寿命，在考虑到各种客观条件影响程度的基础上确定的。设备的修理周期和修理间隔期也是编制维修计划的依据之一。

（5）其他因素

编制季度、月度计划时，应根据年度维修计划，并考虑到各种因素的变化，进行适当调整和补充。

3. 定修计划编制的具体要求

① 充分掌握设备实际状况及生产计划的执行状况，将生产和设备二者有机结合。

② 设备定修停机时间的确定，在相对符合设备检修周期的情况下，必须兼顾生产平衡，以充分满足生产物料协调和能源平衡作为前提，避免造成原材料和能源的浪费。

③ 在提交定修计划需求的同时要制订备件、资材需求计划，并保证备件、资材在定修前一周（年修前一个月）到达现场。

④ 编制内容中的定修时间和周期，正常情况下不得超过维修计划值及定修模型的规定。

⑤ 凡同一主作业线上的设备由几个设备单位分管时，则在编制定修计划时应由主体设备单位负责协调，将最终意见报设备部。

⑥ 凡影响两条以上（含两条）主作业线生产（能源动力停、复役）的能源动力设备计划检修需求，由设备部协调，纳入公司定修计划管理，并做好检修过程的组织管理。

⑦ 均衡检修负荷。应在编制定修计划时，尽量避免定修和年修的高峰重叠，降低检修负荷，减少施工力量组织难度。

任务 3.4　维修作业标准的编制

 任务目标

知道维修作业标准编制的要素。

 素质目标

1. 养成吃苦耐劳、高度负责的职业素养。
2. 提升协调的能力。
3. 培养观察、分析、判断的能力和认真严谨的工匠精神。

📖 任务引入

维修作业标准是规范检修管理、提高设备检修质量、缩短检修作业时间、防止检修作业事故的作业指导文件。点检员小王查阅资料学习维修作业标准编制的要素。

⚙ 知识链接

通过维修作业标准的编制，可以掌握检修项目应投入的人力、实施时间、实施方法、实施步骤，掌握项目检修关键步骤的技术要点，有效地掌控检修项目的施工节点，既有重点，又不会遗漏施工步骤，事前暴露施工过程中可能存在的问题，早做对策，提高检修质量。

⚙ 任务实施

维修作业标准编制的要素，如图 1-1-4 所示。

图 1-1-4　维修作业标准编制的要素

（1）危险源及环境因素
作业或场地周围存在有害有毒、易燃易爆气源，高压液体、气体，高空作业等均需详细注明。

（2）动火等级
按相关规定填写，涉及消防器材须填写名称、数量和防火措施等。

（3）工机具
工机具主要指特殊和专用工器具，如移动起重设备、起重器具，焊接设备，氧气、乙炔设备，液压扳手，电仪表具等；设备、器具名称可用编号并注明规格、型号和数量。

（4）资材
资材主要指施工材料，如脚手架、跳板、垫木等；主要施工辅助消耗品，如焊条、磨料、清洗油、探伤剂、松锈剂等；主要施工件，如备品备件、预组装件等。

（5）工时工序
工时工序是工序作业时间的简称，特指某一检修项目从开始到结束各工序所需的人力投入和时间。

（6）网络图
网络图是关于检修组织和控制的一种科学计划方法，把整个检修过程的各环节有机组织

起来，网络中某一节点的开始至结束，在此用两个关联工序号表示，下方注明所需用的施工时间，网络图绘制开始与结束不能相连。

（7）作业方法

作业方法描述本工序步骤中主要的作业内容、施工方法，还包括参加本工序作业所需人数、工种。

（8）安全措施

安全措施是实施检修项目所需的保证作业安全的根本措施，需满足危险源防范措施及动火等级规定要求。

（9）技术要点

主要提示施工技术要求、拆装方法、主要参数以及施工中应做好的记录。要求应尽量明确，技术标准中涉及的量化数据应准确。

例如，表 1-1-6 为设备维修作业标准样表。

表 1-1-6 **设备维修作业标准样表**

_____生产线设备维修作业标准

所属车间：

设备名称	加热炉风机电气部分		
作业内容	停电验电挂牌 检查紧固各接线端 检查更换易损件 检查处理各触头 检修电机 清灰 合闸试车 ①　　②　　③　　④　　⑤　　⑥　　⑨ 5min　15min　15min　15min　30min　5min　5min		
加热炉风机电气部分检修	检查接触器、电流互感器 检查开关、继电器 检查转换开关、按钮开关 ⑦　　⑧ 10min　10min　10min		
前期准备工作要点		**作业现场要求**	**停电作业**
1. 工具：电笔、螺丝刀、老虎钳、尖嘴钳、扳手、万用表、毛刷等 2. 主要备件：电机、接触器、空气开关、转换开关、按钮开关等 3. 安全装备：停电牌		主要危险源及控制措施	1. 必须停电作业，验电并挂牌，作业时必须有人监护； 2. 作业人员撤离现场及设备周围无人后方可试车
作业人员	电工：2 人	技术要求及验收要点	1. 遵守电机检修规程、低压电气设备检修规程的技术要求； 2. 试车时电机工作正常，接触器、操作系统灵活正常； 3. 电机及电控系统温度正常，无异味
	钳工：2 人		
作业时间	2 小时		

项目2 认识冶金工业

任务 1　认识冶金工艺与设备

任务 1.1　炼铁生产工艺与设备认知

 任务目标

1. 了解炼铁生产工艺。
2. 熟悉炼铁生产设备。
3. 能够判断设备运行状态，并处理故障。

 素质目标

1. 培养分析问题和总结归纳的能力。
2. 学习利用逆向思维和发散思维解决问题。
3. 培养创新精神和创新能力。

任务引入

高炉炼铁生产是用还原剂在高温下将含铁原料还原成液态生铁的过程。高炉操作者的任务是在现有条件下科学地利用一切操作手段，使炉内煤气分布合理，炉料运动均匀顺畅，炉缸热量充沛，渣铁流动性良好，能量利用充分，从而实现高炉稳定顺行、高产低耗、长寿环保的目标。请完成以下任务：
　　（1）了解高炉生产工艺流程。
　　（2）认识高炉生产设备，熟悉各设备组成的作用。

知识链接

炼铁生产是将铁矿石中的铁提炼出来的过程。炼铁生产有两类方法：一种是高炉法，另一种是只用少量焦炭或不用焦炭的非高炉炼铁法。

1. 高炉炼铁法

高炉法炼铁的一般冶炼过程是：铁矿石、焦炭和熔剂从高炉炉顶装入，热风从高炉下部风口鼓入，随着风口前焦炭的燃烧，炽热的煤气流高速上升。下降的炉料受到上升煤气流的加热作用，首先进行水分的蒸发，然后被缓慢加热至 800～1000℃。铁矿石被炉内煤气 CO 还原，直至进入 1000℃以上的高温区，转变成半熔的黏稠状态，在 1200～1400℃的高温下进一步还原，得到金属铁。金属铁吸收焦炭中的碳，进行部分渗碳之后，熔化成铁水。铁水中除含有 4%左右的碳之外，还有少量的硅、锰、磷、硫等元素。铁矿石中的脉石也逐步熔化成炉渣。铁水和炉渣穿过高温区焦炭之间的间隙滴下，积存于炉缸，由铁口排出炉外。

2. 非高炉炼铁法

直接还原法生产生铁是指在低于熔化温度之下将铁矿石还原成海绵铁的炼铁生产过程，其产品为直接还原铁（即 DRI），也称海绵铁。该产品未经熔化，仍保持矿石外形，由于还原失氧形成大量气孔，在显微镜下观察团形似海绵而得名。海绵铁的特点是含碳量低（＜1%），并保存了矿石中的脉石。这些特性使其不宜大规模用于转炉炼钢，只适于代替废钢作为电炉炼钢的原料。

另外一种非高炉炼铁方法是熔融还原法，是指不用高炉而在高温熔融状态下还原铁矿石的方法，其产品是成分与高炉铁水相近的液态铁水。开发熔融还原法的目的是取代或补充高炉炼铁法。

✪ 任务实施

当前，大规模生产铁的主要方法是高炉炼铁法。高炉炼铁生产工艺流程及主要设备如图1-2-1 所示。

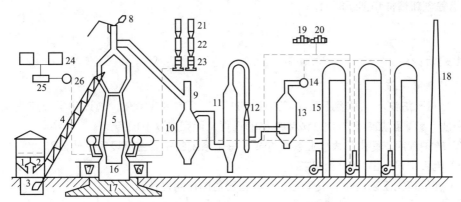

图 1-2-1　高炉炼铁生产工艺流程及主要设备
1—储矿槽；2—焦仓；3—料车；4—斜桥；5—高炉本体；6—铁水包；7—渣罐；8—放散阀；9—切断阀；
10—除尘器；11—洗涤塔；12—文氏管；13—脱水器；14—净煤气总管；15—热风炉（三座）；
16—炉基基墩；17—炉基基座；18—烟囱；19—汽轮机；20—鼓风机；21—煤粉收集罐；
22—储煤罐；23—喷吹罐；24—储油罐；25—过滤器；26—加油泵

① 高炉本体。高炉本体包括炉基、炉壳、炉衬、冷却设备和金属框架等，炼铁过程在其中完成。

② 上料系统。上料系统包括：储矿槽、槽下漏斗、槽下筛分、称量和运料设备、传动带上料机向炉顶供料设备。其任务是将高炉所需原燃料通过上料设备装入高炉内。

③ 送风系统。送风系统包括：鼓风机、热风炉、冷风管道、热风管道和热风围管等。其任务是将风机送来的冷风经热风炉预热后送进高炉。

④ 煤气净化系统。煤气净化系统包括：煤气导出管、上升管、下降管、重力除尘器、洗涤塔、文氏管、脱水器及高压阀组等，也有的高炉用布袋除尘器进行干法除尘。其任务是将高炉冶炼所产生的荒煤气进行净化处理，以获得合格的气体燃料。

⑤ 渣铁处理系统。渣铁处理系统包括：出铁场、炉前设备、渣铁运输设备、水力冲渣设备等。其任务是将炉内放出的铁、渣按要求进行处理。

⑥ 喷吹系统。喷吹系统包括：喷吹燃料的制备、运输和喷入设备等。其任务是将按一定要求准备好的燃料喷入炉内。

任务 1.2　炼钢生产工艺与设备认知

 任务目标

1. 了解炼钢生产工艺。
2. 熟悉炼钢生产设备。
3. 能够判断设备运行状态，并处理故障。

📋 素质目标

1. 培养分析问题和总结归纳的能力。
2. 学习利用逆向思维和发散思维解决问题。
3. 培养创新精神和创新能力。

 任务引入

炼钢是将高炉铁水、直接还原铁、热压块铁、废钢加热或熔化，通过化学反应去除铁液中的有害杂质元素，配加合金并浇注成半成品的过程。请完成以下任务：

（1）转炉炼钢车间由几大作业系统构成？每个系统的主要生产设备是什么？

（2）电弧炉设备由几部分构成？

（3）连续铸钢工艺由哪些设备完成？这些设备的作用是什么？

⚙ 知识链接

钢铁是现代生产和科学技术中应用最为广泛的基础性材料。钢产量的高低、品种的多少以及质量的优劣，是衡量一个国家工业水平高低的重要标志之一。

常用的冶炼方法有转炉炼钢和电炉炼钢。

1. 氧气转炉炼钢

氧气转炉炼钢是目前世界上最主要的炼钢方法，它的主要任务是采用超声速氧射流将铁

水中的碳氧化，去除有害杂质，添加一些有益合金，使铁水转化成性能更加优良的钢。

2. 电炉炼钢

常用的电炉有电弧炉、感应炉两种，而前者产量占电炉炼钢产量的主要部分。电弧炉炼钢就是通过石墨电极向电弧炼钢炉内输入电能，以电极端部、炉料之间发生的电弧为热源进行炼钢的方法。

 **任务实施**

1. 氧气转炉车间的组成

车间的各项工艺操作，都是以转炉冶炼为中心，如图 1-2-2 所示。各种原材料都汇集到转炉，冶炼后的产品、废弃物再从转炉运走。以吊车传动带运输以及各种车辆作连接的纽带，使之构成一个完整的生产系统。

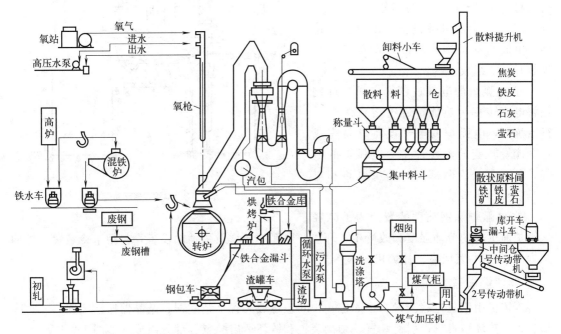

图 1-2-2 **氧气顶吹转炉炼钢生产工艺流程示意图**

氧气转炉车间各作业系统的设备组成如下：

① 转炉主体设备。它由炉体、炉体支撑装置和倾动设备组成，是炼钢的主要设备。

② 供氧设备，包括供氧系统和氧枪。氧气由制氧车间经输氧管道送入中间储气罐，然后经减压阀、调节阀、快速切断阀送到氧枪。氧枪设备包括氧枪本体、氧枪升降装置和换枪装置。

③ 铁水供应系统设备，由铁水储存、预处理、运输和称量等设备组成。

④ 废钢供应设备。废钢在装料间由电磁起重机装入废钢槽。废钢槽由机车或起重机运至转炉平台，然后由炉前起重机或废钢加料机加入转炉。

⑤ 散状料供应设备。散状料是指炼钢过程中使用的造渣材料和冷却剂，通常有石灰、萤石、矿石、石灰石、氧化铁皮和焦炭等。散状料供应系统设备包括地面料仓，将散状料运至高位料仓的上料机械设备和自高位料仓将散状料加入转炉的称量和加料设备。

⑥ 铁合金供应设备。在转炉侧面平台设有铁合金料仓、铁合金烘烤炉和称量设备。出

钢时，把铁合金从料仓或烘烤炉卸出，称量后运至炉后，通过溜槽加入钢包中。

⑦ 出渣、出钢和浇注系统设备。转炉下设有电动钢包车和渣罐车等设备。浇注系统包括模铸设备和连铸设备。

⑧ 烟气净化和回收设备。烟气净化设备通常包括活动烟罩、固定烟道、溢流文氏管、可调喉口文氏管、弯头脱水器和抽风机等。

⑨ 修炉机械设备。包括补炉机、拆炉机和修炉机等。

2. 电弧炉炼钢设备

电弧炉设备由炉体、机械设备、电气设备和辅助装置构成，具体如图 1-2-3 所示。

① 电弧炉的炉体。炉体是电弧炉的最主要的装置，用来熔化炉料和进行各种冶金反应。电弧炉炉体由金属构件和耐火材料砌筑成的炉衬两部分组成。

② 电弧炉的机械设备。由电极夹持器、电极升降机构、炉体倾动机构、炉顶装料系统组成。

③ 电弧炉的电气设备。电弧炉炼钢是将电能转变为热能，通过熔化炉料进行冶炼的，电弧炉的电气设备就是完成这个能量转变的主要设备。电弧炉的电气设备主要分为两部分，即主电路和电极升降自动调节系统。

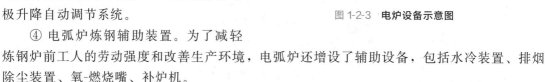

图 1-2-3　电炉设备示意图

④ 电弧炉炼钢辅助装置。为了减轻炼钢炉前工人的劳动强度和改善生产环境，电弧炉还增设了辅助设备，包括水冷装置、排烟除尘装置、氧-燃烧嘴、补炉机。

3. 连续铸钢设备

连铸机由钢包运载装置、中间包、中间包运载装置、结晶器、结晶器振动装置、二次冷却装置、拉坯矫直机、引锭装置、切割装置和铸坯运出装置等部分组成，如图 1-2-4 所示。

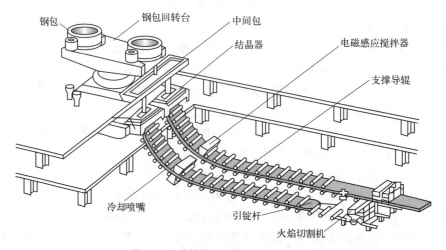

图 1-2-4　连续铸钢生产工艺流程示意图

① 钢包。钢包是用于盛接钢液并进行浇铸的设备，也是钢液炉外精炼的容器。

② 钢包回转台。钢包回转台是设在连铸机浇铸位置上方用于运载钢包过跨和支承钢包进行浇铸的设备。采用钢包回转台还可快速更换钢包，实现多炉连铸。

③ 中间包。中间包是钢包和结晶器之间用来接收钢液的过渡装置，中间包首先接收从钢包浇下来的钢水，然后再由中间包水口分配到各个结晶器中去。中间包用来稳定钢流，减小钢流对结晶器中坯壳的冲刷，并使钢液在中间包内有合理的流动和适当长的停留时间，以保证钢液温度均匀及非金属夹杂物分离上浮；多流连铸机由中间包对钢液进行分流；在多炉连浇时，中间包中贮存的钢液在更换钢包时起到衔接的作用。

④ 结晶器。结晶器是一个特殊的水冷钢锭模，钢液在结晶器内冷却、初步凝固成形，并形成一定的坯壳厚度，以保证铸坯被拉出结晶器时，坯壳不被拉漏、不产生变形和裂纹等缺陷。因此它是连铸机的关键设备，直接关系到连铸坯的质量。

⑤ 二次冷却装置。二次冷却装置主要由喷水冷却装置和铸坯支承装置组成。它的作用是：向铸坯直接喷水，使其完全凝固；通过夹辊和侧导辊对带有液芯的铸坯起支撑和导向作用，防止并限制铸坯发生鼓肚、变形和漏钢事故。

⑥ 拉坯矫直机。拉坯矫直机的作用是在浇注过程中克服铸坯与结晶器及二冷区的阻力，顺利地将铸坯拉出，并对弧形铸坯进行矫直。在浇注前，它还要将引锭装置送入结晶器内。

⑦ 引锭装置。引锭装置包括引锭头和引锭杆两部分，它的作用是在开浇时作为结晶器的"活底"，堵住结晶器的下口，并使钢液在引锭杆头部凝固；通过拉矫机的牵引，铸坯引锭杆从结晶器下口被拉出。当引锭杆被拉出拉矫机后，将引锭杆脱去，进入正常拉坯状态。

⑧ 切割装置。切割装置的作用是在铸坯行进过程中，将它切割成所需要的定尺长度。

任务 1.3　轧钢生产工艺与设备认知

任务目标

1. 了解轧钢生产工艺。
2. 熟悉轧钢生产设备。
3. 能够判断设备运行状态，并处理故障。

素质目标

1. 培养分析问题和总结归纳的能力。
2. 学习利用逆向思维和发散思维解决问题。
3. 培养创新精神和创新能力。

任务引入

轧钢生产是钢铁工业生产的最终环节，它的任务是把炼铁、炼钢等工序的物化劳动集中转化为钢铁工业的最终产品——钢材。在轧制、锻造、拉拔、冲压、挤压等压力加工方法中，由于轧制生产效率高、产量大、品种多的特点，轧制成为钢材生产中最广泛使用的成形方法。请完成以下任务：

　　（1）认识轧机（轧钢机）的类型。

　　（2）轧机由哪几部分构成？

　　（3）轧机的日常管理和维护包括哪些内容？

 知识链接

1. 轧钢产品分类

　　轧制钢材的断面形状和尺寸总称为钢材的品种规格。钢材的分类方法很多，根据钢材断面形状的特征，可分为板带钢、型钢、钢管和特殊用途钢材等四大类。根据加工方式分为热轧钢、冷轧钢、冷拔钢、锻压钢、焊接钢和镀层钢等；根据钢的材质或性能分为优质钢、普通钢、合金钢、低合金钢等；根据钢材的用途分为造船板用钢、锅炉板用钢、油井管用钢、油气输送管用钢、电工用钢等。

2. 钢材技术要求

　　钢材技术要求体现为钢材的产品标准，包括国家标准（GB）、冶金行业标准（YB）、地方标准和企业标准。国家标准主要由五个方面内容组成：

　　① 品种规格标准。主要是钢的断面形状和尺寸精度方面的要求。它包括钢材几何形状、尺寸允许的偏差、截面面积和理论重量等。有特殊要求的在其相应的标准中单独规定。

　　② 性能标准。钢材的性能标准又称钢材的技术条件。它规定各钢种的化学成分、力学性能、工艺性能、表面质量要求、组织结构以及其他特殊要求。

　　③ 试验标准。它规定取样部位、试样形状和尺寸、试验条件以及试验方法。

　　④ 交货标准。对不同钢种及品种的钢材，规定交货状态，如热轧状态交货、退火状态交货、经热处理及酸洗交货等。冷加工交货状态分特软、软、半软、低硬、硬几种类型，另外还规定钢材交货时的包装和标志（涂色和打印）方法以及重量证明书的内容等。

　　⑤ 特殊条件。某些合金钢和特殊的钢材还规定特殊的性能和组织结构等附加要求及特殊的成品试验要求等。

 任务实施

1. 轧机类型

　　轧机的种类很多，根据生产能力、轧制品种和规格的不同，所采用的轧机也不一样。轧机基本上可归纳成三类：开坯和型钢类型；板带类型；管材类型。

　　开坯轧机是以钢锭为原料，为成品轧机提供坯料的轧钢机，包括方坯初轧机、方坯板坯初轧机和板坯初轧机等。

　　钢坯轧机也是为成品轧机提供原料的轧机，但原料不是钢锭，而是钢坯。

　　型钢轧机是将原料轧制成各类型钢的轧机，包括轨梁轧机，大型、中型、小型轧机及线材轧机等。

　　热轧板带轧机是在热状态下生产各类厚度的钢板轧机，包括厚板轧机、宽带钢轧机和叠轧薄板轧机等。

冷轧板带轧机是在冷状态下生产交货的钢板轧机，包括单张生产的钢板冷轧机、成卷生产的宽带钢冷轧机、成卷生产的窄带钢冷轧机等。

钢管轧机包括热轧无缝钢管轧机、冷轧钢管轧机和焊管轧机等。

2. 轧机的构成

轧机由轧辊、轧机轴承、轧辊调整机构及上辊平衡装置、机架几部分构成，如图 1-2-5 所示。

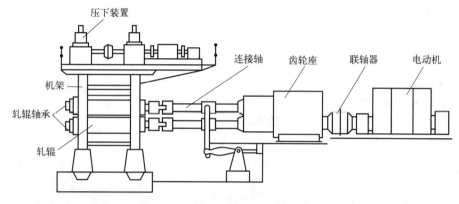

图 1-2-5　二辊可逆式初轧机示意图

① 轧辊。轧辊是轧制过程中用来使金属产生塑性变形的工具，是轧钢机的主要部件。轧辊点检维护包括目检、尺寸检查、硬度检查和仪器检查。

② 轧辊轴承。轧辊轴承是用来支撑轧辊的。

对轧辊轴承的要求是，承载能力大、摩擦系数小、耐冲击，可在不同速度下工作，在结构上，径向尺寸应尽可能小（以便采用较大的辊颈直径），有良好的润滑和冷却条件。

③ 轧辊调整机构（压下装置）及上辊平衡装置。轧辊调整机构的作用是调整轧辊在机架中的相对位置，以保证要求的压下量、精确的轧件尺寸和正常的轧制条件。轧辊的调整机构主要有轴向调整机构和径向调整机构，以及用于板带轧机上调整辊型的特殊调整机构。压下装置的类型包括手动压下机构、电动压下机构、液压压下机构、电-液压压下机构。

几乎所有轧机（叠轧薄板轧机除外）都设置上轧辊平衡机构，使上辊轴承座紧贴在压下螺栓端部，并消除从轧辊辊颈到压下螺母之间所有的间隙，以免当轧件进入轧辊时产生冲击。平衡机构还兼有抬升上辊的作用，形成辊缝。常用的平衡机构有重锤式平衡机构、弹簧式平衡机构、液压式平衡机构。

④ 机架。机架是用来安装轧辊、轧辊轴承、轧辊调整装置和导卫装置等工作机座中的全部零部件，并承受全部轧制力的轧机部件。根据轧机的形式和生产工艺的要求，一般轧机机架分为闭口式和开口式两种。

机架耐磨滑板被磨薄、磨偏或断裂时需要更换；机架窗口、安装机架辊的燕尾槽等部位磨损严重时也需要修理。

3. 轧机管理与维护

设备操作、使用、维护三大规程的建立和有效实施，是设备操作、使用和维护的一项不可缺少的基础工作。

设备点检是为了维护设备所规定的机能，按照一定的规范或标准，通过直观（凭借五感）或检测工具，对影响设备正常运行的一些关键部位的外观、性能、状态与精度进行制度化、规范化的检测，其中设备点检又分为日常点检和定期点检。

设备维护人员凭借感观和测量仪器，按检查周期对重点和重要设备各部位进行检查。根据设备的复杂程度确定检查时间。检查时要检查和测定易损件磨损情况，确定性能，在条件许可时，进行必要的维修、调整、更换易损件。

任务 1.4　冶金通用机械设备认知

 任务目标

1. 了解冶金通用机械设备种类。
2. 熟悉冶金通用设备的使用。
3. 能够判断设备运行状态，并处理故障。

 素质目标

1. 培养分析问题和总结归纳的能力。
2. 学习利用逆向思维和发散思维解决问题。
3. 培养创新精神和创新能力。

 任务引入

钢铁工业生产专业化较强，必须配备专门的冶炼设备。但作为一个产业系统，其生产的对象、手段、形式等多种多样，因此，钢铁工业生产又需要大量冶金通用机械设备。请完成以下任务：

（1）冶金通用机械设备包括哪几类？

（2）冶金通用机械设备的构成及作用。

 知识链接

冶金通用机械设备是指在各种冶金工业部门均能使用的设备。冶金通用机械设备主要包括起重运输机械、泵与风机、液压传动设备等。

 任务实施

1. 起重运输机械

起重机械是用来对物料做起重、运输、装卸和安装等作业的机械设备。采用起重机械可以减轻体力劳动，提高劳动生产率或在生产过程中进行某些特殊的工艺操作，实现机械化和自动化。

起重机械由三大部分组成，即工作机构、金属结构和电气设备。

工作机构常见的有起升、运行、回转和变幅机构，通常称之为四大工作机构。依靠这四个机构的复合运动，可以使起重机械在所需的任何指定位置进行上料和卸料。

金属结构是构成起重机械的躯体，是安装各机构和承受全部载荷的主体部分。

电气设备是起重机械的动力装置和控制系统。

2. 泵与风机

泵是抽吸输送液体的机械。在沿管路输送液体的时候，必须使液体具有一定的压头，以便把液体输送到一定的高度和克服管路中液体流动的阻力。它能将原动力的机械能转变成液体的动能和压力能，从而使液体获得一定的流速和压力。

泵在冶金生产过程中应用十分广泛。各种冶金炉中用来冷却炉壁及火焰喷出口等处的循环用水需要水泵供给。液体燃料的输送、金属熔渣的输送有时也要由泵来完成。因此，泵是冶金生产的主要设备之一。根据泵的工作原理和运动方式，泵可分为叶片泵、容积泵和喷射泵三类。

风机是输送或压缩空气及其他气体的机械设备，它将原动机的能量转变为气体的压力能和动能。风机的用途非常广泛，它在矿山、冶金、发电、石油化工、动力工业以及国防工业等生产部门都是不可缺少的。风机按压力和作用分为通风机、鼓风机和压缩机。

3. 液压传动设备

用液体作为工作介质来实现能量传递的传动方式称为液体传动。液体传动按其工作原理的不同分为两类。主要以液体动能进行工作的称为液力传动（如离心泵、液力变矩器等）；主要以液体压力能进行工作的称为液压传动。采用液压传动的设备为液压传动设备。

任务 1.5　有色冶金工艺与设备认知

 任务目标

1. 了解有色冶金生产工艺。
2. 熟悉有色冶金生产设备。
3. 能够判断设备运行状态，并处理故障。

素质目标

1. 培养分析问题和总结归纳的能力。
2. 学习利用逆向思维和发散思维解决问题。
3. 培养创新精神和创新能力。

任务引入

有色金属是指铁、铬、锰三种金属以外的所有金属。有色金属是国民经济发展的基础材料，航空、航天、汽车、机械制造、电力、通信、建筑、家电等绝大部分行业都以有色金属材

料为生产基础。随着现代化工、农业和科学技术的突飞猛进，有色金属在人类发展中的地位愈来愈重要。它不仅是世界上重要的战略物资，重要的生产资料，而且也是人类生活中不可缺少的消费资料的重要材料。请完成以下任务：

（1）了解铜和铝的生产方法。

（2）了解铜和铝的生产设备构成。

 知识链接

1. 铜

由于铜具有许多优异性能，在各工业部门中均得到了广泛应用。就世界范围而言，铜产品半数以上用于电力和电子工业，如：制造电缆、电线、电机及其他输电和电子通信设备等。铜也是国防工业的重要材料，用于制造各种弹壳及飞机和舰艇零部件。

铜能与锌、锡、铝、镍、铍等形成多种重要合金。黄铜（铜锌合金）、青铜（铜锡合金）用于制造轴承、活塞、开关、油管、换热器等。铝青铜（铜铝合金）抗振能力很强，可用以制造需要强度和韧性的铸件。铜镍合金中的蒙奈尔合金以耐蚀性著称，多用于制造阀、泵和高压蒸汽设备。铍青铜（含铍铜合金）的力学性能超过高级优质钢，广泛用于制造各种机械部件、工具和无线电设备。

2. 铝

铝的产量和用量仅次于钢材，成为人类应用的第二大金属。由于铝具有密度小以及导热性、导电性、耐蚀性良好等突出优点，又能与许多金属形成优质铝基轻合金，所以铝在现代工业技术上应用极为广泛。铝的应用有两种形式，即纯铝和铝合金。纯铝在电气工业上用作高压输电线、电缆壳、导电板以及各种电工制品。铝合金在交通运输以及军事工业上用作汽车、装甲车、坦克、飞机以及舰艇的部件。另外，铝合金还用于建筑工业制作构架等，轻工业中用纯铝和铝合金制作包装品、生活用品和家具。

 任务实施

1. 铜冶金

（1）铜的生产方法

用铜矿石或精矿生产铜的方法很多，概括起来有火法和湿法两大类。

火法炼铜是当今生产铜的主要方法，世界上 80％以上的铜是用火法从硫化铜精矿中提取的，如图 1-2-6 所示。火法工艺过程主要包括四个主要步骤：造锍熔炼、铜锍吹炼、粗铜火法精炼和阳极铜电解精炼。

湿法炼铜是在溶液中进行的一种提铜方法。无论贫矿或富矿、氧化矿或硫化矿，都可用湿法炼铜的方法将铜提取出来，如图 1-2-7 所示。

（2）铜的冶炼设备

铜精矿熔炼成冰铜的过程，根据所用炉子的不同，可分为鼓风炉熔炼、反射炉熔炼、电炉熔炼、闪速熔炼以及其他熔炼等。吹炼一般在转炉中进行。

P-S 转炉为卧式转炉，如图 1-2-8 所示，由炉身、供风系统、熔剂供给系统、排烟系统和传动系统组成。

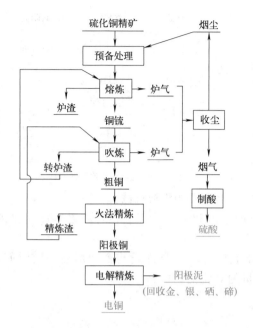

图 1-2-6　火法炼铜工艺流程

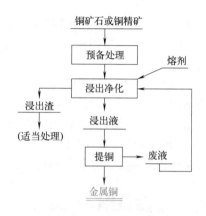

图 1-2-7　湿法炼铜工艺流程

① 炉身。炉身由锅炉钢板焊接而成的炉壳、内衬镁砖或铬镁砖的炉衬、水冷炉口、风管、风口、大圈轮、大齿轮等部分组成。靠近炉壳两端各有一个大圈轮，它是转炉回转机构的从动轮，当传动系统的工作电动机转动时，小齿轮带动大齿轮，从而使转炉做回转运动。炉口位于转炉中部，是供装料、放渣、放铜、排烟和维修炉衬时使用的工作门。

② 送风系统。送风系统包括活动接头、三角风箱、U 形风管、风口盒、风口管等部分。送来的压缩空气经总风管依次通过这套系统进入转炉内。

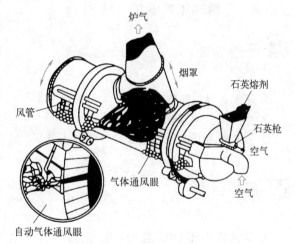

图 1-2-8　转炉结构示意图

③ 熔剂供给系统。熔剂供给系统的功能是将小块石英熔剂定量均匀地送入炉内。

④ 排烟系统。为防止炉气被稀释和便于收尘，炉口与密封烟罩相连，烟罩通常做成水套冷却式和铸铁板烟罩两种形式。

⑤ 传动系统。传动系统由电动机和传动机构组成，可使转炉准确地向正反两个方向转动，以便于装料、排渣和放铜。

2. 铝冶金

（1）铝的冶炼方法

现代的铝工业生产，普遍采用冰晶石-氧化铝熔融盐电解法。电解过程在电解槽内进行，直流电经过电解质使氧化铝分解，如图 1-2-9 所示。

（2）铝电解生产的机械化设备

现代铝电解工业的机械化作业采用下列操作机械。

① 打壳机。天车打壳机或地面打壳机，在常规作业和发生阳极效应时用来打破电解质表面的结壳。

② 加料车。在打壳之后可用加料车把氧化铝覆盖在槽面上，在预焙阳极电解槽上还可把氧化铝覆盖在阳极上。

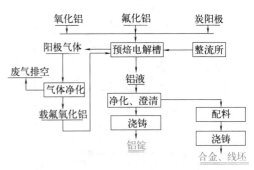

图 1-2-9　**铝电解生产工艺流程**

③ 阳极操作机械。拔棒机和钉棒机，天车拔棒机，预焙阳极更换机械。

④ 联合机组。承担下列各项任务：在电解槽的纵侧和端部打壳；在打壳之后加氧化铝并把氧化铝覆盖在阳极上面；出铝以及更换阳极等。

⑤ 自动下料机。每台电解槽有氧化铝贮槽和下料管，以及打壳装置。每隔一定时间，自动击穿电解质结壳，并从下料管中淌出一定数量的氧化铝。

任务 2　智能化冶金生产

任务 2.1　智能化炼铁生产认知

 任务目标

1. 了解炼铁智能化。
2. 熟悉智能化炼铁设备的使用。
3. 能够判断设备运行状态，并处理故障。

 素质目标

1. 培养分析问题和总结归纳的能力。
2. 学习利用逆向思维和发散思维解决问题。
3. 培养创新精神和创新能力。

任务引入

高炉是钢铁工业领域最大的单体反应容器，具有高温、高压、密闭、连续生产的"黑箱"特性，内部信息极度缺乏，也无法对其实施同步监测，目前高炉冶炼仍然以操作人员的经验为主。请完成以下任务：

（1）了解基本的高炉炼铁智能化技术。

（2）熟悉高炉炼铁自动控制系统操作。

 知识链接

高炉是一个密闭的逆流反应器，炉内的反应复杂多样。这就要求相关操作者根据炉内的温度、压力、煤气成分等波动变化情况来判断炉内实时情况。但高炉冶炼的功能与性质注定它无法直接用肉眼观测。如果不能进行实时的观测，采取及时的应急措施，当意外情况发生时，必然会带来损失，甚至可能发生安全事故。因此，在炼铁生产过程中引入智能化、自动化技术并广泛运用，是高炉炼铁发展的必然趋势。

任务实施

1. 设备自动化技术

设备自动化技术在高炉炼铁生产中的应用，可以减少人工成本的投入，在一定程度上降低投错原料或者搞错原料比例的概率。设备自动化也能使炼铁过程更加高效和安全，还可以更加精准地控制高炉中原材料的投入量。炼铁设备的自动化也推进着钢铁冶炼生产朝着现代化、高效化和精准化不断迈进。同时，设备自动化也为未来更换更好的工艺装备，或引入更好的技术系统打下一定的基础。

2. 高炉模拟技术

当前，高炉数值化模拟的两种建模方法：流体力学和离散元方法。流体力学可对连续相行为进行描述，离散元方法可以对非连续相行为进行评价。这两种建模方法有效的结合即可对高炉生产建立正确的数学模型。在这种模型中，使用流体力学对流体位置进行预测，使用离散元方法对颗粒位置进行求解。这种模型可方便了解高炉内部物质的状态，还可以帮助我们使高炉更加稳定，同时，可以帮助我们通过控制高炉内各种物质的比例，使这些物质更好地进行反应，提高原料的利用率和产物的产率。

3. 高炉炼铁自动控制系统

高炉炼铁自动控制系统是通过仪表采集数据，对高炉当前的状态进行预判，从而实现对高炉的全过程掌控。某厂炼铁系统大数据平台的基本架构如图 1-2-10 所示。这一套系统不仅可以提高高炉的工作效率，降低工作人员的失误率，还可优化高炉炼铁的工艺，并使其操

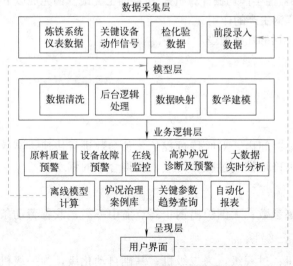

图 1-2-10　某厂炼铁系统大数据平台

作更加简便。因此，高炉炼铁自动化控制系统是一种对高炉炼铁生产非常有效的系统。

任务 2.2　智能化炼钢生产认知

 **任务目标**

1. 了解炼钢智能化。
2. 熟悉智能化炼钢设备的使用。
3. 能够判断设备运行状态，并处理故障。

 **素质目标**

1. 培养分析问题和总结归纳的能力。
2. 学习利用逆向思维和发散思维解决问题。
3. 培养创新精神和创新能力。

 **任务引入**

氧气转炉炼钢的冶炼周期短，高温冶炼过程复杂，需要控制和调节的参数很多，现在冶炼钢种日益增多，对质量要求很高，炉子容量也不断扩大，单凭操作人员的经验来控制转炉炼钢已不适应需求。应用计算机于氧气转炉的过程控制，能对冶炼过程的各个参数进行快速、准确的计算和处理，给出所需要的综合结果，提出合理的操作模式并进行自动控制，以获得成分和温度合格的钢水。

现代化的转炉炼钢控制系统在世界钢铁领域中普遍应用，它们采用先进的计算机应用技术，以仪控、自控、电控组成一个完整的控制系统，取代常规的仪表盘、操作台、模拟屏的传统操作控制方式，全部监控手段均在计算机人-机接口上完成。请完成以下任务：

（1）了解智能化炼钢生产的作用。
（2）了解智能化炼钢的几种模型。

 **知识链接**

1. 吹炼过程的智能控制

计算机可以在很短时间内，对吹炼过程的各种参数进行快速、高效率的计算和处理，并给出综合动作指令，准确地控制过程和终点，获得合格的钢水。

2. 计算机控制炼钢的优点

较精确地计算吹炼参数；无倒炉出钢；终点命中率高；改善劳动条件。

3. 炼钢计算机控制的三级系统

管理级，为三级机；过程级，为二级机；基础自动化级，为一级机。计算机炼钢过程控制是以过程计算机控制为核心，实行对冶炼全过程的参数计算和优化、数据和质量跟踪、生产顺序控制和管理。

4. 智能控制的功能

从管理计算机接收生产和制订计划；向上传输一级系统的过程数据；向一级系统下达设定值；从化验室接收铁水、钢液和炉渣的成分分析数据；建立钢种字典；完成转炉装料计算；完成转炉动态吹炼的控制计算；完成冶炼记录；将生产数据传送到管理计算机。

5. 智能控制炼钢的条件

设备无故障或故障率很低；过程数据检测准确可靠；原材料达到精料标准、质量稳定；要求人员素质高。

 **任务实施**

1. 静态控制模型与动态控制模型

静态控制模型包括终点控制模型、造渣模型和底吹模型二种。

终点控制模型：选取钢水终点温度和终点碳作为目标值，以冷却剂（矿石或铁皮）加入量和耗氧量作控制变量，即用冷却剂加入量控制终点温度，用耗氧量控制终点碳。

造渣模型：根据铁水中硅、磷含量和装入量以及炉渣碱度的要求，对操作数据进行统计分析，得出石灰、白云石、萤石等造渣料加入量的计算公式；副原料加入制度：总结操作经验按不同钢种确定副原料的加入批数、时间和各批料的加入量。

底吹模型：根据底部供气工艺研究和总结操作实践提出的底部供气制度，包括供气种类、压力、流量以及气体的切换时刻等。

动态控制模型是指在吹炼末期用副枪大量测试取得钢水温度和碳含量的数据，通过统计分析和总结操作经验建立起来的模型。

动态模型包括：脱碳速度模型、钢水升温模型和冷却剂加入量模型。

2. 过程检测仪表

钢水定碳传感器。原理：结晶定碳，根据凝固温度可以反推出钢水的含碳量。因此吹炼中、高碳钢时终点控制采用高拉补吹，就可使用结晶定碳来确定碳含量。

钢水定氧传感器。原理：用 $ZrO_2 + MgO$ 作为电解质，同时又以耐火材料的形式包住 $Mo + MoO_2$ 组成一个标准电极板，而钢水中 [O] + Mo 为另一个电极板，钢水中氧浓度与标准电极 $Mo + MoO_2$ 氧浓度不同，在 $ZrO_2 + MgO$ 电解质中形成浓度差电池，测定电池的电动势，可以得出钢水中氧含量。

判断吹炼终点的仪表。炉气分析系统包括：炉气取样和分析系统，可在高温和有灰尘的条件下进行工作，并在极短的时间内分析出炉气的化学成分。该系统由具有自我清洁功能的测试头、气体处理系统和气体分析装置组成。炉气分析系统功能：通过对炉气成分在线分析，显示炉气中 CO 和 CO_2 含量，以便决定炉气的回收和放散以及调节吹氧操作，监视炉气中含氧量，以确保煤气回收安全；计算炉气中 CO 和 CO_2 带走的碳量，以便了解炼钢过程中的脱碳速度和熔池中的钢水含碳量，以控制炼钢进程。

副枪测温、定碳。副枪是安装在氧枪侧面的一支水冷枪，在水冷枪的头部安有可更换探头。副枪的功能：在不倒炉的情况下，快速检测转炉熔池钢水温度、碳含量、氧含量、液位高度以及取钢样、渣样等，以提高控制的准确性，获取冶炼过程的中间数据，是转炉炼钢计算机动态控制的一种过程检测装置。

3. 一键式炼钢

一键式炼钢是把钢水吹炼过程编成程序输入电脑，由计算机自动控制，操作人员仅需点击"确定"一个按键，即可吹炼出一炉合格的钢水。一键式炼钢不仅是保证操作稳定的基础，还是稳定控制转炉钢水源头质量的关键。

数据库设计。通过对数据采集点数据分析，建立数据库 EL 图和关系模式，进行数据库物理设计；编制数据库程序，对数据进行初步处理。

数据库程序设计。在原二级数据平台基础上进行开发，通过创建相应的数据库通信、存储过程和作用进行数据传输，取得系统需要的数据。

程序界面设计。根据需求，为了保证系统兼容性，确定采用基于 C/S 模式的客户端程序设计。进行详细的界面设计、数据处理和逻辑算法程序设计，实现增、删除、修改、查找和数据导出报表功能。

系统主界面设计。建立精炼工位界面，该界面主要完成精炼温度不能自动采集的情况下预留的手工录入操作界面，便于保证数据的完整性。建立报表查询管理界面，该界面完成精炼温度报表管理，可以按照时间、熔炼号、钢种、转炉号和铸机号进行组合查询，满足精炼温度管理需求。还可以导出生产报表，便于对精炼温度情况进行随时的调阅和查询。

程序测试和上线运行。按照系统需求，进行程序测试，上线试运行，根据运行情况，完善系统，满足功能需求。

任务 2.3   智能化轧钢生产认知

 任务目标

1. 了解轧钢智能化。
2. 熟悉智能化轧钢设备的使用。
3. 能够判断设备运行状态，并处理故障。

素质目标

1. 培养分析问题和总结归纳的能力。
2. 学习利用逆向思维和发散思维解决问题。
3. 培养创新精神和创新能力。

任务引入

钢铁企业需要实现生产效率的提高、企业效益的提高，智能控制技术的广泛应用是必不可少的。同时当前我国以环保为主导的理念也要求企业在生产过程中，对过程实现精确控制，从而减少传统轧钢工艺流程所存在的浪费和不环保现象。智能技术的应用还可以从替代原有人力资源的角度上，来节约企业生产成本，提高整体管理效率。轧钢生产过程中，可能会存在对人员安全有影响的风险，通过智能控制技术，可以起到降低生产过程中安全风险的作用。同时需要注意，在进行智能控制技术的引入和应用过程中，需要进行深入的研究，以便完全地发挥出智能控制技术的优势。

当前，轧钢系统装备技术发展特征为：持续向连续化、自动化、数字化、智能化方向发

展，工业机器人、大数据、互联网、新一代信息技术在轧钢智能制造方面取得了实质性进展和应用。请完成以下任务：

1. 智能化控制在轧钢生产中的作用。
2. 智能化控制在轧钢过程中的应用情况。

 知识链接

　　智能控制是在人工智能以及自动控制等多学科基础上发展起来的新兴的交叉学科，主要用来应对生产过程中无法解决的复杂控制问题。目前，由于社会的快速发展，钢材的需求量不断增加，智能控制技术在轧钢作业中的应用，提高了轧钢的生产效率，有助于保证产品质量，提高良品率，减少浪费，也为钢铁企业带来明显的经济效益。

　　智能控制技术从出现至今，已经发展出包括模糊控制、神经网络控制、专家控制等多种控制方法。智能控制技术在轧钢生产过程中的应用，主要是在轧钢设备上加设传感器，将轧钢设备的整体状态置于控制系统的监控之下，再通过可编程控制系统对设备动作进行控制。轧钢流水线在实际的运行中，设备传感器通过对机台位置的锁定，在机台经过传感器监测点后，出发传感器将信号反馈到控制系统中心，同时，控制系统中心通过扫描整个程序，当满足程序条件时，进行信号输出，控制机台到达下一个位置。轧钢工艺在整个加工作业过程中，并不属于对精度要求特别严格的作业，但在实际的作业中，精度过低，会导致产品质量低，从而造成浪费。

　　在轧钢工艺中，对工艺流程的精准程度有一定的要求，传统的控制技术中，难以对相关流程进行精确控制，从而可能会导致最终的成品不能符合相关的生产要求。同时，精确的轧钢工艺也是市场对企业和该产业的要求，在目前的市场环境中，要求企业生产出契合市场需求的产品。而智能控制技术因为能够对生产环节进行精准的控制，从而可以在很大程度上保证产品品质的稳定。在实际的轧钢生产过程中，钢材原料是存在客观上的差异的，同时其原材料成本也是有区别的，由于控制手段的不稳定，所以会在一定程度上造成原料的浪费，无形之中增加企业成本。而智能控制技术的核心优势就在于其高度的稳定性，能够减少生产过程中的浪费，对企业实际成本进行有效控制。

任务实施

　　随着人工神经网络、专家系统、模式识别、信息科学、认知科学、计算机科学、人脑神经网络结构和模糊逻辑等有关理论的发展，人工智能神经网络和智能专家系统形成的综合智能系统日渐对轧制技术起到了重要的推动作用，同时，也由此引起了轧制过程中控制与操作的巨大变化。随着全球经济一体化的进程日趋紧密，钢铁企业要在全球化的竞争中形成明显的竞争优势，就必须通过引入新技术来推进钢铁的生产。

　　① 人工神经网络在轧钢中的应用。人工神经网络是通过模拟脑神经传递信息的方式建立起来的一种人工智能模式识别方法。由于其具有非线性动态处理及自学习、自组织、自适应等能力，因而为解决轧钢过程中的一系列问题提供了新的路径。以 BP 神经网络为例，其在实际中主要用来进行模式识别和非线性系统的函数拟合。

　　人工神经网络在轧钢中的实际应用，体现在对热轧带钢的轧制力预测、对冷轧变形抗力和摩擦系数的预测、识别轧辊偏心和在线质量检测等多个方面。板带钢生产工艺所采用的都是连轧方式，而轧制力预报是连轧精轧机组计算机设定的模型的核心。在轧制力预报中，涉及诸如温降模型、应力状态模型、变形抗力模型等，如果以传统的方法来进行模型设定，需要进行大量的数据采集，在预先建立的模型的基础上进行非线性回归，但统计的数据不可能是在同一环境下的数据，所以在回归模型上对于环境变动无法做到精确预测。通过神经网络进行足够的数据积累之后，可以建立起神经网络数学模型，从而进行精确的预测。

同时，在轧钢生产中，一般工厂只能在产品完成一段时间后，才能从实验室里得到产品质量的检验结果，而通过神经网络模型，可以在线对产品质量进行预测。同时，利用相关的监测结果，神经网络智能控制可以针对生产过程中的参数进行相应调整，从而确保整体生产质量的稳定。自动在线监测系统包括光源设备、人工视觉系统、神经网络系统及专家系统等。具体应用中，每个可能的缺陷都由一组参数来描述，神经网络通过对参数的识别来进行缺陷识别，同时将输入的信息进行过滤，剔除非缺陷数据而保留真正缺陷的信息供专家系统使用，专家系统根据从神经网络来的数据确定产品的整体质量。这个过程中需要对系统进行训练，让其掌握质量检测的能力，从而判断产品质量缺陷问题及缺陷类型。

② PLC 系统在轧钢中的应用。由于 PLC 系统的应用，整个轧钢生产流程实现了自动控制，以简单的通信数据的形式，取代传统轧钢生产过程中的大量硬件设备。因而，无论是从控制水平还是生产效率方面，PLC 系统都有着巨大的优势，保证了轧钢生产流程的安全与效率，降低了企业的维护和运行成本。PLC 控制系统在轧钢生产中，通过信号对变频装置实行精确控制，能对相关设备的实际转速、液压缸流量进行准确调试。

PLC 系统可以对数字信号进行识别，从而了解和控制设备中的压力、温度、液位、行程等数据，读取 PLC 系统输入的状态值即可识别出故障源，可以大大减少轧钢生产过程中的设备故障，同时，有利于工作人员及时发现故障和排除故障，保证轧钢生产的顺利进行。PLC 系统可以基于模拟量信号，通过识别 PLC 系统模拟量输入模块来完成对故障的诊断和识别，模拟量输入模块的输入端可接收来自传感器发送的信号，而输出端以输出信号的方式，作用于对象上。PLC 系统诊断模拟量故障的过程，就是将读取到的监测信号的数值与系统预设的极限值相对比的过程。在此过程中，通过对比，PLC 可识别出故障类型。系统输入模块要完成轧钢生产设备故障检测信号、控制指令和专家知识的接收工作，通过协同这些信号、指令以及专家知识来完成对具体故障特征的识别与诊断。

项目3 认识工程制图

任务 1 制图基本知识和基本技能

 任务目标

1. 了解国家标准关于制图的一般规定。
2. 掌握制图工具的使用。
3. 掌握几种常用的几何作图方法。

 素质目标

1. 培养学生认真负责、严谨细致的工作态度。
2. 提升分析问题和解决问题的能力。
3. 培养学生遵守制图员岗位的职业守则和一丝不苟的工匠精神。

任务引入

绘制图 1-3-1 所示手柄平面图形。

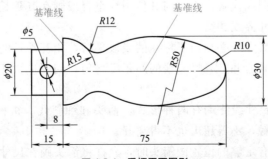

图 1-3-1 **手柄平面图形**

知识链接

1. 国家标准的一般规定

（1）图纸幅面和格式

为了便于图样的绘制、使用和保管，图样均应画在规定幅面和格式的图纸上。

（2）比例

比例是指图样中机件要素的线性尺寸与实际机件相应要素的线性尺寸之比。

（3）字体

图样中的汉字应采用长仿宋体。

（4）图线

掌握粗实线、细实线、虚线、细点画线、波浪线、双折线、粗虚线、粗点画线、双点画线等线型的应用及注意事项。

（5）尺寸标注

① 基本规则。

a. 机件的真实大小应以图样上所注的尺寸数值为依据，与图形的大小及绘图的准确度无关。

b. 图样中（包括技术要求和其他说明）的尺寸，一般以毫米为单位。以毫米为单位时，不注计量单位的代号或名称，如采用其他单位，则必须注明相应的计量单位的代号或名称。

c. 图样中所标注的尺寸，为该图样所表示机件的最后完工尺寸，否则应另加说明。

d. 机件的每一尺寸，一般只标注一次，并应标注在反映该结构最清晰的图形上。

② 标注尺寸的基本规定。完整的尺寸标注包含下列四个要素：尺寸界限、尺寸线、尺寸数字和终端（箭头）。

a. 尺寸界线。

作用：表示所注尺寸的起始和终止位置，用细实线绘制。

它由图形的轮廓线、轴线或对称中心线处引出。也可利用轮廓线、轴线或对称中心线本身作尺寸界线。

强调：尺寸界线一般应与尺寸线垂直，必要时允许与尺寸线成适当的角度；尺寸界线超出尺寸线 2mm 左右。

b. 尺寸线。

作用：表示所注尺寸的范围，用细实线绘制。

尺寸线不能用其他图线代替，不得与其他图线重合或画在其延长线上，并应尽量避免尺寸线之间及尺寸线与尺寸界线相交。

标注线性尺寸时，尺寸线必须与所标注的线段平行，相互平行的尺寸线小尺寸在内，大尺寸在外，依次排列整齐。并且各尺寸线的间距要均匀，间隔应大于 5mm ，以便注写尺寸数字和有关符号。

（a）尺寸线终端。尺寸线终端有两种形式：箭头和细斜线。机械图样一般用箭头形式，箭头尖端与尺寸界线接触，不得超出也不得离开。

当尺寸线太短，没有足够的位置画箭头时，允许将箭头画在尺寸线外边；标注连续的小尺寸时可用圆点代替箭头。

（b）尺寸数字。

作用：尺寸数字表示所注尺寸的数值。

强调：线性尺寸的数字一般应写在尺寸线的上方、左方或尺寸线的中断处，位置不够时，也可以引出标注；尺寸数字不能被任何图线通过，否则必须将该图线断开；在同一张图上基本尺寸的字高要一致，一般采用 3.5 号字，不能根据数值的大小而改变。

③ 常用尺寸的标注方法。

a. 线性尺寸的标注。

b. 角度尺寸的标注。角度的尺寸界线应沿径向引出，尺寸线是以角的顶点为圆心画出的圆弧线。角度的数字应水平书写，一般注写在尺寸线的中断处，必要时也可写在尺寸线的上方或外侧。角度较小时也可以用指引线引出标注。角度尺寸必须注出单位。

c. 圆和圆弧尺寸的标注。标注圆及圆弧的尺寸时，一般可将轮廓线作为尺寸界线，尺寸线或其延长线要通过圆心。大于半圆的圆弧标注直径，在尺寸数字前加注符号"ϕ"，小于和等于半圆的圆弧标注半径，在尺寸数字前加注符号"R"。没有足够的空位时，尺寸数字也可写在尺寸界线的外侧或引出标注。

d. 球体尺寸的标注。圆球在尺寸数字前加注符号"$S\phi$"，半球在尺寸数字前加注符号"SR"。

2. 绘图工具和仪器的使用

掌握铅笔、图板和丁字尺、三角板、圆规和分规、比例尺、曲线板、模板以及其他常用绘图工具和仪器的用法及注意事项。

✪ 任务实施

利用尺规几何作图。

（1）线段和圆周的等分

① 等分直线段。

a. 过已知线段的一个端点，画任意角度的直线，并用分规自线段的起点量取 n 个线段。

b. 将等分的最末点与已知线段的另一端点相连。

c. 过各等分点作该线的平行线与已知线段相交即得到等分点，即推画平行线法。

② 等分圆周。

a. 正五边形。

方法：作 OA 的中点 M；

以 M 点为圆心，M_1 为半径作弧，交水平直径于 K 点；

以 $1K$ 为边长，将圆周五等分，即可作出圆内接正五边形。

b. 正六边形。

方法一：用圆规作图。分别以已知圆在水平直径上的两处交点 A、B 为圆心，以 $R = D/2$ 作圆弧，与圆交于 C、D、E、F 点，依次连接 A、B、C、D、E、F 点即得圆内接正六边形。

方法二：用三角板作图。以 $60°$ 三角板配合丁字尺作平行线，画出四条边斜边，再以丁字尺作上、下水平边，即得圆内接正六边形。

（2）斜度和锥度

① 概念。

斜度是指一直线（或平面）对另一直线（或平面）的倾斜程度。它的特点是单向分布。

锥度是指正圆锥底圆直径与其高度之比，或正圆台的两底圆直径差与其高度之比。它的特点是双向分布。

② 计算。

斜度：高度差与长度之比；斜度＝H/L＝1：n

锥度：直径差与长度之比；锥度＝D/L＝$D-d/1$＝1：n

（3）圆弧的连接

① 圆弧连接作图的基本步骤。首先求作连接圆弧的圆心，满足到两被连接线段的距离均为连接圆弧的半径的条件。然后找出连接点，即连接圆弧与被连接线段的切点。最后在两连接点之间画连接圆弧。

已知条件：已知连接圆弧的半径。

实质：就是使连接圆弧和被连接的直线或被连接的圆弧相切。

关键：找出连接圆弧的圆心和连接点（即切点）。

② 直线间的圆弧连接，图 1-3-2 为直线间的圆弧连接。

作图法归纳以下三点。

a. 定距：作与两已知直线分别相距为 R（连接圆弧的半径）的平行线。两平行线的交点 O 即为圆心。

b. 定连接点（切点）。从圆心 O 向两已知直线作垂线，垂足即为连接点（切点）。

c. 以 O 为圆心，以 R 为半径，在两连接点（切点）之间画弧。

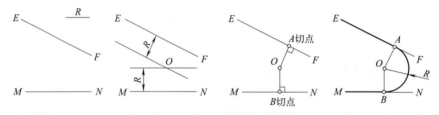

图 1-3-2   直线间的圆弧连接

③ 圆弧间的圆弧连接。连接圆弧的圆心和连接点的求法。

作图法归纳为以下三点。

a. 用算术法求圆心：根据已知圆弧的半径 R_1 或 R_2 和连接圆弧的半径 R 计算出连接圆弧的圆心轨迹线圆弧的半径 R'。

b. 用连心线法求连接点（切点）。

外切时：连接点在已知圆弧和圆心轨迹线圆弧的圆心连线上。

内切时：连接点在已知圆弧和圆心轨迹线圆弧的圆心连线的延长线上。

c. 以 O 为圆心，以 R 为半径，在两连接点（切点）之间画弧。

（4）平面图形的尺寸分析及画法

要进行平面图形的作图，首先要对平面图形中的各尺寸和各组成线段进行分析，然后确定出平面图形的作图步骤。以图 1-3-1 为例。

① 平面图形的尺寸分析。

a. 基准。标注尺寸的起点称为尺寸基准，简称基准。平面图形尺寸有水平和垂直两个方向，基准也必须从这两个方向考虑。常选择图形的轴线、对称中心线或较长的轮廓线作为尺寸基准。图 1-3-1 所示手柄图形的尺寸基准就是水平轴线和较长的铅垂轮廓线。

b. 定形尺寸。确定图形中各线段形状大小的尺寸。如直线的长度、圆及圆弧的直径或半径、角度大小等，图 1-3-1 中，15mm、ϕ20mm、ϕ5mm、R15mm、R12mm、R50mm、R10mm、ϕ30mm 等均为定形尺寸。

　　c. 定位尺寸。确定图形中线段间相对位置的尺寸。图 1-3-1 中，8mm 就是确定 ϕ5mm 小圆位置的定位尺寸。

　　分析尺寸时，常会见到同一尺寸既有定形尺寸的作用又有定位尺寸的作用，图 1-3-1 中，75mm 既是决定手柄长度的定形尺寸，又是 R10mm 圆弧的定位尺寸。

　　② 平面图形的画图步骤。

　　a. 根据图形大小选择比例及图纸幅面。

　　b. 画出基准线，并根据定位尺寸画出定位线［图 1-3-3（a）］。

　　c. 画出已知线段，即那些定形尺寸、定位尺寸齐全的线段［图 1-3-3（b）］。

　　d. 画出连接线段，即那些只有定形尺寸，而定位尺寸不齐全或无定位尺寸的线段［图 1-3-3（c）、（d）］。

　　e. 将图线加粗加深。

　　f. 标注尺寸。

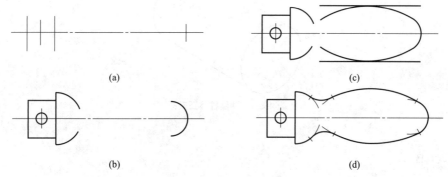

图 1-3-3　**手柄图形画图步骤**

（5）平面图形的尺寸注法

平面图形中标注的尺寸，必须能唯一地确定图形的形状和大小，不遗漏、不多余地标注出确定各线段的相对位置及其大小的尺寸。

　　① 先选择水平和垂直方向的基准线；

　　② 确定图形中各线段的性质；

　　③ 按已知线段、中间线段、连接线段的次序逐个标注尺寸。

任务 2　投影基础与三视图技能

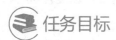 任务目标

1. 理解投影法的形成方式。

2. 理解三视图的形成。

3. 掌握点、线、面的三面投影的绘制。

4. 掌握平面立体与曲面立体三视图的绘制方法。

 素质目标

1. 培养学生认真负责、严谨细致的工作态度。
2. 提升分析问题和解决问题的能力。
3. 培养学生遵守制图员岗位的职业守则和一丝不苟的工匠精神。

 任务引入

两圆柱体正交如图 1-3-4 所示，绘制其相贯线。

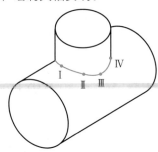

图 1-3-4　**两圆柱体正交图**

知识链接

1. 正投影的基本概念及三视图

投影法——日光照射物体，在地上或墙上产生影子，这种现象就是投影。一组互相平行的投影线与投影面垂直的投影称为正投影。正投影的投影图能表达物体的真实形状。

三视图的形成及投影规律如下。

（1）三视图的形成（图 1-3-5）。

图 1-3-5（a）中，将物体放在三个互相垂直的投影面中，使物体上的主要平面平行于投影面，然后分别向三个投影面作正投影，得到的图形称为三视图。三个视图分别为：主视图，即正前方投影（V 面）；俯视图，即由上向下投影（H 面）；左视图，即由左向右投影（W 面）。

在三个投影面上得到物体的三视图后，须将空间互相垂直的三个投影展开摊平在一个平面上。展开投影面时规定：正面保持不动，将水平面和侧面分别绕着 X 轴和 Z 轴旋转 $90°$ 得到图 1-3-5（b）。

（2）投影规律

① 视图间的对应关系：长对正，高平齐，宽相等。

② 物体与视图的方位关系：以主视图为准，在俯视图和左视图中存在"近后远前"的方位关系。

2. 点的投影

（1）点的投影及其标记

图 1-3-6 为空间点 A（规定用大写字母表示空间点）在三个投影面上的投影：

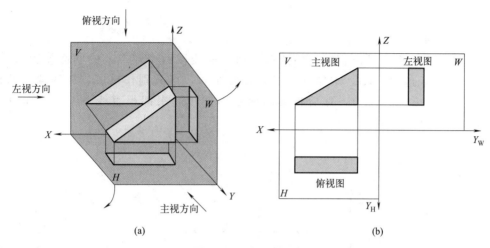

(a)   (b)

图 1-3-5　三视图的形成

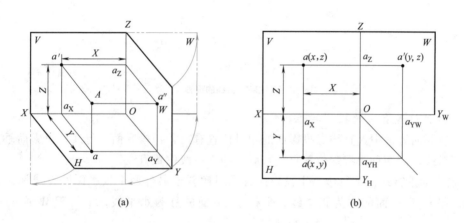

(a)   (b)

图 1-3-6　三面投影

水平投影 a，反映 A 点 X 和 Y 轴的坐标；

正面投影 a'，反映 A 点 X 和 Z 轴的坐标；

侧面投影 a''，反映 A 点 Y 和 Z 轴的坐标。

（2）点的三面投影规律

$a'a \perp OX$，即主、俯视图长对正；

$a'a'' \perp OZ$，即主、左视图高平齐；

$aa_x = a''a_z$，即俯、左视图宽相等。

应用点的投影规律，可根据点的任意两个投影求出第三投影。

（3）两点间的相对位置

① 两点的相对位置。两点的相对位置指两点在空间的上下、前后、左右位置关系。判断方法：X 坐标大的在左，Y 坐标大的在前，Z 坐标大的在上 。

② 重影点：空间两点在某一投影面上的投影重合为一点时，则称此两点为该投影面的重影点。

③ 可见性。判断重影点的可见性时，需要看重影点在另一投影面上的投影，坐标值大的点投影可见，反之不可见，不可见点的投影加括号表示。

3. 线的投影

（1）直线的投影图

空间一直线的投影可由直线上的两点（通常取线段两个端点）的同面投影来确定。如图 1-3-7 所示的直线 AB，求作它的三面投影图时，可分别作出 A、B 两端点的投影（a、a'、a''）、（b、b'、b''），然后将其同面投影连接起来即得直线 AB 的三面投影图（ab、$a'b'$、$a''b''$）。

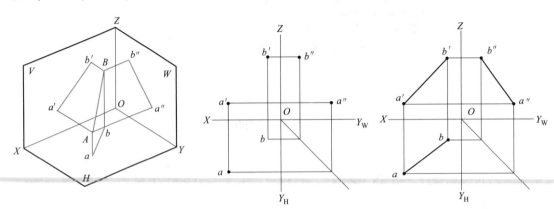

图 1-3-7　**直线的投影**

（2）各种位置直线的投影特性

在三投影面体系中，直线对投影面的相对位置有三种：投影面平行线、投影面垂直线和投影面倾斜线。前两种为特殊位置直线，后一种为一般位置直线。

① 投影面平行线。平行于一个投影面且同时倾斜于另外两个投影面的直线称为投影面平行线。平行于 V 面的称为正平线；平行于 H 面的称为水平线；平行于 W 面的称为侧平线。

投影特性：两平一斜。

a. 在其平行的那个投影面上的投影反映实长，并反映直线与另两投影面倾角的大小。

b. 另两个投影面上的投影平行于相应的投影轴。

② 投影面垂直线。垂直于一个投影面且同时平行于另外两个投影面的直线称为投影面垂直线。垂直于 V 面的称为正垂线；垂直于 H 面的称为铅垂线；垂直于 W 面的称为侧垂线。

投影特性：两线一点。

a. 在其垂直的投影面上，投影有积聚性。

b. 另外两个投影，反映线段实长，且垂直于相应的投影轴。

③ 一般位置直线。与三个投影面都处于倾斜位置的直线称为一般位置直线。

投影特性：三斜。

a. 直线的三个投影和投影轴都倾斜，各投影和投影轴所夹的角度不等于空间线段对相应投影面的倾角；

b. 任何投影都小于空间线段的实长，也不能积聚为一点。

4. 平面的投影

平面的表示法：平面可由（a）不在同一直线上的三个点；（b）一直线和不属于该直线

的一点；(c) 相交两直线；(d) 平行两直线；(e) 任意平面图形中任意一组几何元素组成。

各种位置平面的投影特性如下。

(1) 投影面平行面

平行于一个投影面而与另外两个投影面垂直的平面。平行于 H 面的称为水平面；平行于 V 面的称为正平面；平行于 W 面的称为侧平面。

投影特性：两线一面。

① 在其平行的那个投影面上的投影反映实形。

② 另两个投影面上的投影积聚为直线并垂直于同一根投影轴。

(2) 投影面垂直面

垂直于一个投影面而与另外两个投影面倾斜的平面。垂直于 H 面的称为铅垂面；垂直于 V 面的称为正垂面；垂直于 W 面的称为侧垂面。

投影特性：两面一线。

① 在其垂直的投影面上，投影积聚为直线。

② 另外两个投影，反映平面形状但不是真实大小。

(3) 一般位置平面

对三个投影面都倾斜的平面为一般位置平面。

投影特性：其三个投影都不反映实形，也没有积聚性，而是原平面图形的类似形。

5. 立体的投影

(1) 平面立体的投影及表面取点

① 棱柱。棱柱由两个底面和棱面组成，棱面与棱面的交线称为棱线，棱线互相平行。棱线与底面垂直的棱柱称为正棱柱。

a. 棱柱的投影。一正六棱柱，由上、下两个底面（正六边形）和六个棱面（长方形）组成。设将其放置成上、下底面与水平投影面平行，并有两个棱面平行于正投影面。上、下两底面均为水平面，它们的水平投影重合并反映实形，正面及侧面投影积聚为两条相互平行的直线。六个棱面中的前、后两个为正平面，它们的正面投影反映实形，水平投影及侧面投影积聚为一直线。其他四个棱面均为铅垂面，其水平投影均积聚为直线，正面投影和侧面投影均为类似形。

b. 棱柱表面上点的投影。方法：利用点所在的面的积聚性法。平面立体表面上取点实际就是在平面上取点。首先应确定点位于立体的哪个平面上，并分析该平面的投影特性，然后再根据点的投影规律求得。

② 棱锥。

a. 棱锥的投影。正三棱锥的表面由一个底面（正三边形）和三个侧棱面（等腰三角形）围成，设将其放置成底面与水平投影面平行，并有一个棱面垂直于侧投影面。

b. 棱锥表面上点的投影。方法：(a) 利用点所在的面的积聚性法。(b) 辅助线法。

首先确定点位于棱锥的哪个平面上，再分析该平面的投影特性。若该平面为特殊位置平面，可利用投影的积聚性直接求得点的投影；若该平面为一般位置平面，可通过辅助线法求得。

(2) 曲面立体的投影及表面取点

曲面立体的曲面是由一条母线（直线或曲线）绕定轴回转而形成的。

① 圆柱。圆柱表面由圆柱面和两底面所围成。圆柱面可看作一条直母线围绕与它平行

的轴线回转而成。

　　a. 圆柱的投影。画图时，一般常使它的轴线垂直于某个投影面。

　　b. 圆柱面上点的投影。方法：利用点所在的面的积聚性法。

　　② 圆锥。圆锥表面由圆锥面和底面所围成。圆锥面可看作是一条直线围绕与它交于公共顶点的轴线回转而成。在圆锥面上通过锥顶的任一直线称为圆锥面的素线。

　　a. 圆锥的投影。画圆锥面的投影时，也常使它的轴线垂直于某一投影面。

　　b. 圆锥面上点的投影。方法：（a）辅助线法。（b）辅助圆法。

　　③ 圆球。圆球的表面是球面，圆球面可看作是一条圆母线绕通过其圆心的轴线回转而成。

　　a. 圆球的投影。圆球在三个投影面上的投影都是直径相等的圆，但这三个圆分别表示三个不同方向的圆球面轮廓素线的投影。

　　b. 圆球面上点的投影。方法：辅助圆法。

6. 基本体的尺寸标注

　　（1）平面立体的尺寸标注

　　平面立体一般标注长、宽、高三个方向的尺寸。

　　（2）曲面立体的尺寸标注

　　圆柱和圆锥应注出底圆直径和高度尺寸，圆锥台还应加注顶圆的直径。直径尺寸应在其数字前加注符号"ϕ"，一般注在非圆视图上，如图 1-3-8（a）、（b）、（c）所示。这种标注形式用一个视图就能确定其形状和大小，其他视图就可省略。

　　标注圆球的直径和半径时，应分别在"ϕ、R"前加注符号"S"，如图 1-3-8（d）、（e）所示。

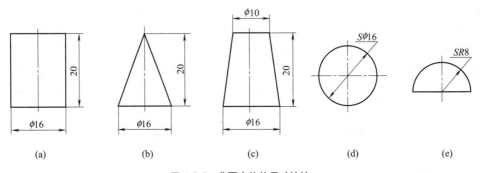

图 1-3-8　曲面立体的尺寸注法

7. 截交线的性质

　　（1）截交线的概念

　　平面与立体表面相交，可以认为是立体被平面截切，此平面通常称为截平面，截平面与立体表面的交线称为截交线。

　　（2）截交线的性质

　　截交线一定是一个封闭的平面图形，是截平面与立体表面的共有线，求作截交线，就是求出截平面与立体表面的共有点。

8. 平面与平面立体相交

　　平面立体的表面是平面图形，因此平面与平面立体的截交线为封闭的平面多边形。多边形的各个顶点是截平面与立体的棱线或底边的交点，多边形的各条边是截平面与平面立体表面的交线。

9. 平面与曲面立体相交

曲面立体的截交线，就是截平面与曲面立体表面的共有点的投影，然后把各点的同名投影依次光滑连接起来。

当截平面或曲面立体的表面垂直于某一投影面时，则截交线在该投影面上的投影具有积聚性，可直接利用面上取点的方法作图。

10. 两曲面立体表面的交线

机器零件多由两个以上的基本立体组合而成，结合时表面常出现交线，称为相贯线。

（1）相贯线的性质

① 相贯线是两个曲面立体表面的共有线，也是两个曲面立体表面的分界线。

② 两曲面立体的相贯线一般为封闭的空间曲线，特殊情况下可能是平面曲线或直线。

求两个曲面立体相贯线的实质就是求它们表面的共有点。作图时，依次求出特殊点和一般点，判别其可见性，然后将各点光滑连接起来，即得相贯线。

（2）相贯线的画法

两个相交的曲面立体中，如果其中一个是柱面立体（常见的是圆柱面），且其轴线垂直于某投影面时，相贯线在该投影面上的投影一定积聚在柱面投影上，相贯线的其余投影可用表面取点法求出。

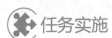 **任务实施**

1. 作正交两圆柱体的相贯线（图 1-3-9）

分析：两圆柱体的轴线正交，且分别垂直于水平面和侧面。相贯线在水平面上的投影积聚在小圆柱水平投影的圆周上，在侧面上的投影积聚在大圆柱侧面投影的圆周上，故只需求作相贯线的正面投影。

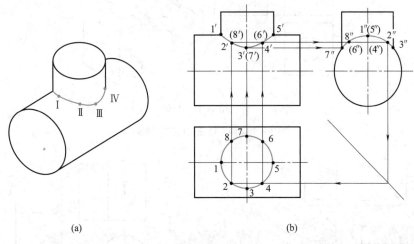

(a)   (b)

图 1-3-9 **正交两圆柱的相贯线**

2. 相贯线的近似画法

相贯线的作图步骤较多，如对相贯线的准确性无特殊要求，当两圆柱垂直正交且直径有相差时，可采用圆弧代替相贯线的近似画法。如图 1-3-10 所示，垂直正交两圆柱的相贯线可用大圆柱的 $D/2$ 为半径作圆弧来代替。

3. 两圆柱正交的类型

两圆柱正交有三种情况：两外圆柱面相交，如图 1-3-11（a）所示；外圆柱面与内圆柱面相交，如图 1-3-11（b）所示；两内圆柱面相交，如图 1-3-11（c）所示。这三种情况的相交形式虽然不同，但相贯线的性质和形状一样，求法也一样。

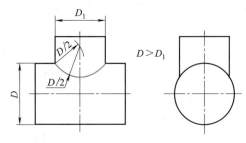

图 1-3-10　相贯线的近似画法

① 当正交的两圆柱直径相等时，相贯线为大小相等的两个椭圆（投影为通过两轴线交点的直线），如图 1-3-12 所示。

② 当相交的两圆柱轴线平行时，相贯线为两条平行于轴线的直线，如图 1-3-13 所示。

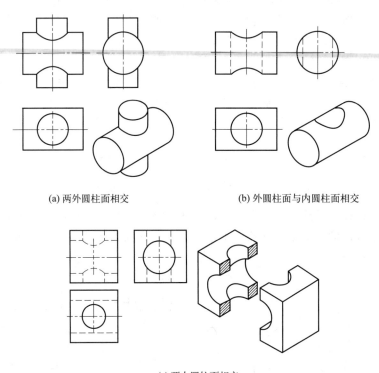

(a) 两外圆柱面相交　　　　　　　　　(b) 外圆柱面与内圆柱面相交

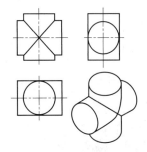

(c) 两内圆柱面相交

图 1-3-11　两圆柱正交的三种情况

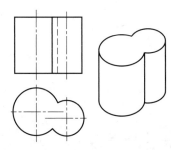

图 1-3-12　正交两圆柱直径相等时的相贯线　　　图 1-3-13　相交两圆柱轴线平行时的相贯线

任务 3　组合体三视图技能

 任务目标

1. 掌握组合体的三视图的绘制。
2. 会组合体的画法及尺寸标注。

 素质目标

1. 培养学生认真负责、严谨细致的工作态度。
2. 提升分析问题和解决问题的能力。
3. 培养学生遵守制图员岗位的职业守则和一丝不苟的工匠精神。

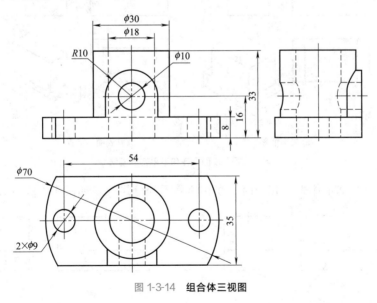 **任务引入**

绘制组合体三视图，图 1-3-14 所示。

图 1-3-14　**组合体三视图**

 **知识链接**

组合体是忽略机械零件的工艺特性，或是对零件的结构抽象简化后的"几何模型"。

1. 形体分析方法

大部分机械零件都可以看成是由一些基本几何形体按一定的方式组合而成的，而且每一部分形体都具有一定的功能。例如轴承座是由安装用的底板、支承轴颈用的套筒、连接底板与套筒的支承板和加固用的肋板四个部分组成。这种把整体零件分解成基本形体进行画图、看图和标注尺寸的方法，称为形体分析方法。

2. 组合体的构成

（1）叠加

由几个基本几何形体按一定的相对位置堆积在一起而形成组合体，如图 1-3-15 （a）所示。形体间两相邻表面间的关系可分为：

(a) 叠加型　　　　　(b) 切割型　　　　　(c) 综合型

图 1-3-15　**组合体的组合形式**

① 平齐或不平齐。当两基本体表面平齐时，结合处不画分界线。当两基本体表面不平齐时，结合处应画出分界线，如图 1-3-16 所示。

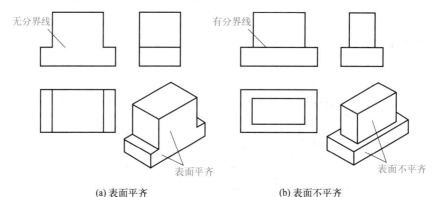

(a) 表面平齐　　　　　　　(b) 表面不平齐

图 1-3-16　**表面平齐和不平齐的画法**

② 相切。当两基本体表面相切时，在相切处不画分界线，如图 1-3-17 所示。

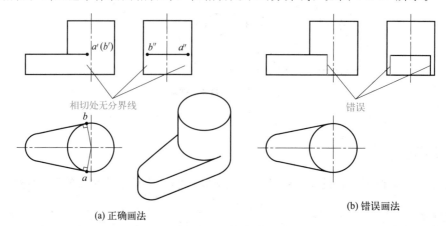

(a) 正确画法　　　　　　　　　　(b) 错误画法

图 1-3-17　**表面相切的画法**

③ 相交。当两基本体表面相交时，在相交处应画出分界线，如图 1-3-18 所示。

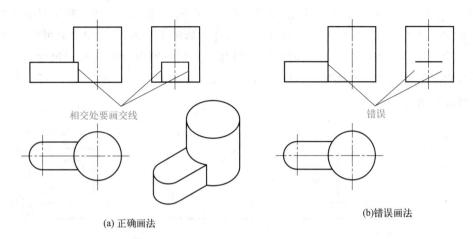

相交处要画交线　　　　　　　　　　　错误

(a) 正确画法　　　　　　　　　　(b)错误画法

图 1-3-18　**表面相交的画法**

（2）切割

由基本几何体被挖切后形成的组合体，如图 1-3-15（b）所示。

（3）综合

上面两种基本形式的综合，如图 1-3-15（c）所示。

3. 对组合体进行尺寸标注

（1）尺寸基准

标注尺寸的起始位置称为尺寸基准。组合体的尺寸标注中，常选取对称面、底面、端面、轴线或圆的中心线等几何元素作为尺寸基准。在选择基准时，每个方向除一个主要基准外，根据情况还可以有几个辅助基准。基准选定后，各方向的主要尺寸（尤其是定位尺寸）就应从相应的尺寸基准进行标注。

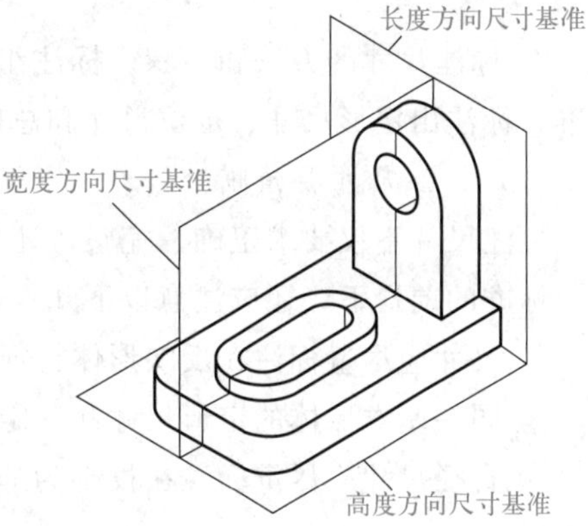

如图 1-3-19 所示支架，是用竖板的右端面作为长度方向尺寸基准；用前、后对称平面作为宽度方向尺寸基准；用底板的底面作为高度方向的尺寸基准。

长度方向尺寸基准

宽度方向尺寸基准

高度方向尺寸基准

图 1-3-19　**支架的尺寸基准分析**

（2）标注尺寸要完整

① 尺寸种类。要使尺寸标注完整，既无遗漏，又不重复，最有效的办法是对组合体进行形体分析，根据各基本体形状及其相对位置分别标注以下几类尺寸。

a. 定形尺寸。确定各基本体形状大小的尺寸。

如图 1-3-20（a）中的 50、34、10、$R8$ 等尺寸确定了底板的形状。而 $R14$、18 等是竖板的定形尺寸。

b. 定位尺寸。确定各基本体之间相对位置的尺寸。

图 1-3-20（a）俯视图中的尺寸 8 确定竖板在宽度方向的位置，主视图中尺寸 32 确定 $\phi16$ 孔在高度方向的位置。

c. 总体尺寸。确定组合体外形总长、总宽、总高的尺寸。总体尺寸有时和定形尺寸重合，如图 1-3-20（a）中的总长 50 和总宽 34 同时也是底板的定形尺寸。对于具有圆弧面的结构，通常只注中心线位置尺寸，而不注总体尺寸。如图 1-3-20（b）中总高可由 32 和 $R14$ 确定，此时就不再标注总高 46 了。当标注了总体尺寸后，有时可能会出现尺寸重复，这时可考虑省略某些定形尺寸。如图 1-3-20（c）中总高 46 和定形尺寸 10、36 重复，此时可根据情况将此二者之一省略。

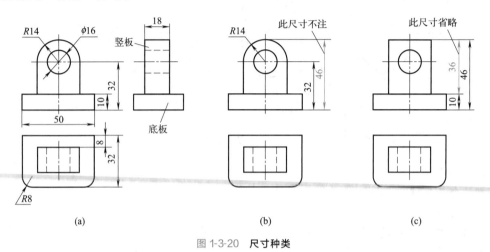

图 1-3-20   尺寸种类

② 标注尺寸的方法和步骤。标注组合体的尺寸时，应先对组合体进行形体分析，选择基准，标注出定形尺寸、定位尺寸和总体尺寸，最后检查、核对。

（3）标注尺寸要清晰

标注尺寸不仅要求正确、完整，还要求清晰，以方便读图。为此，在严格遵守机械制图国家标准的前提下，还应注意以下几点：

① 尺寸应尽量标注在反映形体特征最明显的视图上。

② 同一基本形体的定形尺寸和确定其位置的定位尺寸，应尽可能集中标在一个视图上。

③ 直径尺寸应尽量标注在投影为非圆的视图上，而圆弧的半径应标注在投影为圆的视图上。

④ 尽量避免在虚线上标注尺寸。

⑤ 同一视图上的平行尺寸，应按"小尺寸在内，大尺寸在外"的原则来排列，且尺寸线与轮廓线、尺寸线与尺寸线之间的间距要适当。

⑥ 尺寸应尽量配置在视图的外面，以避免尺寸线与轮廓线交错重叠，保持图形清晰。

✖️ 任务实施

① 绘制底板俯视图、主视图和左视图，如图 1-3-21（a）所示。

② 绘制中间圆柱筒三视图，如图 1-3-21（b）所示。

③ 绘制前面支承板三视图，如图 1-3-22 所示。

④ 擦除多余线段，删除辅助线，完成组合体三视图绘制，如图 1-3-23 所示。

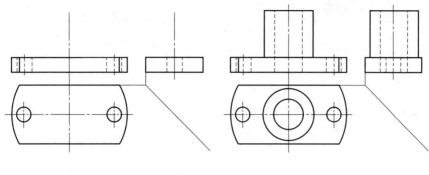

(a) 底板三视图　　　　　　　　　　　(b) 中间圆柱筒三视图

图 1-3-21　绘制底板和中间圆柱筒三视图

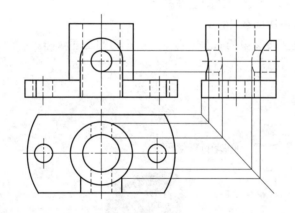

图 1-3-22　绘制前面支承板三视图

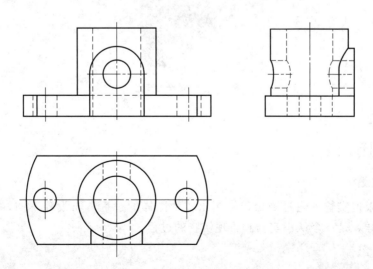

图 1-3-23　三视图成形

任务 4　零件测绘

 任务目标

1. 熟练掌握常用测绘工具的使用。
2. 掌握零件的测绘方法。
3. 能完成零件测绘。

 素质目标

1. 培养学生认真负责、严谨细致的工作态度。
2. 提升分析问题和解决问题的能力。
3. 培养学生遵守制图员岗位的职业守则和一丝不苟的工匠精神。

 任务引入

测绘如图 1-3-24 所示球阀上阀盖的零件图。

图 1-3-24　球阀上阀盖

 知识链接

1. 什么是零件测绘

测绘就是根据实物，通过测量，绘制出实物图样的过程。与设计不同，测绘是先有实物，再画出图样，是一个认识实物和再现实物的过程。

2. 零件草图的绘制

零件测绘工作常在机器设备的现场进行，受条件限制，一般先绘制出零件草图，然后根据零件草图整理出零件工作图。因此，零件草图绝不是潦草图。

3. 测绘中零件技术要求的确定

（1）确定形位公差

在没有原始资料时，由于有实物，可以通过精确测量来确定形位公差。但要注意两点，其一，选取形位公差应根据零件功用而定，不可采取只要能通过测量获得实测值的项目，都注在图样上。其二，随着国内外科技水平尤其是工艺水平的提高，不少零件从功能上讲，对形位公差并无过高要求，但由于工艺方法的改进，大大提高了产品加工的精确性，使要求不甚高的形位公差提高到很高的精度。因此，测绘中，不要盲目追随实测值，应根据零件要求，结合我国国标所确定的数值，合理确定。

（2）表面粗糙度的确定

① 根据实测值来确定。测绘中可用相关仪器测量出有关的数值，再参照我国国标中的数值加以圆整确定。

② 根据类比法，参照机械制图国家标准的有关规定及相关原则进行确定。

③ 参照零件表面的尺寸精度及表面形位公差值来确定。

④ 热处理及表面处理等技术要求的确定。

测绘中确定热处理等技术要求的前提是先鉴定材料，然后确定测绘者所测零件所用材料。注意，选材恰当与否，并不是完全取决于材料的力学性能和金相组织，还要充分考虑工作条件。

一般地说，零件大多要经过热处理，但并不是说，在测绘的图样上，都需要注明热处理要求，要依零件的作用来决定。

任务实施

1. 零件测绘的方法和步骤

（1）了解和分析测绘对象

首先应了解零件的名称、用途、材料以及它在机器（或部件）中的位置、作用和与相邻零件的关系，然后对零件的内外结构进行分析。

如图 1-3-24 所示，阀盖（球阀的阀盖）属于盘盖类零件，主要在车床上加工。左端有外螺纹 M36×2 连接管道；右端有 75×75 的方形凸缘，它与阀体的凸缘相结合，钻有 4×ϕ14 的圆柱孔，以便与阀体连接时，安装四个螺柱。此外，阀盖上的铸造圆角、倒角等，是为了满足铸造、加工的工艺要求而设置的。

（2）确定视图表达方案

先根据显示零件形状特征的原则，按零件的加工位置或工作位置确定主视图；再按零件的内外结构特点选用必要的其他视图和剖视、断面图等表达方法。

（3）绘制零件草图

① 在图纸上定出各视图的位置，画出主、左视图的对称中心线和作图基准线，如图 1-3-25 所示确定视图位置。布置视图时，要考虑到各视图应留有标注尺寸的位置。

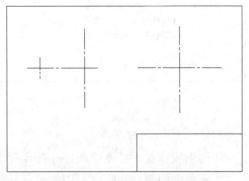

图 1-3-25　确定视图位置

② 以目测比例详细地画出零件的结构形状，绘制零件结构形状如图 1-3-26 所示。

③ 定尺寸基准，按正确、完整、清晰以及尽可能合理地标注尺寸的要求，画出全部尺寸界线、尺寸线和箭头。经仔细校核后，按规定线型将图线加深，如图 1-3-27 所示。

④ 逐个量注尺寸，标注各表面的表面粗糙度代号，并标注技术要求和标题栏。

（4）对画好的零件草图进行复核后，再画零件图，阀盖零件图如图 1-3-28 所示。

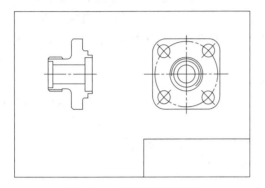

图 1-3-26　绘制零件结构形状

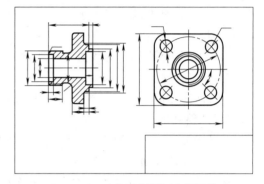

图 1-3-27　确定尺寸基准，加深图线

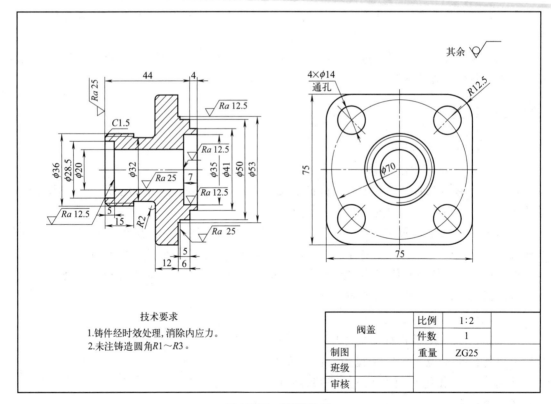

图 1-3-28　阀盖零件图

2. 零件测绘时的注意事项

① 图形应该徒手目测绘制，并符合对零件草图的要求；

② 零件上的制造缺陷（如砂眼、气孔等）以及由长期使用造成的磨损、碰伤等，均不应画出；

③ 零件上的细小结构（如铸造圆角、倒角、退刀槽、砂轮越程槽、凸台和凹坑等）必须画出；

④ 有配合关系的尺寸，一般只需测出它的基本尺寸。其配合性质和相应的公差值，应在分析后，查阅有关手册确定；

⑤ 没有配合关系的尺寸或不重要的尺寸，允许将测量所得的尺寸适当圆整（调整为整数值）；

⑥ 对螺纹、键槽、齿轮的轮齿等标准结构的尺寸，应把测量的结果与标准值核对，一般均采用标准的结构尺寸，以便于制造。

任务 5　CAD 绘图认知

任务目标

1. 掌握基本 CAD 的绘图能力。
2. 能绘制出尺寸清晰、准确的图形。

素质目标

1. 培养学生认真负责、严谨细致的工作态度。
2. 提升分析问题和解决问题的能力。
3. 培养学生遵守制图员岗位的职业守则和一丝不苟的工匠精神。

任务引入

用 CAD 绘制螺杆零件图，并打印。

知识链接

1. 创建样板图

① 设置图幅、单位、线型比例等。

② 设置图层。新建粗实线、点画线、细实线、虚线、尺寸标注等图层，其中颜色、线型、线宽的要求按工程制图 CAD 国家标准设置。

③ 设置文字样式：新建仿宋文字样式，字体设置为仿宋；新建标注文字样式，字体可设置为仿宋或 Gbeitc. shx，字高均设置为 0。

④ 设置尺寸标注样式：新建线性尺寸样式、线性直径尺寸样式、角度尺寸样式，所有的尺寸样式文字高度均为 3.5，线性直径样式文字前加前缀 "%%C"，角度尺寸样式文字对齐方式为 "水平"，其他按需设置即可。

⑤ 设置多重引线样式：新建多重引线样式 1，文字高度为 3.5，附着位置左右均为第一行加下划线。

⑥ 创建表面粗糙度与基准图块：在 0 图层创建带属性的表面粗糙度与基准块，均以字高 3.5 绘图。

⑦ 绘制图框与标题栏：图框一般为粗实线，可设置装订边，标题栏按国家标准绘制，也可绘制学生用简单标题栏。

⑧ 保存样板图。保存为（∗.dwt）样板文件。

2. 标注形位公差

形位公差表示形状、轮廓、方向、位置和跳动的允许偏差。标注形位公差如图 1-3-29 所示。

操作步骤：

① 依次执行"注释"选项卡——"标注"面板——"公差"，在命令提示下，输入 LEADER。

② 指定引线的起点。

③ 指定引线的第二点。

④ 按两次 Enter 键以显示"注释"选项。

⑤ 输入 t（公差），然后创建特征控制框。特征控制框将附着到引线的端点。

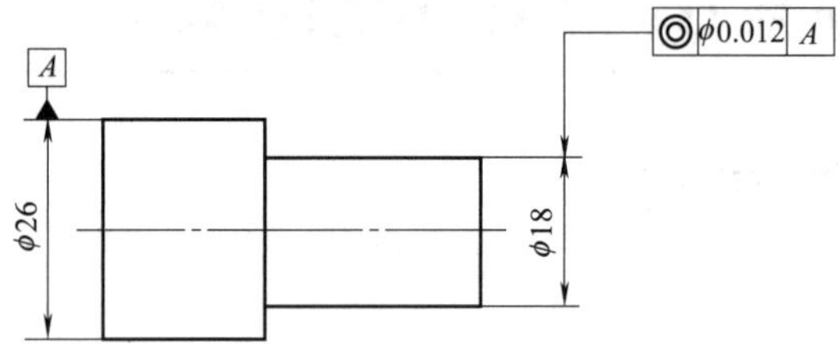

图 1-3-29　**标注形位公差**

✖ 任务实施

绘制螺杆零件图，如图 1-3-30 所示。

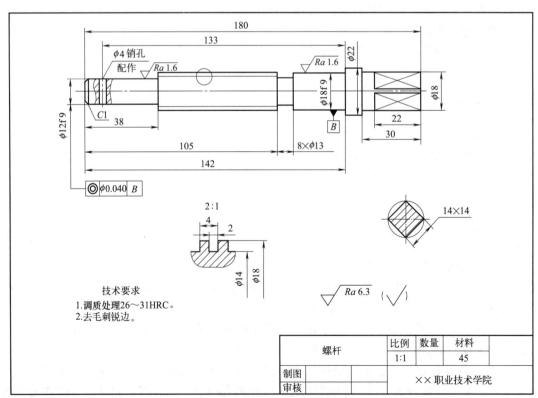

图 1-3-30　**螺杆零件图**

　　要求做到绘图精确，图形布局合理，各图要素置于相应的图层中，尺寸标注正确、完整、清晰、合理，技术要求标注规范。

① 图形分析；

② 创建 A4 样板图；

③ 以 A4 样板图新建图形文件；

④ 画图；

⑤ 标注尺寸。

实践篇

机械设备点检管理

项目1 机 械 传 动

任务 1 齿轮传动故障处理

 职业鉴定能力

1. 能对齿轮进行故障处理。
2. 能对齿轮进行正确拆装调整。

核心概念

齿轮传动由齿轮副传递运动和动力，是现代各种设备中应用最广泛的一种机械传动方式。需要掌握齿轮传动原理、类型及故障类型、产生原因等。

 任务目标

1. 会分析判断齿轮的故障类型及原因。
2. 能够及时发现并处理齿轮运行中的故障。

素质目标

1. 培养学生安全规范操作的职业素养。

2. 培养学生运用知识进行创新设计的能力。

3. 培养学生树立崇尚科学精神，坚定求真、求实的科学态度。

 任务引入

设备齿轮齿面点蚀如图 2-1-1 所示，多个齿面局部出现小坑，试分析其产生原因及解决措施。

图 2-1-1　设备齿轮齿面点蚀

 知识链接

1. 齿轮传动的工作原理

齿轮传动依靠主动齿轮与从动齿轮的啮合来传递运动和动力，是现代机械中应用最广泛的一种传动形式，具有适用范围大，可实现任意两轴间的传动；效率高、传动平稳；传动比准确；工作安全可靠、寿命长；结构紧凑等优点。

如图 2-1-2 所示为齿轮传动的组成：主动齿轮 1 和从动齿轮 2。

2. 齿轮分类

根据两轴的相对位置和轮齿的方向，可分为：直齿圆柱齿轮传动、斜齿圆柱齿轮传动、人字齿轮传动、锥齿轮传动、交错轴斜齿轮传动和蜗轮蜗杆传动等，如图 2-1-3 所示。

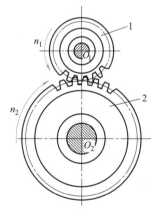

图 2-1-2　齿轮传动的组成
1—主动齿轮；2—从动齿轮

3. 齿轮传动的基本要求

① 传动平稳。齿轮在传动过程中，应始终严格保持恒定的瞬时传动比。由于齿轮采用了合理的齿型曲线（通常采用渐开线、摆线和圆弧，其中最常用的是渐开线），保证了瞬时传动比保持不变。这样可保持传动平稳，提高齿轮的工作精度，以适用于高精度及高速传动。

② 承载能力强。齿轮具有足够的抵抗破坏能力以传递较大的动力，并且还要有较长的使用寿命和较小的结构尺寸。

(a) 直齿圆柱齿轮传动　　(b) 斜齿圆柱齿轮传动　　(c) 人字齿轮传动

(d) 锥齿轮传动　　(e) 交错轴斜齿轮传动　　(f) 蜗轮蜗杆传动

图 2-13　**齿轮传动分类**

要满足上面两个基本要求，就须对轮齿形状、齿轮的材料、齿轮加工、热处理方法、装配质量等诸多方面提出相应的要求。

 任务实施

1. 齿轮故障的常见形式认知

齿轮由于结构形式、材料与热处理、操作运行环境与条件等因素不同，发生故障的形式也不同，常见的齿轮故障有以下几类形式。

① 轮齿的断裂。

② 齿面磨损或划痕。

③ 齿面疲劳，主要包括齿面点蚀与剥落。

④ 齿面塑性变形。

2. 齿轮传动出现故障的原因分析与解决

（1）断齿

原因分析：齿轮折断分疲劳折断和过载折断。齿轮在工作中，轮齿多次受交变载荷作用，在齿根的危险剖面上作用着弯曲疲劳应力，在齿根处产生疲劳裂纹，在交变的弯曲疲劳应力作用下，疲劳裂纹逐渐扩展，最终导致轮齿弯曲疲劳折断；齿轮在工作中，轮齿受到短时过载，或冲击载荷，或轮齿严重磨损而减薄，都会发生过载折断。

解决方法：增大齿根过渡圆角半径，尽可能减小被加工表面粗糙度数值，则可以降低应力集中的影响，增大轴及支承的刚度，缓和齿面局部受载程度；使轮齿芯部具有足够的韧性；在齿根处进行适当的强化处理，都可以提高轮齿的抗折断能力。

（2）点蚀与剥落

原因分析：齿轮表面发生点蚀和剥落的原因主要是齿轮的接触疲劳强度不足。齿面发生点蚀的主要原因有：

① 材质、硬度和缺陷。齿轮的材质不符合要求；影响齿轮接触疲劳强度的主要因素是热处理后的硬度较低，无法保证齿轮应有的接触疲劳强度。此外，齿表面或内部有缺陷，也是接触疲劳强度不够的原因之一。

② 齿轮精度较差。齿轮加工和装配精度不符合要求，如啮合精度、运动精度较差等。还有圆弧齿轮的壳体中心距误差太大。

③ 润滑油不符合要求。使用的润滑油的牌号不对，油品的黏度较低，润滑性能较差。

④ 油位过高。油位过高，油温升较高，降低了润滑油的黏度，破坏了润滑性能，减少了油膜的工作厚度。

解决措施：提高齿面硬度，减小齿面粗糙度数值，尽可能采用大变位系数，增加润滑油的黏度和减少动载荷，这样可以有助于防止齿面发生疲劳点蚀。

（3）齿轮磨损

原因分析：

① 缺油。

② 润滑油中混有磨损下来的金属屑，也将引起齿面磨损。

③ 齿轮材料不符合要求，造成非正常磨损。

④ 齿轮有砂眼、气孔和疏松、球墨化不够等缺陷存在。

⑤ 热处理硬度不够或没有进行热处理。

⑥ 齿轮啮合精度、运动精度达不到要求。

⑦ 圆弧齿轮对中心距的误差敏感性很大，特别是中心距的正向误差，不仅降低了轮齿的弯曲强度，而且还增加了滑动磨损。

解决措施：提高齿面硬度，降低表面粗糙度数值，保持传动装置和润滑油清洁，保证润滑充分，在润滑油中加入合适的抗磨添加剂，在油箱中增加几个磁性体，利用磁性作用吸附润滑液中的金属微粒，可减少润滑液的金属微粒含量。

任务 2　轴承检查

职业鉴定能力

1. 能正确诊断轴承失效类型。
2. 能够及时处理轴承故障。

核心概念

旋转机械的故障中轴承的损坏故障约占 30%，轴承的故障诊断与状态监测是机械设备故障诊断技术的重要内容。轴承的运行质量除轴承元件本身的加工质量外，其安装和装配的质量影响也很大。滚动轴承的检测位置：振动波的传播路径是轴—滚动轴承—轴承座。

任务目标

1. 了解滚动轴承的结构。
2. 知道滚动轴承的常见故障。
3. 及时检测故障、分析原因并排除故障。

素质目标

1. 培养学生安全规范操作的职业素养。
2. 培养学生运用知识进行创新设计的能力。
3. 培养学生树立崇尚科学精神，坚定求真、求实的科学态度。

任务引入

图 2-1-4 为滚动轴承故障类型，分析原因并说明如何处理。

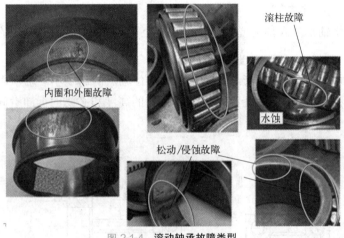

图 2-1-4　**滚动轴承故障类型**

知识链接

滚动轴承的结构：
滚动轴承一般由外圈、内圈、滚动体、深沟球轴承和保持架等基本元件组成，如图 2-1-5 所示。

内圈　　滚动体　　保持架　　外圈　　深沟球轴承
图 2-1-5　**滚动轴承的结构**

任务实施

1. 滚动轴承的常见破坏形式认知

① 疲劳点蚀：滚动体和套圈滚道在脉动循环的接触应力作用下，当应力值或应力循环

次数超过一定数值后，接触表面会出现接触疲劳点蚀。

②塑性变形：在过大的静载荷或冲击载荷的作用下，套圈滚道或滚动体可能会发生塑性变形，滚道出现凹坑或滚动体被压扁，使运转精度降低，产生振动和噪声，导致轴承不能正常工作。

③磨损：在润滑不良、密封不可靠及多尘的情况下，滚动体或套圈滚道易产生磨粒磨损，高速时会出现热胶合磨损，轴承过热还将导致滚动体回火。

另外，滚动轴承由于配合、安装、拆卸及使用维护不当，还会引起轴承元件破裂等其他形式的失效，也应采取相应的措施加以防止。

2. 轴承的安装

①冷压法：用专用压套压装轴承，如图 2-1-6（a）所示，装配时，先加专用压套，再用压力机压入或用手锤轻轻打入。

②热装法：将轴承放入油池或加热炉中加热至 80～100℃，然后套装在轴上。

3. 轴承的拆卸

轴承的拆卸如图 2-1-6（b）所示，应使轴上定位轴肩的高度小于轴承内圈的高度以免在轴肩上开槽。同理，轴承外圈在套筒内应留出足够的高度和必要的拆卸空间，或采取其他便于拆卸的结构。

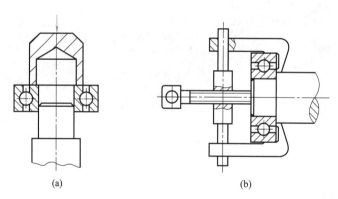

(a)　　　　　　　　(b)

图 2-1-6　**轴承的安装与拆卸**

4. 运转中检查与故障处理

运转中的检查项目有轴承的滚动声、振动、温度、润滑、间隙测定、油膜电阻测定等。

（1）**轴承的滚动声**

采用测声器对运转中的轴承的滚动声的大小及音质进行检查，轴承即使有轻微的剥离等损伤，也会发出异常声和不规则声。

（2）**轴承的振动**

轴承振动对轴承的损伤很敏感，例如剥落、压痕、锈蚀、裂纹、磨损等都会在轴承振动测量中反映出来，所以，通过采用特殊的轴承振动测量器（频率分析器等）可测量出振动的大小，通过频率分布可推断出异常的具体情况。测得的数值因轴承的使用条件或传感器安装位置等而不同，因此需要事先对每台机器的测量值进行分析比较，然后确定判断标准。

（3）**轴承的温度**

轴承的温度，一般由轴承室外面的温度就可推测出来，如果利用油孔能直接测量轴承外圈温度，则更为合适。通常，轴承的温度随着运转开始慢慢上升，1～2h 后达到稳定状态。轴承的正常温度因机器的热容量、散热量、转速及负载而不同。如果润滑、安装不合适，则轴承温度会急骤上升，出现异常高温，这时必须停止运转，采取必要的防范措施。

（4）润滑剂的补充与更换

① 润滑脂的补充间隔时间。由于机械作用，老化及污染的增加，轴承配置中所填的润滑脂将逐渐失去其润滑性能。因此，对润滑脂需不断补充和更新。润滑脂补充的间隔时间会因轴承的类型、尺寸和转速等而不同，根据运转时间需要确定补充润滑脂的大致间隔时间。另外，在轴承温度超过 70℃ 的情况下，轴承温度每上升 15℃，润滑脂的补充间隔时间就要减少一半。双面封闭轴承在制造时已经装入脂，一般使用的是标准润滑脂，其运行温度范围和其他性能适宜于所规定的场合，且填脂量也与轴承大小相应，脂的使用寿命一般可超过轴承寿命，除特殊场合，不需补充润滑脂。

② 润滑油的更换周期。润滑油的更换周期因使用条件和油量等不同，一般情况下，在运转温度为 50℃ 以下，灰尘少的良好环境下使用时，一年更换一次，当油温达到 100℃ 时，要 3 个月或更短时间更换一次。

任务 3　连接件、传动件检查

 职业鉴定能力

1. 能正确判断连接件、传动件故障类型。
2. 能够及时排除连接件、传动件故障。

 核心概念

机械设备中常见的连接件与传动件通常有哪些故障点？如何预防或排除？

 任务目标

1. 能正确判断连接件、传动件故障类型。
2. 能够及时排除连接件、传动件故障。

素质目标

1. 培养学生安全规范操作的职业素养。
2. 培养学生运用知识进行创新设计的能力。
3. 培养学生树立崇尚科学精神，坚定求真、求实的科学态度。

📖 任务引入

同步带故障分析，图 2-1-7 为同步带故障。

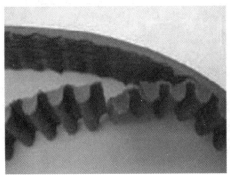

图 2-1-7　同步带故障

🎯 知识链接

1. 螺纹连接

螺纹连接大多为三角形普通螺纹，而且是单线的，其自锁性能好。

2. 轴、键、销

（1）轴

轴是机器上的重要零件，它用来支持机器中的转动零件（如齿轮、带轮等），使转动零件具有确定的工作位置，并且能传递运动和转矩。

（2）键

键连接主要用于连接轴与轴上的零件（如带轮和齿轮等），实现周向固定而传递转矩。

（3）销连接

销连接通常用于固定零、部件之间的相对位置，即定位销，见图 2-1-8。

也用于轴毂间或其他零件间的连接，即连接销，见图 2-1-9。

还可充当过载剪断元件，即安全销，见图 2-1-10。

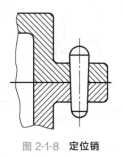

图 2-1-8　定位销

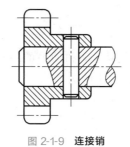

图 2-1-9　连接销

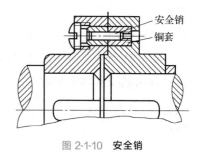

图 2-1-10　安全销

3. 联轴器

联轴器只能在机器停车时才能将两轴连上或脱离。

4. 离合器

根据需要在运转或停机时随时使两轴接合或分离。

5. 制动器

制动器的主要作用是降低机械运转速度或迫使机械停止转动。

6. 带传动

带传动是一种挠性件传动，依靠摩擦力传递运动和动力。如图 2-1-11 为带传动组成示意图。

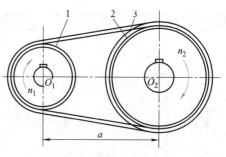

图 2-1-11　带传动的组成
1—主动带轮；2—从动带轮；3—环形带

7. 链传动

链传动是靠链轮轮齿与链节的啮合传递运动和动力，有中间挠性件的啮合传动，如图 2-1-12 所示。

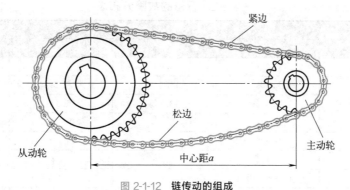

图 2-1-12　链传动的组成

8. 齿轮传动

齿轮传动是依靠啮合传递运动和动力的。

9. 螺旋传动

螺旋传动依靠螺纹零件既可以实现连接又可以实现传动，利用螺纹零件将回转运动变为直线运动，从而传递运动或动力。螺旋传动主要由螺杆、螺母和机架组成。

图 2-1-13 所示为车床丝杠传动，是螺旋传动的典型应用。

10. 蜗杆传动

蜗杆传动是空间交错的两轴间传递运动和动力的一种传动，两轴线间的夹角可为任意值，常用的为 90°。

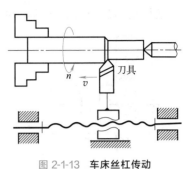

图 2-1-13　车床丝杠传动

任务实施

1. 机械设备的主要故障形式认知

按照故障的发生机理，机械设备的主要故障形式有磨损、变形、断裂、裂纹、腐蚀等，如表 2-1-1 所示。

表 2-1-1　机械设备主要故障形式及机理表

故障形式	故障机理	故障应力	抗力指标
磨损	黏着磨损、磨粒磨损、表面磨损、腐蚀磨损	机械应力	耐磨性、接触疲劳应力
变形	弹性变形、塑性变形	机械应力	正弹性模量、切变弹性模量、弹性极限、屈服点等
断裂	疲劳断裂、静载断裂、环境断裂	静载应力、冲击应力、疲劳应力	抗拉强度、冷脆转变温度、断裂韧性、对称循环疲劳极限、伸长率、收缩率、疲劳寿命
裂纹	工艺裂纹、使用裂纹	疲劳应力	疲劳裂纹扩张速率
腐蚀	化学腐蚀、电化学腐蚀	化学反应、热应力	应力腐蚀应力强度因子、对称循环疲劳极限、应力腐蚀裂纹、亚临界扩张速率

表 2-1-1 中，故障应力是指导致该故障发生的应力；抗力指标是指机械材料承受故障应力的基本强度指标。上述故障形式在典型设备中的分布见表 2-1-2。

表 2-1-2　设备的故障分布表

故　障	设　备			
	齿轮箱	联轴器	轴承（滚动）	齿轮
疲劳断裂	12.5%	15.6%		17%
磨损、磨伤	3.7%	15.6%		
擦伤	8.8%	18.7%	15.3%	
表面损坏	6.5%			
接触部位改变	9.5%		65.3%	16%
变形	3.7%	3.1%	7.1%	4.0%
裂纹	7.0%	12.6%	8.2%	7.0%
受力断裂	48.7%	31.3%	4.1%	56%

2. 常见故障及分析

（1）带传动故障现象

① 传动带的正常磨损。传动带运转 2～3 年后，当其芯线达到疲劳寿命时，传动带失效属于正常情况。

② 冲击载荷。当从动设备要求的间隙性或者周期性扭矩负载大于正常水平时，会出现

冲击载荷。传动带齿部在带轮中经过瞬时冲击载荷后可发展成齿根开裂或齿部脱落。

③ 传动带安装张力过高。安装张力过高会导致传动带齿部剪切或断裂；或者传动带齿面上都清晰地留下了轮齿磨损的痕迹。

④ 传动带安装张力过低。通常张力过低的传动带表现为跳齿，导致橡胶从齿根沿着芯线撕裂。随着橡胶撕裂的扩散，传动带齿部开始以条状脱离传动带。

⑤ 带轮不平行。带轮轴成一定角度，带齿之间会出现不均匀的挤压，导致了传动带一边严重地磨损。

⑥ 带轮跳动。齿部被拉掉，带体被碾碎。

⑦ 异物进入。对带齿和芯线造成损坏，芯线通常在内部断裂。

（2）链传动故障现象

① 前后轴的平行性与链轮的共面性。对于磨损寿命来讲，链条的性能在很大程度上取决于前后轴和链轮的安装是否正确。其要求是：前后轴的平行度在 1/300 以内。前后轮的共面性为 0.5～1.0mm/m。如果链条在运转过程中发现上述问题应及时调整。

② 链条张力。链条的张力与链条松边下垂距离有关。对可调中心距的水平和倾斜传动，链条松边的垂度应为中心距的 2% 左右。中心线垂直传动或受振动载荷，反向传动应使链条更为张紧。

③ 链条与链轮配合。如果链条与链轮配合不好，可能使链条铰链磨损，节距伸长，如有跳齿现象应及时更换链条。如果链轮磨损也要更换，以免损坏新链条。

④ 链条抖动。链条抖动的原因是链条过松、载荷过大、有一个或多个链节不灵活。解决办法是安装链条张紧装置或调整中心距，可能的话降低载荷。

⑤ 链条运转噪声过大。产生噪声过大的原因是链轮不共面；链条太松或太紧；润滑不足；链条和链轮磨损；或者是链条节距尺寸过大。解决办法是：检查前后轴平行与链轮共面性情况并加以纠正。调整中心距与张紧装置，使之获得适当的松紧度并保证工件得到润滑。

⑥ 链板侧磨。如果内链节链板内表面磨损严重，说明是传动没有对准。解决办法是检查轴和链轮的对准情况。如果安装无问题，可观察在运转过程中是否出现由载荷过大变形引起的刚性不足。

⑦ 链板疲劳。当载荷过大超过链板的疲劳极限时，链板就发生疲劳破坏，在孔周围产生微小裂纹直至断裂。解决办法是降低载荷或更换承载能力大的链条。

⑧ 销轴磨损。通常销轴磨损是由润滑不足造成的。要经常检查润滑油里是否有磨料或改变润滑方式。

⑨ 销轴胶合。销轴胶合一般是供油不足造成的。如果只有一端胶合那就要检查轴和链轮的安装情况，轴是否平行，链轮是否共面，在运转过程中轴和链轮是否蹿动。

⑩ 链轮齿磨损。如果链轮齿的两面都有明显磨损，可能是传动对准不好。如果产生"弯沟"表示磨损过度应调换链轮，也可反装链轮让磨损较轻的一面向着链条。过度磨损的链轮最好和链条一起更换。

（3）螺旋传动常见故障现象

① 加工件粗糙度值高。

故障原因：导轨的润滑油不足，出现爬行现象；滚珠丝杠有局部拉毛或磨损。

排除方法：检查润滑油路，排除润滑故障；更换或修理丝杠；更换损坏轴承。

② 反向误差大，加工精度不稳定。

故障原因：滚珠丝杠预紧力过紧或过松；润滑油不足或没有；其他机械干涉。

排除方法：调整预紧力，检查轴向蹿动值，使其误差不大于 0.015mm；调节至各导轨面均有润滑油；排除干涉部位。

③ 滚珠丝杠在运转中转矩过大。

故障原因：丝杠磨损；伺服电动机与滚珠丝杠连接不同轴；无润滑油。

排除方法：更换滚珠丝杠；调整同轴度并紧固连接座；调整润滑油路。

④ 滚珠丝杠副出现噪声。

故障原因：滚珠丝杠轴承压盖压合不良；滚珠丝杠润滑不良。

排除方法：调整压盖，使其压紧轴承；检查分油器和油路，使润滑油充足。

任务 4　认识传动系统安装规范与标准

 职业鉴定能力

1. 掌握设备的状态，及时处理各种设备缺陷和隐患。
2. 对设备异常运行、故障、事故进行正确的分析判断，提出处理意见和防范措施。

 核心概念

工程机械的动力装置和驱动轮之间所有传动部件的总称为传动系统。传动系统的作用是将动力装置的动力按需要传给驱动轮和其他机构。

 任务目标

1. 熟悉设备的结构、原理，能够根据装配图纸要求进行规范安装。
2. 能够正确对设备异常运行、故障、事故等进行分析判断。

 素质目标

1. 培养学生安全规范操作的职业素养。
2. 培养学生运用知识进行创新设计的能力。
3. 培养学生树立崇尚科学精神，坚定求真、求实的科学态度。

任务引入

排除故障点时，拆装减速箱应该注意哪些问题？图 2-1-14 为减速箱。

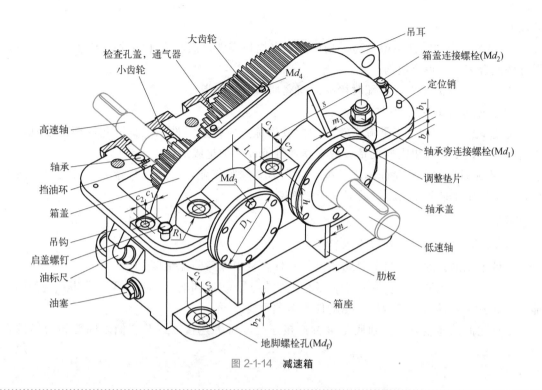

图 2-1-14　**减速箱**

 知识链接

操作技能水平的要求：

① 看懂和分析装配图。对要装配的部件，要看懂装配图，不单是自己装的那一部分，对整个产品的结构、性能、传动方式和使用条件都要有详细的了解。

② 具备具体操作技能知识。如常用工具与器具、仪器及使用方法，轴承的分类与特点，组件、部件装配调整，总装配及工艺规程的编制等。

③ 技能训练要求。专业测量仪的应用；矫正和弯曲的方法及工艺计算；刮削的操作；滚动轴承和滑动轴承的装配；组件的典型装配和调整；液压系统的结构修理及故障排除等。

④ 正确使用工艺装备。在实际操作中，要正确地使用工艺装备，对工艺装备的组成、结构、作用要充分了解，尤其对基准部分和工作部分要注意保护、注意清洁和润滑。不用时，要妥善保管。

 任务实施

1. 基本规范认知

① 机械装配应严格按照设计部提供的装配图纸及工艺要求进行装配，严禁私自修改作业内容或以非正常的方式更改零件。

② 装配的零件必须是质检部验收合格的零件，装配过程中若发现漏检的不合格零件，应及时上报。

③ 装配环境要求清洁，不得有粉尘或其他污染，零件应存放在干燥、无尘、有防护垫

的场所。

④ 装配过程中零件不得磕碰、切伤，不得损伤零件表面，或使零件明显弯、扭、变形，零件的配合表面不得有损伤。

⑤ 相对运动的零件，装配时接触面间应加润滑油（脂）。

⑥ 相配零件的配合尺寸要准确。

⑦ 装配时，零件、工具应有专门的摆放设施，原则上零件、工具不允许摆放在机器上或直接放在地上，如果需要的话，应在摆放处铺设防护垫或地毯。

⑧ 装配时原则上不允许踩踏机械，如果需要踩踏作业，必须在机械上铺设防护垫或地毯，重要部件及非金属强度较低部位严禁踩踏。

2. 装配工作

在实际操作中，具体到以下内容。

零件毛刺的去除。其目的是防止刮伤零件，从而保障装配精度。

零件的清理和清洗。去除黏附在零件上的灰尘、切屑和油污，并使零件获得一定的防锈能力，尤其是对轴承、密封件、传动件等至关重要。

零件之间的连接方式。到底是可拆连接还是不可拆连接，以及它们之间旋转力矩的数值，不能忽视。

3. 装配检查工作

① 每完成一个部件的装配，都要按以下的项目检查，如发现装配问题应及时分析处理。

a. 装配工作的完整性，核对装配图纸，检查有无漏装的零件。

b. 各零件安装位置的准确性，核对装配图纸或按如上规范所述要求进行检查。

c. 各连接部分的可靠性，各紧固螺栓是否达到装配要求的扭力，特殊的紧固件是否达到防止松脱要求。

d. 活动件运动的灵活性，如输送辊、带轮、导轨等手动旋转或移动时，是否有卡滞现象，是否有偏心或弯曲现象等。

② 总装完毕主要检查各装配部件之间的连接，检查内容按①中规定作为衡量标准。

③ 总装完毕应清理机器各部分铁屑、杂物、灰尘等，确保各传动部分没有障碍物存在。

④ 试机时，认真做好启动过程的监视工作，机器启动后，应立即观察主要工作参数是否正常和运动件是否正常运动。

⑤ 主要工作参数包括运动的速度、运动的平稳性、各传动轴旋转情况、温度、振动和噪声等。

任务 5   诊断工具应用

 职业鉴定能力

能正确使用诊断工具分析预判设备故障，并根据诊断结果，制订对设备所采用的干预措施，包括维修、调整、控制、自动诊断等措施。

核心概念

设备故障诊断是人们借助一定的技术手段（检测技术、分析理论方法、分析软件等）对设备运行状态及故障情况进行评判的过程。为了对机械设备故障进行诊断，必须获取机械设备的故障信息，包括人感官获取的信息和通过检测仪器测定获取的信息。

 任务目标

1. 熟悉检测工具的结构性能、工作原理。
2. 会正确操作诊断检测工具，判断多种故障的情况。

素质目标

1. 培养学生安全规范操作的职业素养。
2. 培养学生运用知识进行创新设计的能力。
3. 培养学生树立崇尚科学精神，坚定求真、求实的科学态度。

 任务引入

设备故障诊断过程中，常用的诊断工具有哪些？操作过程中应注意哪些问题？

知识链接

设备故障诊断的内容包括状态监测、分析诊断和故障预测三个方面。设备故障信息的获取方法：直接观察法、参数测定法、磨损残渣测定法及设备性能指标的测定。设备故障的检测方法包括振动和噪声的故障检测、材料裂纹及缺陷损伤的故障检测、设备零部件材料的磨损与腐蚀故障检测及工艺参数变化引起的故障检测。

1. 测振仪

测振仪是一种测量物体机械振动的测量仪器。

2. 测振仪工作原理

测振仪由加速度传感器、电荷放大器、积分器、高低通滤波器、检波电路及指示器、校准信号振荡器、电源等组成，工作原理框图如图 2-1-15 所示。

加速度传感器检测到的振动信号经电荷放大器，将电荷信号转变为电压信号，送到积分器，经两次积分后，分别产生相应的速度和位移信号。来自积分器的信号送到高低通滤波器，滤波器的上下限截止频率由开关选定，然后信号送到检波器，将交流信号变换为直流信

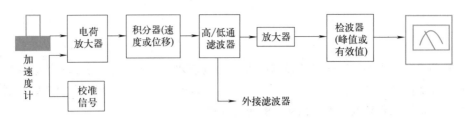

图 2-1-15　测振仪工作原理框图

号。检波器可以是峰值或有效值检波，在一般情况下，测加速度时选峰值检波，测速度时选有效值（RMS）检波，测位移时选峰-峰值检波。检波后信号被送到表头或数字显示器，直接读出被测振动的加速度、速度或位移值。

 任务实施

1. 常用的振动检测仪简介

（1）工作测振仪（HY-103 型）

HY-103 工作测振仪是由电池供电的便携式测振仪（图 2-1-16），可测量机械振动的加速度、速度和位移。测量值由液晶显示器直接显示。仪器配有磁性吸座和手持式探针，可方便地选择测量方式，仪器有交流输出插座，可供振动信号的记录分析。

（2）工作测振仪（HY-106C 型）

HY-106C 工作测振仪的结构如图 2-1-17 所示。能测量振动信号的加速度、速度和位移，三者的有效值、峰值和峰-峰值只需一次测量便可全部获得。测量的带宽有多种可选。测量过程中，除了测量值显示以外，还有动态的波形作辅助。它们可以是测量值波动图、时域波形图和频谱图，如图 2-1-18 所示，可以帮助使用者全面及时地了解测试状态，进行现场诊断分析。

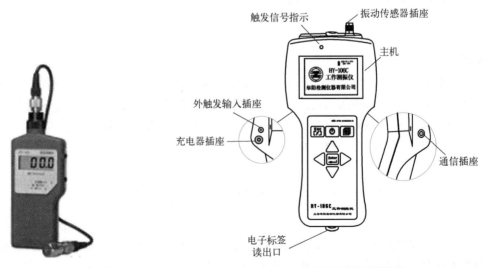

图 2-1-16　HY-103 型工作测振仪　　　　图 2-1-17　HY-106C 型工作测振仪

HY-106C 工作测振仪还有转速测量和单面动平衡校正的功能，并且内置了温度传感器，是一种集振动、转速和温度测量于一体的多功能数据采集仪器。

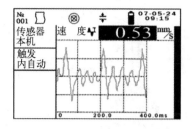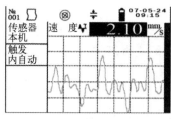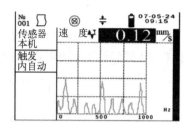

图 2-1-18　示值波动、时域和频谱图示

2. 电子听诊器

如图 2-1-19 所示的电子听诊器是一个低成本的容易使用的机械故障噪声听诊器，用以帮助确定轴承和机器的异常噪声源。也可用于声音记录存储数据，以便进一步分析或作为将来比较的基准。配置高质量防护耳罩型耳机，减少高噪声环境的影响。

图 2-1-19　电子听诊器

3. 监测声音变化的简单方法

设备在运行中，常常会通过监测声音的变化来判断设备运行是否正常，最简单的方法就是把螺丝刀的一端触及在轴承盖上，另一端贴在耳朵上，可以听到电机内部的声音变化，不同的部位，不同的故障，有不同的声音。

4. 如何根据声音判断滚动轴承运行状况

滚动轴承处于正常工作状态时，运转平稳、轻快，无停滞现象，发生的声响和谐而无杂音，可听到均匀而连续的"哗哗"声，或者较低的"轰轰"声。噪声强度不大。

异常声响所反映的轴承故障：

① 轴承发出均匀而连续的"哑哑"声，这种声音由滚动体在内外圈中旋转而产生，包含与转速无关的不规则的金属振动声响。一般表现为轴承内加脂量不足，应进行补充。若设备停机时间过长，特别是在冬季的低温情况下，轴承运转中有时会发出"哑哑沙沙"的声音，这与轴承径向间隙变小、润滑脂工作针入度变小有关。应适当调整轴承间隙，更换针入度大一点的新润滑脂。

② 轴承在连续的"哗哗"声中发出均匀的周期性"嘀罗"声，这种声音是由滚动体和内外圈滚道出现伤痕、沟槽、锈蚀斑而引起的。声响的周期与轴承的转速成正比。应对轴承进行更换。

③ 轴承发出不连续的"梗梗"声，这种声音是由保持架或内外圈破裂而引起的，必须立即停机更换轴承。

④ 轴承发出不规律、不均匀的"嚓嚓"声，这种声音是由轴承内落入铁屑、砂粒等杂质而引起的。声响强度较小，与转速没有联系。应对轴承进行清洗，重新加脂或换油。

⑤ 轴承发出连续而不规则的"沙沙"声，这种声音一般和轴承的内圈与轴配合过松或者外圈与轴承孔配合过松有关系。声响强度较大时，应对轴承的配合关系进行检查，发现问题及时修理。

⑥ 轴承发出连续刺耳啸叫声，这种声音是由轴承润滑不良或缺油造成干摩擦，或滚动体局部接触过紧，如内外圈滚道偏斜、轴承内外圈配合过紧等情况而引起的。

5. 声级计

声级计，又叫噪声计，是一种按照一定的频率计权和时间计权测量声音的声压级或声级的仪器，是声学测量中最基本而又最常用的仪器，如图 2-1-20 所示。可用于环境噪声、机器噪声、车辆噪声以及其他各种噪声的测量，也可用于电声学、建筑声学等测量，如果把电容传感器换成加速度传感器，配上积分器，还可利用声级计来测量振动。

测量噪声用的声级计，表头响应按灵敏度可分为四种。声级计可以外接滤波器和记录仪，对噪声做频谱分析。

① 噪声计使用方法。噪声计使用正确与否，直接影响到测量结果的准确性。测量时，仪器应根据情况选择好正确挡位，两手平握噪声计。

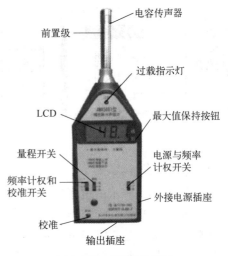

图 2-1-20　声级计外观图

② 灵敏度校准。为保证测量的准确性，使用前及使用后要进行校准。将声级校准器配合在传声器上，开启校准电源，读取数值，调节噪声计灵敏度电位器，完成校准。

③ 噪声计测量。为了统一起见，国际上及国内都制定了一些噪声测量的标准，这些标准中不仅规定了噪声测量的方法，也规定了需要使用噪声计的技术要求，可根据这些标准来选择。

6. 红外线测温仪

红外测温技术在生产过程中、产品质量控制和监测、设备在线故障诊断和安全保护以及节约能源等方面发挥了重要作用。比起接触式测温方法，红外测温有着响应时间快、非接触、使用安全及使用寿命长等优点。

目前应用红外诊断技术的测试设备比较多，如红外测温仪、红外热电视、红外热像仪等等。像红外热电视、红外热像仪等设备利用热成像技术将这种看不见的"热像"转变成可见光图像，使测试效果直观，灵敏度高，能检测出设备细微的热状态变化，准确反映设备内部、外部的发热情况，可靠性高，对发现设备隐患非常有效。

7. 超声波测厚仪

超声波测量厚度的原理与光波测量原理相似。探头发射的超声波脉冲到达被测物体并在物体中传播，到达材料分界面时被反射回探头。通过精确测量超声波在材料中传播的时间来确定被测材料的厚度。此仪器可对各种板材和各种加工零件做精确测量，另一重要方面是可以对生产设备中各种管道和压力容器进行监测，监测它们在使用过程中受腐蚀后的减薄程度。可广泛应用于石油、化工、冶金、造船、航空、航天等各个领域。HS160 型超声波测厚仪的外观图如图 2-1-21 所示。

使用方法：

① 一般测量

a. 在一点处用探头进行两次测厚，在两次测量中探头的分割面要互为 90°，取较小值为被测工件厚度值。

b. 30mm 多点测量法，当测量值不稳定时，以一个测定点为中心，在直径约为 30mm

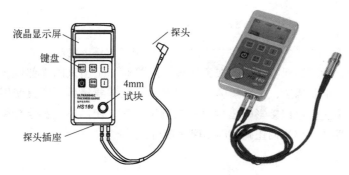

图 2-1-21　**超声波测厚仪**

的圆内进行多次测量，取最小值为被测工件厚度值。

　　② 精确测量法：在规定的测量点周围增加测量数目，厚度变化用等厚线表示。

　　③ 网络测量法：在指定区域划上网格，按点测厚记录。此方法在高压设备、不锈钢衬里腐蚀监测中广泛使用。

任务 6　诊断量具和仪器的使用

 职业鉴定能力

会使用、保养量具和仪器。

 核心概念

量具：用来测量、检验零件及产品尺寸和形状的工具。

 任务目标

1. 正确使用量具和仪器。
2. 正确保养量具和仪器。

素质目标

1. 培养学生安全规范操作的职业素养。
2. 培养学生运用知识进行创新设计的能力。
3. 培养学生树立崇尚科学精神，坚定求真、求实的科学态度。

任务引入

在生产测量中，为了确保零部件的加工质量，需要对加工出来的零部件按照要求进行表面粗糙度、尺寸精度、形状精度、位置精度等的测量，这就需要量具。量具使用得是否合理，不但影响量具本身的精度，且直接影响零件尺寸的测量精度，使用不当甚至会引发质量事故，对国家造成不必要的损失。那如何正确使用和保养量具？

知识链接

常用量具有游标卡尺、千分尺、百分表、角尺等。

1. 游标卡尺

游标卡尺是一种较精密的量具，它利用游标和尺身相互配合进行测量和读数。其结构简单，使用方便，测量范围大，用于测量各种工件的内径、外径、中心距、宽度、厚度、深度和孔距等。

2. 千分尺

千分尺是一种应用广泛的精密量具，其测量精度比游标卡尺高。千分尺的形式和规格繁多，按其用途和结构可分为：外径千分尺、内径千分尺、深度千分尺、公法线千分尺、尖头千分尺、壁厚千分尺等。

3. 百分表

百分表是一种指示式精密量具，具有传动比大、结构简单、使用方便等特点。主要用于工件的长度尺寸、形状和位置偏差的绝对测量或相对测量，也能够在某些机床或测量装置中用作定位和指示。

4. 游标万能角度尺

游标万能角度尺用于直接测量各种平面角。分为Ⅰ型和Ⅱ型两种，其测量范围和分度值如表 2-1-3 所示。本任务主要介绍Ⅰ型游标万能角度尺。

表 2-1-3　游标万能角度尺测量范围和分度值

类型	测量范围/(°)	分度值/(′)
Ⅰ	0～320	2
Ⅱ	0～360	5

任务实施

1. 游标卡尺

（1）游标卡尺的读数方法

游标卡尺按其读数值的不同，可分为 0.1mm、0.05mm 和 0.02mm 三种。

游标卡尺测量时，应弄清游标的读数值和测量范围。游标卡尺上的零线是读数的基准，在读数时，要同时看清尺身和游标的刻线，两者应结合起来读。

① 读整数时，读出游标零线左边尺身上最接近零线的刻线数值，该数就是被测件的整数值。

② 读小数时，找出游标零线右边与尺身刻线相重合的刻线，将该线的顺序数乘以游标的读数所得的积，即为被测件的小数值。

③ 求和时，将上述两次读数相加即为被测件的完整读数。

例：如图 2-1-22 所示的尺寸为：$0+5 \times 0.1 = 0.5$（mm）。

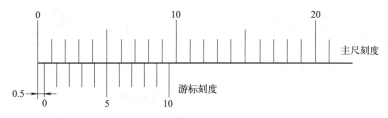

图 2-1-22　游标卡尺读数

（2）游标卡尺的维护保养

① 不准把游标卡尺的量爪当作划针、圆规和螺钉旋具等使用。

② 游标卡尺不要放在强磁场附近，也不要和其他工具堆放在一起。

③ 测量结束后要将游标卡尺平放，尤其是大尺寸游标卡尺更应注意，否则会造成弯曲变形。

④ 发现游标卡尺受到损伤后应及时送计量部门修理，不得自行拆修。

⑤ 游标卡尺使用完毕后，要擦净涂油，放在专用盒内，避免生锈。

2. 千分尺

（1）外径千分尺的读数方法

常用外径千分尺的结构和规格如图 2-1-23 所示。

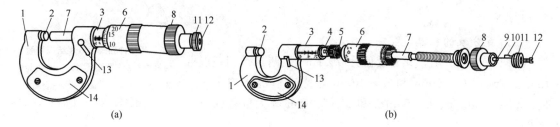

(a)　　　　　　　　　　　　　　　　　　　(b)

图 2-1-23　外径千分尺的结构

1—尺架；2—测砧；3—固定套筒；4—衬套；5—螺母；6—微分筒；7—测微螺杆；
8—罩壳；9—弹簧；10—棘爪；11—棘轮；12—螺钉；13—手柄；14—隔热装置

外径千分尺的读数部分由固定套筒和微分筒组成，固定套筒上的纵向刻线是微分筒读数值的基准线，而微分筒锥面的端面是固定套筒读数值的指示线。

固定套筒纵刻线的两侧各有一排均匀刻线，刻线的间距都是 1mm 且相互错开 0.5mm，标出数字的一侧表示 1mm，未标数字的一侧即为 0.5mm。

① 读整数。微分筒端面是读整数值的基准。

② 读小数。固定套筒上的基线是读小数的基准。

③ 完整读数。将上面两次读数值相加，就是被测件的完整读数值。

图 2-1-24 为外径千分尺的读数方法示例。

（2）千分尺的使用与保养

① 根据工件的不同公差等级，正确合理地选用千分尺。

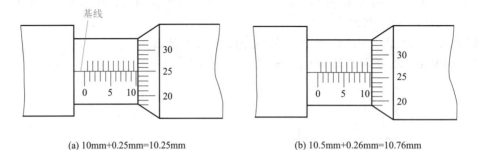

(a) 10mm+0.25mm=10.25mm   (b) 10.5mm+0.26mm=10.76mm

图 2-1-24   **外径千分尺的读数方法**

② 使用前，先用清洁纱布将千分尺擦干净，然后检查其各活动部分是否灵活可靠。

③ 检查零位时应使两测量面轻轻接触，并无漏出间隙，这时微分筒上的零线应对准固定套筒上纵刻线，微分筒锥面的端面应与固定套筒零刻线相对。

④ 在测量前必须先把工件的被测量表面擦干净，以免脏物影响测量精度。

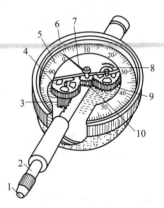

⑤ 测量时，要使测微螺杆轴线与工件的被测尺寸方向一致，不要倾斜。

⑥ 测量中要注意温度的影响，防止手温或其他热源的影响。

⑦ 不允许测量带有研磨剂的表面和粗糙表面，更不能测量运动中的工件。

3. 百分表

（1）百分表的结构

如图 2-1-25 所示，其分度值为 0.01mm。测量范围一般有 0～3mm、0～5mm 和 0～10mm，特殊情况下有 0～20mm、0～30mm、0～50mm 和 0～100mm 等大量程的百分表。

图 2-1-25   **钟面式百分表结构简图**
1—测量头；2—量杆；3,10—小齿轮；
4,9—大齿轮；5—盘面；6—表圈；
7—长指针；8—短指针

（2）百分表的使用与维护

在测量时，应把百分表装夹在表架或其他牢靠的支架上，夹紧力要适当，也可以将百分表安装在万能表架或磁性表座上使用，如图 2-1-26 所示。

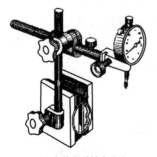
(a) 安装在磁性表座上

(b) 安装在万能表架上

图 2-1-26   **百分表的安装**

4. 游标万能角度尺

(1) Ⅰ型游标万能角度尺及读数方法

Ⅰ型游标万能角度尺的结构如图 2-1-27 所示，由主尺和游标两部分组成。其读数原理与游标卡尺相似，不同的是游标卡尺的读数是长度单位值，而游标万能角度尺的读数是角度单位值。所以，游标万能角度尺是利用游标原理进行读数的一种角度量具。图 2-1-28 所示为Ⅰ型游标万能角度尺的主尺和游标，主尺两条刻线间的角度值为 1°，主尺的 23 格与游标上的 12 格相等。那么游标每 1 格的角度值为，$23°/12=(60'×23)/12=115'$，这样主尺两格与游标 1 格的差值为：$2°-115'=120'-115'=5'$，这就是分度值为 $5'$ 的游标万能角度尺的读数原理。同理也可得到 $2'$ 和 $10'$ 的游标万能角度尺的读数原理。

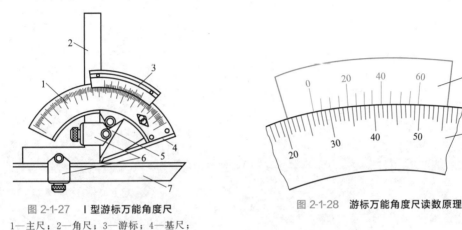

图 2-1-27　Ⅰ型游标万能角度尺
1—主尺；2—角尺；3—游标；4—基尺；
5—扇形板；6—支架；7—直尺

图 2-1-28　游标万能角度尺读数原理

如图 2-1-28 所示，从主尺上可见为 26°，再读分（$'$）值，图中游标和主尺对准的那条线 $30'$（游标第 6 根线），最后两数值相加，即为 $26°+30'=26°30'$。

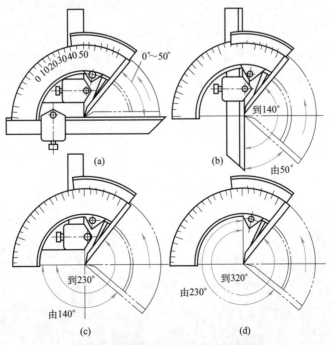

(a)　0~50°

(b)　到140°　由50°

(c)　到230°　由140°

(d)　到320°　由230°

图 2-1-29　Ⅰ型游标万能角度尺的使用方法

（2）Ⅰ型游标万能角度尺的使用方法

Ⅰ型游标万能角度尺可以测量0°~320°范围内的角度。当测量0°~50°之间的角度时，将被测件置于基尺和直尺的测量面之间 [图2-1-29（a）]；当测量50°~140°之间的角度时，应取下直尺和支架，并将角尺下移，把被测件置于基尺和角尺之间 [图2-1-29（b）]；当测量140°~230°之间的角度时，也要取下直尺和支架，但应将角尺上移，直到角尺上短边和长边交界点与基尺的尖端对齐为止，然后把角尺和基尺的测量面靠在被测件的表面上进行测量 [图2-1-29（c）]；当测量230°~320°之间的角度时，取下角尺和支架后即可直接用基尺和扇形板吊顶测量面进行测量 [图2-1-29（d）]。

 **项目2** **液压与气压系统检测与维护**

任务 1　液（气）压传动基本回路检测与维护

任务 1.1　液压传动基本回路检测与维护

 职业鉴定能力

1. 能正确组装调试、运行液压系统回路。
2. 能够分析液压系统回路的组成、判断液压系统运行状态，并处理简单故障。

 **核心概念**

液压传动基本回路是由若干液压元件组成，且能完成某一特定功能的典型油路。

 任务目标

1. 会分析液压系统回路的组成、工作原理及应用特点。
2. 正确选择液压元件，组装调试、运行液压系统回路。
3. 能够判断液压系统运行状态，并分析处理简单故障。
4. 掌握点检要点。

 素质目标

1. 培养安全规范操作的职业素养。
2. 提升自主探究和团结合作的能力。
3. 逐步培养执着专注的工匠精神和爱国情怀。

任务引入

图 2-2-1 所示为液压升降机液压系统回路图。请完成下列任务。

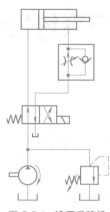

图 2-2-1　液压升降机

1. 试分析该液压升降机系统由哪些基本回路组成，并组装调试运行该液压系统回路。
2. 控制两位四通电磁换向阀通、断电，判断液压缸的运行状态。
3. 某日点检时发现液压缸返回速度缓慢，试分析原因并提出解决方法。

知识链接

常用液压基本回路有：方向控制回路、压力控制回路、速度控制回路及多缸动作控制回路。

1. 知识准备

（1）方向控制回路

方向控制回路的功用：通过控制液压系统中油液的通、断和流动方向来实现执行元件的启动、停止和换向。

方向控制回路的分类：换向回路和锁紧回路。

① 换向回路。

换向回路的功用：改变执行元件的运动方向。

换向回路的组成：双向泵或各种类型的换向阀都可组成换向回路，换向阀不同，其回路性能和应用场合也不同。

② 锁紧回路。

锁紧回路的功用：可使液压缸活塞在任一位置停止。

锁紧回路的组成：可采用换向阀的 O 型、M 型中位机能，如图 2-2-2（a）、（b）所示，适于液压缸活塞短时间停留，且锁紧要求不高的场合；也可采用液控单向阀，如图 2-2-2（c）所示液控单向阀锁紧回路，适于长时间停留且要求液压缸停止后不因外界影响而发生漂移或蹿动的场合。

（2）压力控制回路

压力控制回路的功用：利用压力控制阀来控制液压系统的工作压力，以满足各个执行机构

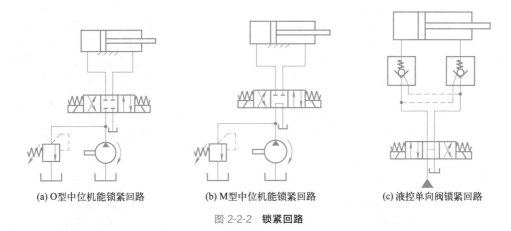

(a) O型中位机能锁紧回路　　　(b) M型中位机能锁紧回路　　　(c) 液控单向阀锁紧回路

图 2-2-2　**锁紧回路**

所需力或力矩的要求，或实现整个系统的调压、减压、增压、卸荷、保压以及平衡的目的。

压力控制回路的分类：调压回路、减压回路、增压回路、卸荷回路以及平衡回路。

① 调压回路。

调压回路的功用：利用溢流阀调定或限定液压系统的最高工作压力，或使执行元件在工作过程中不同阶段实现压力变换。

调压回路的组成：溢流阀。

图 2-2-3（a）为定量泵单级调压回路，图 2-2-3（b）为变量泵单级调压回路。在定量泵液压系统中，一般用溢流阀来调节并稳定系统的工作压力。在变量泵液压系统中，通过改变液压泵的排量来调节系统的工作压力，溢流阀起过载保护作用。

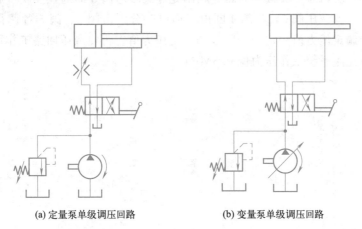

(a) 定量泵单级调压回路　　　　　(b) 变量泵单级调压回路

图 2-2-3·**单级调压回路**

图 2-2-4 所示为双向调压回路。当执行元件往返行程需不同的供油压力时，可采用此双向调压回路。活塞向右运动时为工作行程，液压泵最大工作压力由溢流阀 1 调定；当活塞向左运动时为空行程，液压泵最大工作压力由溢流阀 2 调定。阀 2 的调整压力小于阀 1 的调整压力。

图 2-2-5 所示为三级调压回路，当液压系统在不同的工作阶段需要不同的工作压力时，可采用此种回路。图中先导式溢流阀 1 的远程控制口通过换向阀 4 分别接远程调压阀 2、3。三级压力分别由阀 1、2、3 调定。三个阀在调整时须保证 p_2、$p_3 < p_1$ 且 $p_2 \neq p_3$，以保证实现三级调压。

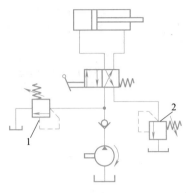

图 2-2-4 双向调压回路

1,2—溢流阀

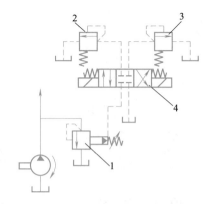

图 2-2-5 三级调压回路

1—先导式溢流阀；2,3—远程调压阀；4—换向阀

② 减压回路。

减压回路的功用：使系统中某一支路具有较低的稳定压力。

减压回路的组成：减压阀。

当泵的输出压力高而支路要求低压时，可以采用减压回路，如机床液压系统中的定位、夹紧回路以及液压元件的控制油路等。

图 2-2-6（a）所示为一级减压回路。该回路为夹紧油路上的减压回路，泵的供油压力根据负载大小由溢流阀 2 来调节，夹紧缸所需压力由减压阀 3 调节。当主油路压力降低（低于减压阀调整压力）时防止油液倒流，用单向阀 4 使夹紧油路和主油路隔开，起保压作用。

图 2-2-6（b）所示为二级减压回路。利用先导式减压阀 3 的远程控制口通过两位两通电磁换向阀 4 接一远程调压阀 5，当阀 4 断电、通电时分别由阀 3、阀 5 各调得一种低压。但要注意，阀 5 的调定压力值一定低于阀 3 的调定压力值。为使减压回路工作可靠，减压阀的调定压力至少应比主系统工作压力低 0.5MPa。

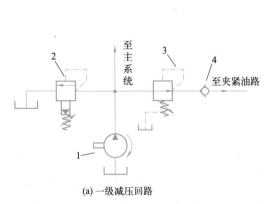

(a) 一级减压回路

1—液压泵；2—先导式溢流阀；3—减压阀；4—单向阀

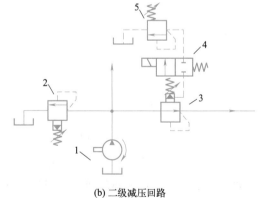

(b) 二级减压回路

1—液压泵；2—先导式溢流阀；3—先导式减压阀；
4—电磁换向阀；5—远程调压阀

图 2-2-6 减压回路

③ 增压回路。

增压回路的功用：在系统的整体工作压力较低情况下，提高系统中某一支路的工作压力，以满足局部工作机构的需要，这样可以节省高压泵，降低能源消耗。

增压回路的组成：增压缸或增压器。

图 2-2-7（a）所示为单作用增压缸的增压回路。泵输出较低的压力 p_1 进入大活塞腔，使得小活塞腔可以获得较高压力 p_2。该回路只能间歇增压。

图 2-2-7（b）所示为双作用增压缸的增压回路。泵输出较低的压力进入增压缸左端大、小油腔，活塞右移，右端大油腔油液回油箱，小油腔输出的高压油经单向阀 2 输出，此时单向阀 4、1 被封闭。油路换向后，活塞左移，左端小油腔经单向阀 1 输出高压油，此时单向

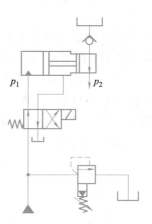

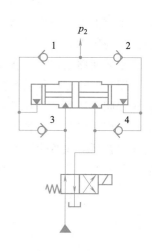

(a) 单作用增压缸的增压回路　　　　　(b) 双作用增压缸的增压回路

图 2-2-7　增压回路

阀 3、2 被封闭。增压器活塞不断地往复运动，两端便交替输出高压油，从而实现连续增压。

④ 卸荷回路。

卸荷回路的功用：在液压泵不停止转动的情况下，使液压泵在零压或在很低压力下运转，以减少系统功率损耗和噪声，延长泵的工作寿命。

卸荷回路组成：两位两通阀、换向阀中位机能、先导型溢流阀。

图 2-2-8（a）所示为两位两通阀组成的卸荷回路。当两位两通阀的电磁铁通电时，阀左位工作，泵卸荷。这种回路结构简单，特别适合低压小流量系统。

图 2-2-8（b）所示为 M 型换向阀中位机能组成的卸荷回路。当三位四通电磁换向阀处于中位时，泵卸荷（H 或 K 型中位机能的三位换向阀也具有此功能）。这种回路结构简单，仅适用于低压小流量液压系统。

图 2-2-8（c）所示为先导型溢流阀组成的卸荷回路。当两位两通电磁阀的电磁铁通电时，先导型溢流阀的远程控制口通过此阀和油箱相通，泵卸荷。这种卸荷回路性能较好，可用于大流量的液压回路中。

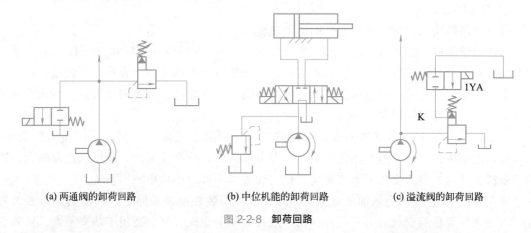

(a) 两通阀的卸荷回路　　　　　(b) 中位机能的卸荷回路　　　　　(c) 溢流阀的卸荷回路

图 2-2-8　卸荷回路

⑤ 平衡回路。

平衡回路的功用：为防止立式液压缸或倾斜放置的液压缸及其工作部件在悬空停止期间

因自重而下滑，或在下行运动中由于自重而造成失控失速，利用平衡阀产生的压力来平衡重力产生的压力。

平衡回路组成：平衡阀（单向顺序阀或液控单向阀）。

图 2-2-9（a）所示为自控顺序阀组成的平衡回路。在垂直放置的液压缸的下腔串接一单向顺序阀，该阀的作用相当于背压阀，其调定压力应稍大于工作部件在液压缸下腔产生的压力，达到过平衡，这样可以防止液压缸因自重而下滑。该种平衡回路闭锁不严，活塞不能长期停留在任意位置上，且当自重较大时，顺序阀调定压力较高，活塞下行时功率损失较大，故这种回路只用于工作部件重量不太大的场合。

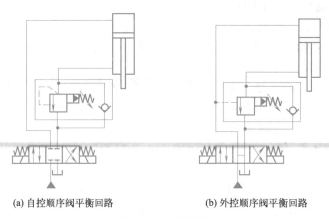

(a) 自控顺序阀平衡回路　　　　　　(b) 外控顺序阀平衡回路

图 2-2-9　平衡回路

图 2-2-9（b）所示为外控顺序阀的平衡回路。液压缸回油经外控顺序阀回油箱，外控顺序阀起背压阀作用，该阀通过外控压力来控制液压缸的下行。由于滑阀本身的泄漏，该种平衡回路也存在闭锁不严现象，不适于活塞长期停留在任意位置上的场合。若要长期停留在任意位置上可用液压锁。

（3）速度控制回路

速度控制回路的功用：控制执行元件的运动速度。

速度控制回路的分类：调速回路、快速运动回路和速度变换回路。

① 调速回路。

调速回路的功用：调节执行元件的运动速度。

调速回路组成：定量泵＋流量阀（节流调速回路），变量泵＋定量执行元件或定量泵＋变量马达或变量泵＋变量马达（容积调速回路）和变量泵＋调速阀（容积节流调速回路）。

节流调速回路分类：根据流量阀的位置的不同，分别为进油节流调速回路、回油节流调速回路和旁油节流调速回路三种形式。

图 2-2-10（a）所示为进油节流调速回路。节流阀装在进油油路上，该回路结构简单，成本低，使用维护方便，但有溢流损失，又有节流损失，功率损失大，效率低、发热大。适用于轻载、低速、负载变化不大和对速度稳定性要求不高的小功率液压系统。

图 2-2-10（b）所示为回油节流调速回路。节流阀装在回油油路上，回油路上有较大背压，因而在外界负载变化时可起缓冲作用，故其运动平稳性较好。适用于功率不大、负载变化较大，对速度稳定性要求较高的液压系统。

图 2-2-10（c）所示为旁路节流调速回路。节流阀装在与执行元件并联的旁油路上，该

回路只有节流损失而无溢流损失，回路效率高。该回路速度-负载特性较软，低速承载能力差，所以较少采用，只用于高速、重载、对速度稳定性要求较低的较大功率液压系统。

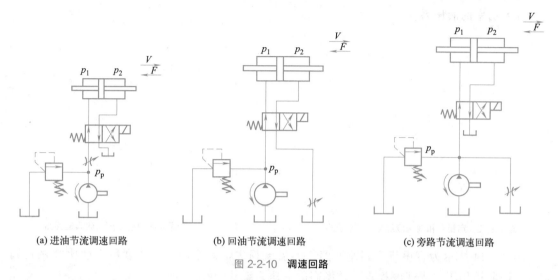

(a) 进油节流调速回路　　(b) 回油节流调速回路　　(c) 旁路节流调速回路

图 2-2-10　调速回路

容积调速回路分类：变量泵＋定量执行元件（液压缸或定量马达）、定量泵＋变量马达、变量泵＋变量马达。无溢流和节流损失，回路效率高，发热量小，多用于大功率液压系统。

图 2-2-11（a）所示为变量泵和液压缸组成的容积调速回路。溢流阀 1 起安全阀作用，防止系统过载，溢流阀 2 起背压阀作用。多用在推土机、升降机、插床、拉床等大功率系统中。

图 2-2-11（b）所示为变量泵和定量液压马达组成的容积调速回路。变量泵 1、溢流阀 2、定量马达 3 组成闭式回路，溢流阀 6 起安全阀作用，防止系统过载。定量泵 4 为补油泵，其工作压力由溢流阀 6 调节。该回路可应用于小型内燃机车、液压起重机、船用绞车等有关装置中。

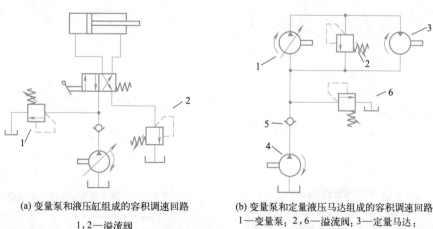

(a) 变量泵和液压缸组成的容积调速回路　　　(b) 变量泵和定量液压马达组成的容积调速回路
1，2—溢流阀　　　　　　　　　　　　　1—变量泵；2，6—溢流阀；3—定量马达；
　　　　　　　　　　　　　　　　　　4—定量泵；5—单向阀

图 2-2-11　变量泵和定量执行元件容积调速回路

图 2-2-12 所示为定量泵和变量液压马达的容积调速回路。效率高，输出功率不变，但调速范围小，过小地调节马达的排量，输出转矩 T 将降至很小，以致带不动负载，造成马

达自锁现象，故这种调速回路很少单独使用。

　　图 2-2-13 所示为变量泵和变量液压马达的容积调速回路。调速范围大，适用于机床主运动等大功率的液压系统。

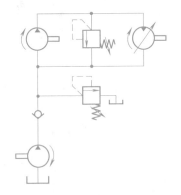

图 2-2-12　定量泵和变量液压马达调速回路

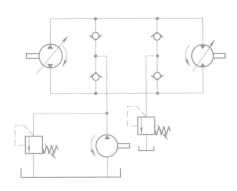

图 2-2-13　变量泵和变量液压马达调速回路

　　图 2-2-14 所示为容积节流调速回路。无溢流损失，效率高，故速度稳定性比容积式调速好。因此适用于要求速度稳定、效率高的液压系统。

　　② 快速运动回路。

　　快速运动回路的功用：使执行元件获得所需要的高速，以提高系统的工作效率。

　　快速运动回路的组成：液压缸差动连接快速运动回路、双泵供油快速运动回路等。

　　图 2-2-15 所示为液压缸差动连接快速运动回路。当 1YA 通电、3YA 断电时，液压缸差动连接快速运动；当 3YA 通电时，差动连接被切断，液压缸回油经调速阀，实现工进；当 1YA 断电、2YA 通电、3YA 通电时，液压缸有杆腔进油，即快退。

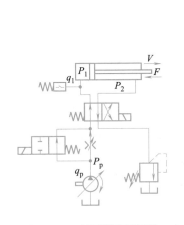

图 2-2-14　容积节流调速回路

1—变量泵；2—调速阀；3—两位两通电磁换向阀；
4—两位四通电磁换向阀；5—压力继电器；6—溢流阀；
7—液压缸；8—先导式溢流阀

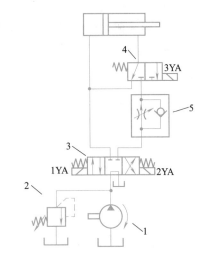

图 2-2-15　液压缸差动连接快速运动回路

1—液压泵；2—溢流阀；3—三位四通电磁换向阀；
4—两位三通电磁换向阀；5—单向节流阀

　　图 2-2-16 所示为双泵供油快速运动回路。2 为低压大流量泵，1 为高压小流量泵，在系统空载快速运动时，泵 1 和泵 2 同时向液压系统供油；工进时，系统压力升高，外控顺序阀

3 开启，使泵 2 卸荷，此时单向阀 4 关闭，由泵 1 单独向系统供油，溢流阀 5 控制液压泵 1 的供油压力。

③ 速度换接回路。

速度换接回路的功用：使液压执行元件在实现工作循环的过程中，进行速度转换，且具有较高的速度换接平稳性。

速度换接回路的组成：行程阀组成的速度换接回路或两调速阀串、并联的速度换接回路。

图 2-2-17 所示为行程阀速度换接回路。

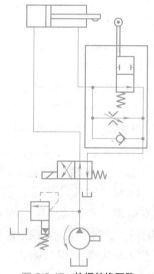

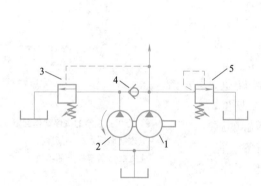

图 2-2-16 **双泵供油快速回路**

1—高压小流量泵；2—低压大流量泵；3—外控控顺序阀；

4—单向阀；5—溢流阀

图 2-2-17 **快慢转换回路**

图 2-2-18（a）所示为两调速阀 3、4 串联的两种工进速度的换接回路。由于阀 4 的开口调得比阀 3 小，因此两种工进速度不同。这种回路在进行速度换接时，液压缸的速度不会

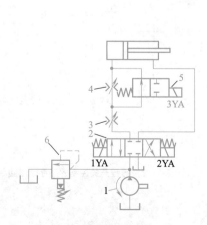

(a) 两调速阀串联的速度换接回路

1—定量泵；2,5—换向阀；3,4—调速阀；6—先导式溢流阀

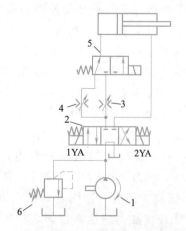

(b) 两调速阀并联的速度换接回路

1—定量泵；2,5—换向阀；3,4—调速阀；6—溢流阀

图 2-2-18 **速度换接回路**

出现很大冲击，但是能量损失较大。

图 2-2-18（b）所示为两调速阀 3、4 并联的两种工进速度的换接回路。这种回路在进行速度换接时，液压缸的速度会有前冲现象，但是能量损失较两调速阀串联的速度换接回路小。

（4）多缸动作控制回路

多缸动作控制回路功用：由一个液压泵驱动多个液压缸或液压马达按照要求动作。

多缸动作控制回路分类：顺序动作回路、同步回路等。

① 顺序动作回路。

顺序动作回路的功用：控制多执行元件按照一定的顺序先后动作。

顺序动作回路组成：行程阀或行程开关组成的行程控制顺序动作回路；顺序阀或压力继电器组成的压力控制顺序动作回路。

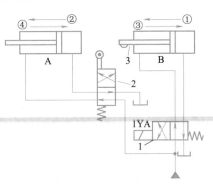

图 2-2-19 所示为行程阀控制的顺序动作回路。在图示状态，两液压缸活塞均处于右端。当电磁铁 1YA 通电，缸 B 向左运动，实现动作①，当活塞杆 3 上的挡块压下行程阀 2 后，行程阀 2 的上位进入工作位置，缸 A 向左运动，实现动作②；当电磁铁 1YA 断电，缸 B 向右运动，实现动作③。挡块左移，阀 2 复位，缸 A 向右运动，实现动作④，至此，完成了两缸的顺序动作循环。这种回路换接位置准确，动作可靠。但行程阀必须安装在液压缸附近，不易改变动作顺序。表 2-2-1 为电磁铁动作顺序。

图 2-2-19 行程阀控制的顺序动作回路
1—电磁换向阀；2—行程阀；
3—液压缸 B 活塞杆上的挡块

表 2-2-1 电磁铁动作顺序

部位	缸 B 动作①	缸 A 动作②	缸 B 动作③	缸 A 动作④
1YA	+	+	−	−
行程阀	下位工作位	上位工作位	上位工作位	下位工作位

图 2-2-20 所示为行程开关控制的顺序动作回路。1YA、2YA 断电，阀 1、2 均为右位工作，两个液压缸的活塞均处于右端。按下启动按钮，阀 1 电磁铁通电，左位工作，液压缸 A 左行，实现动作①。当缸 A 左行到预定位置，挡块压下行程开关 S_1 时，使阀 2 的电磁铁通电，其左位工作，液压缸 B 左行，实现动作②。当缸 B 运行到预定位置，挡块压下行程开关 S_3 时，使阀 1 的电磁铁断电，缸 A 右行，实现动作③。当缸 3 左行到原位时，挡块压下行程开关 S_2，使阀 2 的电磁铁断电，液压缸 B 向右行，实现动作④，当缸 4 到达原位时，挡块压下行程开

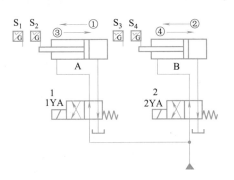

图 2-2-20 行程开关控制的顺序动作回路
1,2—电磁换向阀

关 S_4，使其发出信号表明工作循环结束。这种采用电气行程开关控制的顺序动作回路，能方便地调整行程大小和改变动作顺序，因此，应用较为广泛。表 2-2-2 为电磁铁动作顺序。

表 2-2-2　电磁铁动作顺序

部位	缸 A 完成动作① 压下行程开关 S_1	缸 B 完成动作② 压下行程开关 S_3	缸 A 动作③ 压下行程开关 S_2	缸 B 动作④ 压下行程开关 S_4
1YA	+	+	—	—
2YA	—	+	+	—

图 2-2-21 所示为顺序阀控制的顺序动作回路。液压泵供油，系统空载压力较低，压力油一路至主系统，另一路经减压阀、单向阀和电磁换向阀的右位至定位缸 A 上腔，推动活塞下行进行定位。定位后，缸 A 的活塞停止运动，系统压力升高，顺序阀打开，压力油进入夹紧缸 B 的上腔，推动活塞下行，进行夹紧。加工完毕后，电磁阀换向，两液压缸同时返回。该回路可实现先定位、后夹紧，主要用于机床液压系统。

图 2-2-22 所示为压力继电器控制的顺序动作回路。初始位置两换向阀均断电，两液压缸活塞均处于左端。按动启动按钮，1YA 通电，缸 1 活塞向右运动，当缸 1 运动至终点后，压力升高，压力继电器 1KP 动作，使电磁铁 3YA 通电，缸 2 活塞向右运动。按返回按钮，1YA、3YA 断电，4YA 通电，缸 2 活塞向左退回。缸 2 活塞退回原位后，回路压力升高，压力继电器 2KP 动作，使 2YA 通电，缸 1 活塞退回原位。

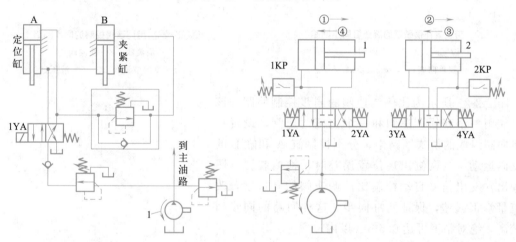

图 2-2-21　顺序阀控制顺序动作回路　　　　图 2-2-22　压力继电器控制顺序动作回路

1，2—液压缸

② 同步回路。

同步回路的功用：保证系统中两个或两个以上液压缸在运动中保持相同的位移或速度。

同步回路的组成：两串联液压缸、两调速阀、两比例调速阀。

图 2-2-23 所示为带位置补偿装置的串联液压缸同步回路。两个串联液压缸由于泄漏等原因有可能出现不同步现象。如缸 5 先到达下端位置而缸 6 落后，此时缸 5 的挡块触动行程开关 S_1，使换向阀 3 电磁铁 1YA 通电，泵液压油经液控单向阀 4 进入缸 6 的上腔补油，使缸 6 加速下行到达下端位置而消除位置误差。同理，若缸 6 先到达下端位置，液压缸 5 落后时，缸 6 的挡块触动行程开关 S_2，使换向阀 3 电磁铁 2YA 通电，液控单向阀 4 反向导通，缸 5 下腔油液通过液控单向阀 4 回油，使缸 5 加速运动到下端位置而消除位置误差。

图 2-2-24 所示为调速阀控制的同步回路。两个液压缸并联，两个调速阀分别串联在两液压缸的进油油路上（或回油油路上），两个调速阀分别调节两液压缸的运动速度。由于调

速阀具有负载变化时依然能保持流量稳定这一特点，所以只要调整两个调速阀开口的大小，就能使两个液压缸保持同步。这种回路结构简单，并且同步运动速度可以调节，但调速比较麻烦，同步精度不高，同步速度误差约为（5～10）％。

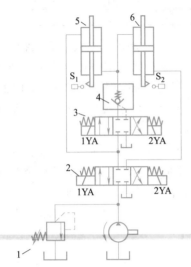

图 2-2-23　带位置补偿装置的液压缸同步回路

1—溢流阀；2，3—换向阀；

4—液控单向阀；5，6—液压缸

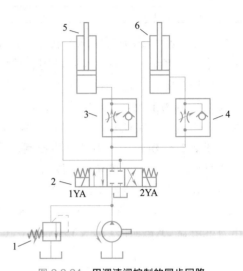

图 2-2-24　用调速阀控制的同步回路

1—溢流阀；2—换向阀；

3，4—单向节流阀；5，6—液压缸

图 2-2-25 所示为比例调速阀的同步控制回路。该回路使用一个普通调速阀和一个比例调速阀，设置在由单向阀组成的桥式回路中，分别控制缸 A 和缸 B 的正反向运动。当两缸出现位置误差时，检测装置（图未画出）发出信号自动控制比例调速阀的开口度，改变流量修正误差，保证两缸同步。这种回路的同步精度较高，绝对精度可达 0.5mm 以内。

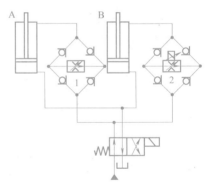

图 2-2-25　比例调速阀控制的同步回路

2. 技能准备

（1）回路组装准备

① 保持动力装置，管路连接和元件的清洁；

② 注意污染和水分，保证周围环境清洁，来自周围环境的污染物一定不能进入油箱！

③ 检查所需液压元件是否齐全、功能是否正常。

（2）液压基本回路的常见故障、产生原因及排除方法

① 方向控制回路的常见故障及产生原因见表 2-2-3。

表 2-2-3　方向控制回路的常见故障及产生原因

故　障	原　因	排除方法
换向阀不换向	电磁铁吸力不足，不能推动阀芯运动	更换电磁铁
	对中弹簧轴线歪斜，使阀芯在阀内卡死	调整弹簧轴线到正确位置
	油液污染严重，堵塞滑动间隙，导致阀芯卡死	清洗、修理阀
单向阀泄漏严重或不起单向作用	锥阀与阀座密封不严	修理阀
	弹簧漏装或歪斜，使阀芯不能复位	装上弹簧或调整弹簧到正确位置

② 压力控制回路的常见故障及产生原因见表 2-2-4。

表 2-2-4　压力控制回路的常见故障及产生原因

故　障	原　因	排　除　方　法
压力调不上去	溢流阀的调压弹簧太软、装错或漏装	装软硬适中的弹簧
	阀芯与阀座关闭不严，泄漏严重	调整阀芯与阀座位置增加密封性
	阀芯被毛刺或其他污物卡死在开口位置	把阀拆开清洗、清除污物
压力过高调不下来	阀芯被毛刺或其他污物卡死在关闭位置，主阀不能开启	把阀拆开清洗、清除污物
	先导阀前的阻尼孔堵塞，导致主阀不能开启	清洗、清除阻尼孔内污物
压力振摆大	油液中混有空气	滤去油中的空气
	阻尼孔直径过大，阻尼作用弱	减小阻尼孔直径
	阀芯在阀体内移动不灵活	调整阀芯在阀体内位置

③ 速度控制回路的常见故障及产生原因见表 2-2-5。

表 2-2-5　速度控制回路的常见故障及产生原因

故　障	原　因	排　除　方　法
爬行	工作介质严重污染	更换清洁的工作介质
	系统压力过低	适当调高系统压力
	部件运动速度过低	适当调高速度或修改设计
速度达不到要求	工作介质黏度过小或过大	选择合适黏度的工作介质
	换向阀阀芯工作位置不正确，造成过流面积不够	修理换向阀
	系统压力达不到要求	排除压力故障，使压力达到正常
速度调节失控	节流阀或调速阀阀芯卡死	清洗、修理
	节流阀或调速阀已失效，丧失调节功能	更换节流阀或调速阀
	液压泵吸油不正常，造成系统流量不足	清洗过滤网，给油箱补油

（3）点检要点

① 日常检查。通过目视、耳听及手触等比较简单的方法，在泵启动前、后和停止运转前检查油量、油温、压力、泄漏、振动等。出现不正常现象应停机检查原因，及时排除。

② 定期检查。检查液压油，并根据情况定期更换，对主要液压元件定期进行性能测定。检查润滑管路是否正常，定期更换密封件，清洗、更换滤芯。定期检查的时间一般与过滤器检修间隔时间相同，大约三个月。

 任务实施

1. 回路的组成及组装步骤

① 图 2-2-1 所示液压系统由调压回路（定量泵＋溢流阀）、换向回路（两位四通电磁换向阀）、节流调速回路（定量泵＋节流阀）组成。

② 回路组装步骤。

a. 根据任务要求正确选择液压元件，在实训台上合理布局，按图 2-2-1 所示连接出正确的液压回路。

b. 启动液压泵，调整系统压力，停止泵的运转。

c. 控制两位四通电磁阀换向阀通、断电。

d. 观察液压缸运行状态，对运行过程中遇到的问题进行分析和解决。

e. 停止泵的运转，关闭电源，拆卸管路，将元件放回原来位置。

2. 判断回路运行状态

当两位四通电磁阀换向阀断电时，液压缸活塞慢速伸出（其速度由节流阀调节）；当两位四通电磁阀换向阀通电时，液压缸快速返回。

3. 分析故障原因，并处理故障

① 分析液压缸返回速度缓慢的原因。液压缸返回油路分析如下。

有杆腔进油：单向定量泵—两位四通电磁换向阀（右位）—单向阀—液压缸有杆腔。

无杆腔回油：液压缸无杆腔—油箱。

所以故障原因可能是：换向阀阀芯卡死或单向阀堵塞。

对系统进行检测，单向阀正常，但液压缸返回时不仅速度慢而且系统压力也升高了。拆下换向阀，发现其回位弹簧弹力不足而且存在歪斜现象，导致阀芯不能回到正常位置，滑阀开口量过小，系统压力升高，液压泵输出油液大部分由溢流阀流回油箱，进入液压缸有杆腔流量必然减少，所以速度变慢。

② 解决故障措施：更换新的换向阀或合格的弹簧；如果是由于滑阀精度差，而产生径向卡紧，应对滑阀进行修磨，或重新配制。

任务 1.2　气压传动基本回路组装运行与检测

 职业鉴定能力

1. 能正确组装调试、运行气动基本回路。
2. 能够分析气压系统回路的组成、判断气压系统运行状态，并处理简单故障。

 核心概念

气压基本回路是由若干气压元件组成的且能完成某一特定功能的典型气压回路。

 任务目标

1. 会分析气压系统回路的组成、工作原理及应用特点。
2. 正确选择气压元件，组装调试、运行气压系统回路。
3. 能够判断气压系统的运行状态，并分析处理简单故障。
4. 掌握点检要点。

 素质目标

1. 培养安全规范操作的职业素养。
2. 提升自主探究和团结合作的能力。
3. 逐步培养执着专注的工匠精神和爱国情怀。

任务引入

图 2-2-26 所示为折边装置气动系统。该系统的压力可以调节，以适应加工不同的材料。
请完成下列任务。

① 分析、组装调试运行该气动系统回路。

② 分析该折边装置的运行状态，即如何完成折边和退回运动。

③ 某日点检时发现：其中一个手动换向阀不能复位，若不小心碰到另一个手动换向阀按钮，气缸就会动作，安全性很差。试分析手动换向阀不能复位原因，并提出解决安全性差的办法。

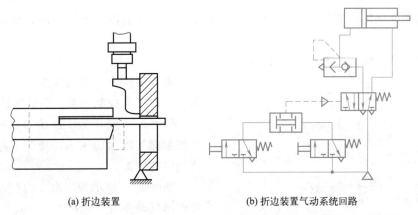

(a) 折边装置　　　　　　　　(b) 折边装置气动系统回路

图 2-2-26　折边装置气动系统

知识链接

　　常用的气压基本回路有方向控制回路、压力控制回路、速度控制回路及其他常用气动回路。

1. 知识准备

（1）方向控制回路

方向控制回路的功用：改变执行元件运动方向。

方向控制回路的组成：方向控制阀。

常用的方向回路有单作用气缸换向回路、双作用气缸换向回路。

① 单作用气缸换向回路。

二位三通阀换向回路如图 2-2-27（a）所示，由二位三通电磁换向阀组成，使气缸换向。

三位五通阀换向回路如图 2-2-27（b）所示，由三位五通电磁换向阀组成，使气缸换向，并能使气缸在任意位置停留，但定位精度不高。

② 双作用气缸换向回路。

二位五通阀换向回路如图 2-2-28（a）所示，由二位五通换向阀组成，使气缸换向。

三位五通阀换向回路如图 2-2-28（b）所示，由三位五通换向阀组成，使气缸换向，并能使气缸在任意位置停留，但此回路不能在换向阀两侧同时加等压控制信号。

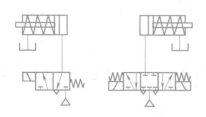

(a) 二位三通阀换向回路   (b) 三位五通阀换向回路

图 2-2-27   单作用气缸换向回路

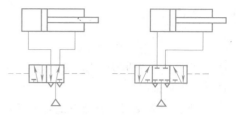

(a) 二位五通阀换向回路   (b) 三位五通阀换向回路

图 2-2-28   双作用气缸换向回路

（2）压力控制回路

压力回路的功用：使气压回路中的压力保持在一定范围内，或使回路得到高、低不同压力。

压力回路的组成：溢流阀或减压阀。

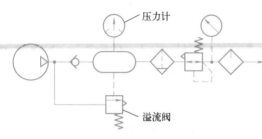

图 2-2-29   一次压力控制回路

两个减压阀得到两个不同的控制压力。

常用的压力控制回路有一次压力控制回路、二次压力控制回路、高低压转换回路。

图 2-2-29 所示为一次压力控制回路，主要控制储气罐内的压力，使其不超过储气罐所设定的压力。

图 2-2-30 所示为二次压力控制回路，主要控制气动系统气源压力。

图 2-2-31 所示为高低压转换回路，利用

图 2-2-30   二次压力控制回路

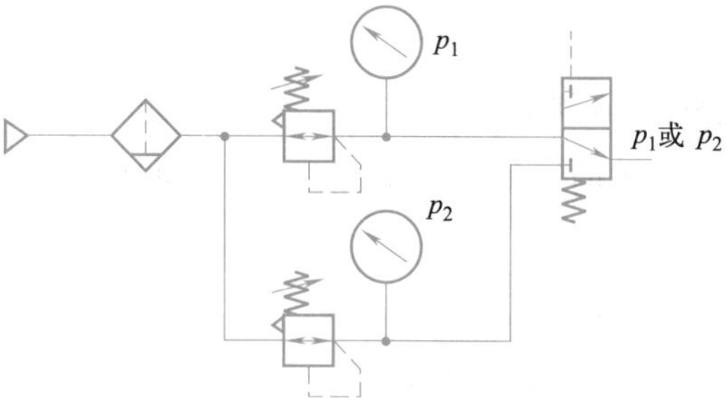

图 2-2-31   高低压转换回路

（3）速度控制回路

速度控制回路的功用：调节气缸的运动速度或实现气缸的缓冲等。

速度控制回路的组成：节流阀。

常用的速度控制回路有单作用气缸速度控制回路、双作用气缸速度控制回路、快速返回回路等。

图 2-2-32 所示为单作用气缸速度控制回路。两个单向节流阀分别调节气缸活塞的伸出和缩回速度。

图 2-2-33 所示为快速返回回路。气缸活塞上升速度由节流阀调节，下降时通过快速排气阀排气，气缸活塞快速退回。

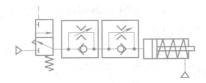

图 2-2-32　**单作用气缸速度控制回路**

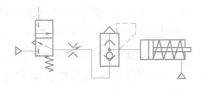

图 2-2-33　**快速返回回路**

图 2-2-34 所示为双作用气缸速度控制回路。气缸运动速度由单向节流阀调节。

（4）其他常用气动回路

其他常用气动回路：安全保护回路、顺序动作控制回路。

① 常用的安全保护回路。

过载保护回路，如图 2-2-35 所示。

互锁回路，如图 2-2-36 所示。只有当三个串联的行程阀都接通，两位四通换向阀才能换向，气缸才能动作。

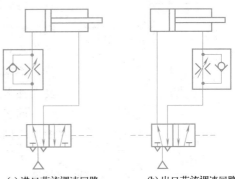

(a) 进口节流调速回路　　(b) 出口节流调速回路

图 2-2-34　**双作用气缸单向调速回路**

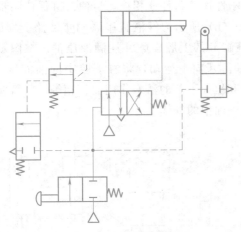

图 2-2-35　**过载保护回路**

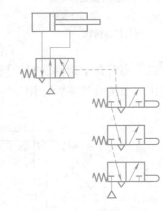

图 2-2-36　**互锁回路**

图 2-2-37 所示为双手同时操作回路。图 2-2-37（a）所示串联型双手同时操作回路安全

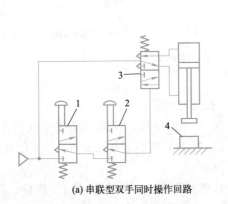

(a) 串联型双手同时操作回路

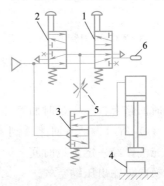

(b) 并联型双手同时操作回路

图 2-2-37　**双手同时操作回路**

1，2—手控换向阀；3—气控换向阀；4—工件；5—节流阀；6—储气罐

性差。图 2-2-37（b）所示并联型双手同时操作回路安全性好，常用于冲压或锻压等行业中。

② 常用的顺序动作控制回路有：顺序动作回路、同步回路、延时回路。

顺序动作回路的功用：各气缸按一定程序完成各自的先后动作。

常用的顺序动作回路有单往复和连续往复动作回路。

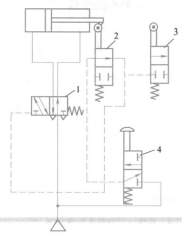

图 2-2-38 所示为连续往复动作回路。按下手控换向阀 4，气控换向阀 1 换向（左位为工作位），活塞右移，行程阀 2 复位使得阀 1 保持左位，活塞继续右行到行程终点压下行程阀 3，使阀 1 控制气路排气，在弹簧作用下阀 1 复位，活塞左移返回。压下阀 2，阀 1 换向，活塞将继续重复上述循环。

同步回路的功用：两个以上气动执行元件在运动过程中保持同步。

常用的同步回路有：两单向节流阀控制的同步回路和气液缸串联同步回路。

图 2-2-39（a）所示为两单向节流阀控制的同步回路。气缸 1、2 由刚性连接部件 3 相连，迫使二缸保持同步。

图 2-2-39（b）所示为气液缸串联同步回路。气液缸 a 的下腔和气液缸 b 的上腔串联并注满液压油。在图示位置

图 2-2-38 　连续往复动作回路
1—手控换向阀；2，3—行程阀；
4—气控换向阀

工作时，缸 b 活塞向上运动，将缸上腔中的油液压入缸 a 下腔，使缸 a 同时向上运动。只要使缸 b 上腔和缸 a 下腔的活塞作用面积相等，就可实现同步。回路中 c 处接放气装置，用于排除混入液压油中的气体。

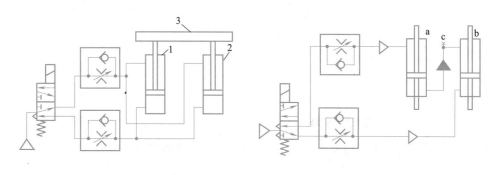

(a) 刚性连接同步回路　　　　　　　　　　　　(b) 气液缸串联同步回路

图 2-2-39 　同步回路
1，2—气缸；3—刚性连接部件；a，b—气液缸

常用的延时回路有：气控延时回路和手控延时回路。

图 2-2-40（a）所示为延时回路。阀 4 输入气控信号后换向，压缩空气经单向节流阀 3 向气罐 2 缓慢充气，经一定延迟时间 t 后（延时时间由节流阀 3 调节），充气压力达到设定值时，使阀 1 换向，输出压缩空气。

图 2-2-40（b）所示为手控延时回路。按下换向阀 1，气控换向阀 2 换位，活塞杆伸出，行至将行程阀 5 压下，系统经节流阀缓慢向气罐 3 充气，延迟一定时间后（延时时间由节流阀 4 调节），达到设定压力值，阀 2 复位，活塞杆返回。

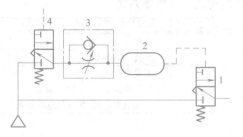
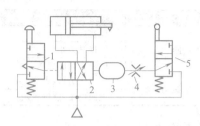

(a) 气控延时回路
1—换向阀； 2—储气罐；
3—单向节流阀； 4—气控换向阀

(b) 手控延时回路
1—手控换向阀；2—气控换向阀；
3—储气罐；4—节流阀；5—行程阀

图 2-2-40　延时回路

2. 技能准备

（1）回路组装注意事项

① 所有气动回路的组装必须在气源关闭并且释放掉残余压力后进行，在处理设备故障时尤其需要注意；

② 气动回路组装应从气源侧开始，按系统图依次安装；

③ 元件间配管之前，必须对配管进行充分吹扫，防止异物进入系统内；

④ 确认各元件的进、出口侧，不得装反；

⑤ 空气过滤器、油雾器的水杯应垂直朝下安装。要确保更换滤芯的空间，便于排水、注油、滴油量的调节及观察；

⑥ 减压阀安装要考虑到调压手轮操作方便，压力表应处于能观察的方位；

⑦ 电磁换向阀应尽量靠近被控制的气缸安装。

（2）气动回路的常见故障及产生原因

表 2-2-6 为压力回路常见故障及排除方法，表 2-2-7 为方向回路常见故障及排除方法。

表 2-2-6　压力回路常见故障及排除方法

故障	原因	排除方法
二次压力上升	阀弹簧损坏	更换阀弹簧
	阀座有伤痕,阀座橡胶剥离	更换阀体
	阀体中夹入灰尘,阀导向部分黏附异物	清洗、检查过滤器
	阀芯导向部分和阀体的 O 形密封圈收缩、膨胀	更换 O 形密封圈
压力降很大(流量不足)	阀口径小	使用口径大的减压阀
	阀下部积存冷凝水;阀内混入异物	清洗、检查过滤器
异常振动	弹簧的弹力减弱,弹簧错位	把弹簧调整到正常位置,更换弹力减弱的弹簧
	阀体的中心,阀杆的中心错位	检查并调整位置偏差
	因空气消耗量周期变化使阀不断开启、关闭,与减压阀引起共振	和制造厂协商
虽已松开手柄,二次侧空气也不溢流	溢流阀座孔堵塞	清洗并检查过滤器
	使用非溢流式调压阀	非溢流式调压阀松开手柄也不溢流,因此需要在二次侧安装溢流阀
阀体泄漏	密封件损伤	更换密封件
	弹簧松弛	调整弹簧刚度

表 2-2-7　方向回路常见故障及排除方法

故障	产生原因	排除方法
不换向	弹簧失效	更换弹簧
	阀操纵力小	检查操纵部分
	O 形密封圈变形	更换密封圈
阀产生振动	空气压力低（先导型）	提高操纵压力，采用直动型
	电源电压低（电磁阀）	提高电源电压，使用低电压线圈

（3）点检要点

① 日常检查。随时注意压缩空气的清洁度，对分水滤气器的滤芯要定期清洗。开车前检查各调节手柄是否在正确位置，行程阀、行程开关、挡块的位置是否正确、牢固。对活塞杆、导轨等外露部分的配合表面进行擦拭后方能开车。

② 定期检查。定期给油雾器加油。间隔三个月需定期检修，一年应进行大修。对受压容器应定期检验，漏气、漏油、噪声等要进行防治。

 任务实施

1. 回路组装步骤

① 根据任务要求正确选择液压元件，在实训台上合理布局，连接出正确的液压回路。

② 连接无误后，打开气源。

③ 观察运行状态，检验气缸的动作是否符合装置动作要求，对运行过程中遇到的问题进行分析和解决。

④ 关闭气源、电源，拆卸管线，将元件放回原来位置。

2. 分析回路运行状态

双手同时操作两个气动换向阀的按钮开关，折边装置的成型模具向下锻压，将平板折边；同时松开两个或仅松开一个换向阀的按钮开关，都能使气缸快速退回到初始位置。

3. 分析故障原因，并提出解决安全性差的办法

经检查手动换向阀不能复位的原因是弹簧失效，更换新的手动换向阀。

解决安全性差的办法：用两个二位三通换向阀代替双压阀，实现双手同时操作，增加安全性。

任务 2　液压元器件的应用

 职业鉴定能力

能分析伺服阀常见故障及排除方法。

 核心概念

液压伺服系统是一种采用伺服机构根据液压传动原理建立起来的自动控制系统，执行元件

的运动随着控制信号而改变，也称随动系统或跟踪系统。

在液压伺服系统中，常用的控制元件有机液伺服阀和电液伺服阀。

 任务目标

1. 熟悉常用液压伺服阀的分类、结构及原理。
2. 会分析伺服阀常见故障及排除方法。
3. 伺服阀的维护。

 素质目标

1. 培养安全规范操作的职业素养。
2. 提升自主探究和团结合作的能力。
3. 逐步培养执着专注的工匠精神和爱国情怀。

 任务引入

在液压伺服系统中，常用的控制元件有机液伺服阀和电液伺服阀。

飞机刹车系统具有对飞机实施刹车减速、控制地面转弯等功能。为了防止机轮拖胎，提高刹车效率，飞机上采用了先进的电子防滑液压刹车系统，其核心元件是喷嘴挡板式电液伺服阀。图2-2-41所示为飞机液压刹车系统原理图。

某日某飞机滑至主跑道后进行刹车时，飞机向右偏转，蹬脚蹬调整刹车压力效果不明显，正常刹车不起作用，但此时刹车压力表指示正常。随后飞行员立即采用应急刹车才使飞机停住，避免了一次严重的飞行事故。

1. 试分析故障原因，并提出解决办法。
2. 伺服阀的点检与维护。

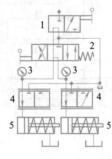

图 2-2-41 **飞机液压刹车
系统原理图**
1—液压刹车阀；2—刹车分配器；
3—刹车压力表；4—电液伺服阀；
5—刹车动作缸

 知识链接

1. 知识准备

（1）机液伺服阀

常见的机液伺服阀有滑阀、喷嘴挡板阀和射流管阀等形式。

① 滑阀式伺服阀。滑阀式伺服阀在液压伺服系统中应用最为普遍，根据滑阀控制边（起节流作用的工作棱边）数目的不同，可分为单边滑阀、双边滑阀和四边滑阀。

图2-2-42（a）所示为单边伺服滑阀，只有一个棱边a起控制液流的作用。

压力为 p_s 的液压油一路进入液压缸的有杆腔，另一路经过阻尼孔 e 进入无杆腔，压力由 p_s 降为 p_1，并经过棱边 a 的开口 X_v 流回油箱。若液压缸不受负载作用，则 $p_1 A_1 = p_s A_2$（A_1 为活塞面积、A_2 为活塞杆面积），液压缸不动。当阀芯左移时，开口量 X_v 减小，流回油箱油液减小，压力 p_1 增大，则 $p_1 A_1 > p_s A_2$，缸体向左移动。因为缸体和阀体刚性连接成一个整体，故阀体也左移，又使 X_v 增大，直至平衡。

图 2-2-42（b）所示为双边伺服滑阀，有两个棱边 a、b 起控制液流的作用，与单边滑阀相比，其灵敏度高，工作精度也高。

压力为 p_s 的液压油一路进入液压缸的有杆腔，另一路经滑阀右控制棱边 b 的开口 X_{v2} 进入液压缸无杆腔，并经滑阀左控制棱边 a 的开口 X_{v1} 流回油箱。若液压缸不受负载作用，则 $p_1 A_1 = p_s A_2$（$p_1 < p_s$），液压缸不动。当滑阀阀芯左移时，X_{v2} 增大，X_{v1} 减小，液压缸无杆腔压力 p_1 增大，$p_1 A_1 > p_s A_2$，缸体也向左移动；反之，当阀芯右移时，缸体也向右移动。

单边、双边滑阀用于一般精度的系统，通常只用于单杆活塞缸。

图 2-2-42（c）所示为四边伺服滑阀，有四个控制棱边，开口 X_{v2}、X_{v3} 分别控制进入液压缸左、右腔压力油的流量，开口 X_{v1}、X_{v4} 分别控制液压缸左、右腔油液的回油。这样灵敏度更高，工作精度也更高，多用于精度高的系统，可用于单、双杆活塞缸。

当滑阀阀芯左移时，液压缸有杆腔的进油口 X_{v2} 减小，回油口 X_{v1} 增大，p_2 减小；与此同时，液压缸无杆腔的进油口 X_{v3} 增大，回油口 X_{v4} 减小，p_1 增大，使得 $p_1 A_1 > p_2 A_1$，活塞也向左移动。反之，阀芯右移，缸体也右移。

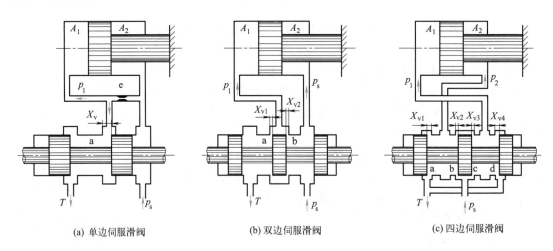

(a) 单边伺服滑阀　　　　　(b) 双边伺服滑阀　　　　　(c) 四边伺服滑阀

图 2-2-42　滑阀式伺服阀的工作原理图

② 喷嘴挡板阀。图 2-2-43 所示为喷嘴挡板阀。由固定节流小孔 1、喷嘴 2、可变节流孔道 3、挡板 4 等元件组成。喷嘴与挡板的间隙组成可变节流孔道 3。

泵来的压力油 p_1 经固定节流小孔 1，一部分油液经可变节流孔道 3 流回油箱，节流孔道间隙大小改变（由输入信号控制，图中未画出），就改变喷嘴与挡板处的节流作用，p_2 也随之改变，使执行元件运动。

喷嘴挡板阀与滑阀相比优点是结构简单，加工方便，运动部分惯性小，反应快，灵敏度高，对油液污染不太敏感。缺点是无用的功率损耗大，因而只能用在小功率系统中。常用于多级放大液压控制阀中的前置级。

③ 射流管阀。图 2-2-44 所示为射流管阀。由液压缸、接收板和射流管等组成。在输入信号的作用下，射流管可绕支点 O 左右摆动一个不大的角度；接收板上有两个并列的接收孔 a、b，分别与液压缸的两腔相通。压力油从通道 c 输入射流管，并从锥形喷嘴射出，经接收孔进入液压缸。油液经过锥形喷嘴时，因过流断面面积减小，流速增加，部分压力能转变为动能；当油液进入接收孔后，因过流断面面积逐步增大，流速降低，部分动能又转变为压力能，推动液压缸运动。当射流管在中位时，两接收孔内的压力相等，液压缸不动。当在输入信号的作用下射流管向左偏摆时，进入孔 a 的油液压力升高，而进入孔 b 的油液压力降低，液压缸在两腔压力差的作用下向左移动。因接收板和缸体连接在一起，接收板也向左移动，形成负反馈。当喷嘴恢复到中间位置时，液压缸两腔压力再次相等，缸体便停止运动。同样，当在输入信号的作用下射流管向右偏摆时，接收板和缸体也向右移动，直至液压缸两腔压力相等停止运动。

射流管阀的优点是结构简单、元件加工精度要求低，抗污染能力强，能在恶劣条件下工作。缺点是射流管运动部件惯性大，工作性能较差，射流能量损耗大，效率低。一般只用于低压、小功率场合，如某些液压仿形机床的伺服系统中。

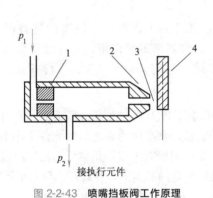

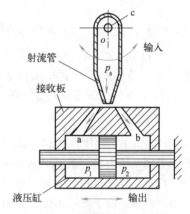

图 2-2-43　喷嘴挡板阀工作原理　　　　　　图 2-2-44　射流管阀工作原理图

1—固定节流小孔；2—喷嘴；3—可变节流孔道；4—挡板

（2）电液伺服阀

电液伺服阀既是电液转换元件，也是功率放大元件，它能够将小功率的输入电信号转换为大功率的输出液压能。它具有体积小、结构紧凑、功率放大系数高、控制精度高、响应速度快等优点，广泛用于快速高精度的各类机械设备的液压闭环控制系统中。

图 2-2-45 所示为电液伺服阀图形符号。电液伺服阀是由电气-机械转换器和液压放大器组成。典型的电气-机械转换器为力马达和力矩马达。力马达是直线运动电气-机械转换器，力矩马达是旋转运动的电气-机械转换器，其作用是将差动电流信号转换成平动或摆动的机械位移信号，去推动液压放大元件工作；而液压放大元件将力矩马达输出的小功率机械位移信号转换并

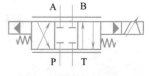

图 2-2-45　电液伺服阀
图形符号

放大成大功率的液压信号，驱动执行元件运动。这里的液压放大元件就是前面介绍的液压伺服阀。

2. 技能准备

伺服阀常见故障及排除方法见表 2-2-8。

表 2-2-8   伺服阀常见故障及排除方法

故障	原因	排除方法
阀不工作（无流量、压力输出）	①外引线或线圈断路 ②插头焊点脱焊 ③进、出油口接反或进出油未接通	①接通引线 ②重新焊接 ③改变进、出油口方向或接通油路
阀输出流量或压力过大或不可控	①阀芯被脏物卡住 ②阀体变形、阀芯卡死或底面密封不良	①过滤油液并清理堵塞处 ②检查密封面，减小阀芯变形
阀反应迟钝，响应降低，零漂增大	①油液脏 ②系统供油压力低 ③调零机构或电气-机械转换器部分（如力矩马达）部分零件松动	①过滤、清洗 ②提高系统供油压力 ③检查，拧紧
阀输出流量或压力不能连续控制	①油液太脏 ②系统反馈断开或出现正反馈 ③系统间隙、摩擦或其他非线性因素 ④阀的分辨率差、滞环增大	①更换或充分过滤油液 ②接通反馈，改成负反馈 ③设法减小 ④提高阀的分辨率、减小滞环

 任务实施

1. 分析故障原因，并提出解决办法

图 2-2-41 所示飞机刹车液压系统故障现象：某日某飞机滑至主跑道后进行刹车时，飞机向右偏转，蹬脚蹬调整刹车压力效果不明显，正常刹车不起作用，但此时刹车压力表指示正常。随后飞行员立即采用应急刹车才使飞机停住，避免了一次严重的飞行事故。

2. 分析故障原因

① 分析原因。由图 2-2-41 可知，刹车时，如果刹车压力表左右指示都正常，但刹车不起作用，则说明刹车压力表至刹车手柄之间的元件工作正常，刹车压力表之后的元件工作不正常。结合故障的现象和排除过程可以初步断定该故障主要是由伺服阀工作不正常引起的。经进一步分析诊断、检查发现，由于油液污染使左伺服阀节流孔堵塞，阀芯卡滞，导致左机轮刹车压力下降。

② 解决办法。对系统内部进行循环清洗，装上新的伺服阀后，故障解除。

3. 伺服阀点检与维护

① 伺服阀对油液污染特别敏感，所以必须严格保证液压油的清洁度。

② 液压油定期更换，每半年换油一次，油温尽量保持在 40～50℃ 的范围内。

③ 严格按照使用说明书规定条件使用。

④ 当系统发生严重故障时，应首先检查和排除电路及伺服阀以外的环节，再检查伺服阀。

任务 3   油液清洁度的控制

 职业鉴定能力

1. 根据液压油检测结果，评定油液污染程度等级的能力。
2. 液压油污染的防控能力。

核心概念

污染度是评定油液污染程度的一项重要指标。清洁度是油液污染程度的定量描述。污染度是指单位体积油液中固体颗粒物的含量，即油液中固体颗粒污染物的浓度。数字越低，清洁度越高。

任务目标

1. 熟悉常用油液污染度等级标准。
2. 液压油污染的防控措施。
3. 根据液压油检测结果，评定油液污染程度等级。

素质目标

1. 培养安全规范操作的职业素养。
2. 提升自主探究和团结合作的能力。
3. 逐步培养执着专注的工匠精神和爱国情怀。

任务引入

某公司 1700mm 热连轧 AGC 液压伺服系统是对精轧机的压下量进行精确的微调，以实现轧制过程中对带钢的精确控制。本液压伺服系统对油液清洁度有很严格的要求（NAS6～NAS8级），为提高 AGC 液压系运行的稳定性和可靠性，就必须对油液清洁度进行有效控制。 AGC 液压伺服系统油液清洁度控制措施有哪些？

知识链接

为了描述和评定液压系统油液污染的程度，实施对液压系统的污染控制，有必要制订液压系统油液污染度（清洁度）的等级。常用油液污染度等级标准有美国宇航学会污染度等级标准 NAS1638、国际标准化组织污染度等级标准 ISO 4406—2021、我国国家标准 GB/T 14039—2002。

1. 美国宇航学会污染度等级标准 NAS1638

此标准以颗粒浓度为基础，按照 100mL 油液中在给定的 5 个颗粒尺寸区间内的最大允许颗粒数划分为 14 个污染度等级，见表 2-2-9。最清洁的等级为 00 级，污染度最高的为 12级。从表中颗粒数可以看出，相邻两个等级颗粒数的递增比为 2。因此，当油液的污染度超过 12 级，可用此推法确定油液污染度等级。

表 2-2-9　美国 NAS1638 油液清洁度等级标准（100mL 油液中的颗粒数）

污染度等级	颗粒尺寸范围/μm				
	5 ~ 15	15 ~ 25	25 ~ 50	50 ~ 100	＞100
00	125	22	4	1	0
0	250	44	8	2	0
1	500	89	16	3	1
2	1000	178	32	6	1
3	2000	356	63	11	2
4	4000	712	126	22	4
5	8000	1425	253	45	8
6	16000	2850	506	90	16
7	32000	5700	1012	180	32
8	64000	11400	2025	360	64
9	128000	22800	4050	720	128
10	256000	45600	8100	1440	256
11	512000	91200	16200	2880	512
12	1024000	182400	32400	5760	1024

2. 国际标准化组织污染度等级标准 ISO 4406—2021

该标准按每 1mL 油液中的颗粒数，将污染度划分为 30 个等级，每个等级用一个数值表示，颗粒浓度越大，代表等级数越大，见表 2-2-10。目前 ISO 4406 标准已被世界各国广泛采用，我国制定的 GB/T 14039—2002 也采用这一标准。

表 2-2-10　ISO 4406—2021 污染度等级标准

1mL 油液中的颗粒数		等级数	1mL 油液中的颗粒数		等级数	1mL 油液中的颗粒数		等级数
大于	小于或等于		大于	小于或等于		大于	小于或等于	
2500000		＞28	2500	5000	19	2.5	5	9
1300000	2500000	28	1300	2500	18	1.3	2.5	8
640000	1300000	27	640	1300	17	0.64	1.3	7
320000	640000	26	320	640	16	0.32	0.64	6
160000	320000	25	160	320	15	0.16	0.32	5
80000	160000	24	80	160	14	0.08	0.16	4
40000	80000	23	40	80	13	0.04	0.08	3
20000	40000	22	20	40	12	0.02	0.04	2
10000	20000	21	10	20	11	0.01	0.02	1
5000	10000	20	5	10	10	0.00	0.01	0

3. 我国国家标准 GB/T 14039—2002

GB/T 14039—2002 是我国制订的《液压传动　油液固体颗粒污染等级代号》，是对 GB/T 14039—1993 修订而来，作为液压油液的清洁度标准。

 任务实施

AGC 液压伺服系统油液清洁度控制措施如下。

1. 日常设备维护

在日常维护过程中，严格执行维检标准。如点检人员每天通过油箱放油阀放油来检查油液有无进水情况，观察油液的颜色是否正常；观察油箱液位和油温是否在正常值范围内；按照制订的周期对系统内滤芯进行更换；在更换控制元件时，应先用清洗剂对安装面进行清

洗，然后用白棉布将安装面擦拭干净，擦拭过程中注意方向，不能将污染物带入油孔内，如果不立即安装新元件，要用白棉布将安装面封好；等等。

2. 定期检查

区域技术人员每月用油品分析仪对 AGC 液压系统进行一次油液清洁度检查，及时了解系统油液清洁度情况，并将检测结果进行保存，纳入日常设备管理档案中，同时，每半年将系统油液取样进行全面的理化指标化分析，确保系统使用的油液各项指标都在规定范围内。

3. 设备大中修

在设备大中修期间，需大量更换系统内元件，系统的整体密闭性被破坏，在元件更换结束后，为保证系统油液清洁度，应重新进行系统管路联网冲洗，管路冲洗应绕开油路块，冲洗压力控制在 5MPa 以上，连续冲洗在 4h 以上，保证将侵入系统的污染物冲洗出。冲洗结束后，用油品分析仪对系统内油液清洁度进行一次检测，保证其清洁度达到使用要求。

任务 4 压力、流量、温度的检测方法

 职业鉴定能力

对液压系统的压力、流量、温度等参数检测的能力。

 核心概念

借助压力表、流量计、温度计等检测仪器对液压系统各部分液压油的压力、流量和油温等参数进行检测，通过测得的数据与系统正常工作时的数据进行比较，来判断该系统工作是否正常。

 **任务目标**

1. 掌握对液压系统的压力、流量、温度等参数进行测量的方法。
2. 知道压力表、流量计、温度计等检测仪器的种类及应用。

 **素质目标**

1. 培养安全规范操作的职业素养。
2. 提升自主探究和团结合作的能力。
3. 逐步培养执着专注的工匠精神和爱国情怀。

任务引入

　　液压系统故障难于诊断，除了要定性地观察一些现象外，更重要的是对运行过程中的有关物理参数如：压力、流量、温度等进行精确的定量检测，以判断设备的运行状态，从而阻止故障继续发展和消除故障。液压系统的压力、流量、温度的检测方法有哪些？

　　若某液压系统在安装、调试和使用维修过程中，其压力值达不到原有的技术指标，需要检测液压系统各点的压力，那液压系统压力该如何检测呢？

知识链接

1. 压力的检测方法

　　压力是液体单位面积上所受到的法向作用力。在液压系统中，一般用压力表和压力传感器检测压力。

　　（1）压力表

　　压力表价格低、可直接读数，且稳定，因此在液压系统中应用最为普遍，几乎每台液压设备都装有压力表，但其动态性能不高、不耐压、不能记录数据。

　　（2）压力传感器

　　压力传感器一般利用压敏电阻或压变元件，把压力的变化转化为电阻的变化，再通过电桥，转化为电压输出，被测量的变化过程可以记录下来。压力传感器的耐超压性能也较压力表强得多。现在，一些好的压力传感器，耐压已达到量程的两倍，在受到意外压力冲击时，不容易损坏。

　　（3）数字压力表

　　数字压力表介于压力表与压力传感器之间。它做成压力表形式，实际上是个压力传感器，结合了数字显示屏，不容易误读。它还有储存瞬时最高、最低压力值的功能，有的还有压力值输出电信号的接口，方便记录压力变化。

2. 流量的检测方法

　　流量是单位时间内流过通流截面液体的体积。流量检测方法可以分为体积流量检测和质量流量检测，但在液压技术中，几乎不使用质量流量，而简称体积流量为流量。

　　流量计的种类很多，常用的流量计有以下几种。

　　① 涡轮流量计：利用液体流动的动压使涡轮转动，根据旋转时叶片所触发的脉冲来计算流量。

　　② 齿轮马达流量计：一种容积式流量计，工作原理与液压马达相似。

　　③ 差压流量计：可用以了解流量的瞬态变化，测量精度不是很高。

　　④ 浮子流量计：一般外壳做成透明的，根据浮子的位置就可以直接读出流量。

　　⑤ 椭圆齿轮流量计：响应太慢，用于测量累积流量还可以，不适合液压技术一般场合测量流量。一般也不耐压。

3. 温度的检测方法

　　温度是表示物体冷热程度的物理量，微观上来讲是物体分子热运动的剧烈程度。

根据感温元件与被测介质接触与否，温度测量方法有接触式和非接触式，一般广泛使用接触式温度计。接触式测温是测温仪表的敏感元件直接与被测介质接触而完成温度的测量。其特点是简单、方便、可靠、测量精度高，但存在测温延迟现象，且不适合于测量高温和有腐蚀性的介质。

非接触式测温是测温仪表的敏感元件不直接与被测对象接触，测温响应快，对被测对象干扰小，可测量高温、运动的被测对象，适用于有强电磁干扰、强腐蚀的场合，但结构较复杂、价格较高、测温误差较大。

❊ 任务实施

液压系统在安装、调试和使用维修过程中，压力检测方法如下。

（1）静压力或平均压力的检测

一般采用机械式压力表，选择压力表时，检测对象的最高压力不应超过最大量程的70％。如检测的压力波动较大，可选用耐振压力表。耐振压力表的壳体制成全密封结构，且在壳体内填充阻尼油，由于其阻尼作用可以使用在工作环境振动较大或介质压力（载荷）脉动较大的测量场所。压力表的接口端面一般都有一个很小的节流螺钉，调整节流螺钉也可以对压力油起阻尼作用，以提高压力表的使用寿命。对那些压力波动大，但不需要连续观察的测压点，可以安装压力表开关。旋转压力表开关的手轮可以关闭或调整进入压力表的流量，起到截止或节流的作用。

国产压力表的表面公称直径分别为 60mm、100mm、150mm、200mm、250mm，现场检测一般选用 60mm 或 100mm 表面公称直径的压力表。

（2）瞬时压力或动态压力的检测

瞬时压力或动态压力的检测一般采用压力传感器或压力变送器，传统的测试方法是将压力传感器采集的信号通过动态应变仪放大，然后输入光线示波器或磁带记录仪记录。动态应变仪放大后的信号亦可经过 A/D 模数转换板输入计算机处理。

压力变送器由压力传感器和专用放大电路组合而成，可取代动态应变仪将压力信号转变成 4～20 mA DC 信号输出。通过 A/D 转换器将解调器的电流转换成数字信号，其值可被微处理器用来判定输入压力值。数字式压力变送控制器能将被测压力值就地数字显示并能转换成 4～20 mA 标准直流电流信号，用于实现生产过程的遥测和遥控的目的。

项目3　机械设备状态检测

任务 1　设备故障诊断

任务 1.1　故障的典型模式和原因

 职业鉴定能力

1. 能正确了解设备故障模式。
2. 能够分析设备故障产生的原因。

 **核心概念**

设备的故障通常表现为一定的物质状况特征，这些特征反映出物理的、化学的异常现象，它们导致设备功能的丧失。我们把这些物质状况的异常特征称为故障模式。

 任务目标

1. 了解设备故障模式的类型及特点。
2. 能够分析设备故障产生的原因及类型。
3. 对任务目标能够分析判断故障产生的原因和模式。

 素质目标

1. 养成安全规范操作的职业素养。
2. 提升发现、分析、解决设备故障的能力。
3. 逐步培养一丝不苟的工匠精神和爱国情怀。

任务引入

　　某钢厂化学水处理系统和新水加药系统管道设计时，普遍采用的是 ABS 和 PVC 管材，虽然其耐腐蚀性较好，但是其强度较低，尤其是耐候性较差，致使管道在使用数年后，频繁出现爆管、破裂的现象。如何解决这种问题？

知识链接

1. 故障模式

　　设备的故障通常表现为一定的物质状况特征，这些特征反映出物理的、化学的异常现象，它们导致设备功能的丧失。我们把这些物质状况的异常特征称为故障模式。

　　故障模式是由某种故障机理引起的结果的现象，其与故障类型、故障状态有关。它是故障现象的一种表征。通过研究各种故障模式，分析故障产生的原因、机理，记录故障现象和故障经常出现的场合，从而有针对性地采用有效的监测方法，并提出行之有效的避免措施，这就是设备故障研究的主要任务。

　　在工程实践中，典型的故障模式大致有如下几种：异常振动、磨损、疲劳、裂纹、破裂、畸变、腐蚀、剥离、渗漏、堵塞、松弛、熔融、蒸发、绝缘劣化、异常声响、油质劣化、材质劣化等。我们可以将上述这些故障，按以下几方面进行归纳：

　　① 属于机械零部件材料性能方面：疲劳、断裂、裂纹、蠕变、畸变、材质劣化等。

　　② 属于化学、物理状况异常方面：腐蚀、油质劣化、绝缘绝热劣化、导电导热劣化、熔融、蒸发等。

　　③ 属于设备运动状态方面：振动、渗漏、堵塞、异常噪声等。

　　④ 多种原因的综合表现：磨损等。

　　不同的行业、不同类型的企业、不同种类的设备，其主要故障模式和各种故障出现的频数，有着明显的差别。例如：对于机械制造行业来说，振动和磨损是必须引起足够重视的大事；而对于石油、化工设备，渗漏问题则相对较为敏感。通常，对于旋转机械而言，其主要故障模式是异常振动、磨损、异常声响、裂纹、疲劳等；而对于静止设备而言，其主要故障模式是腐蚀、裂纹、渗漏等，具体可参见表 2-3-1。

表 2-3-1　设备常见的故障模式及其所占比例

故障模式	旋转设备	静止设备	故障模式	旋转设备	静止设备
异常振动	30.4%	—	油质劣化	3%	3.6%
磨损	19.8%	7.3%	材质劣化	2.5%	5.8%
异常声响	11.4%	—	松弛	3.3%	1.5%
腐蚀	2.5%	32.1%	异常温度	2.1%	2.2%
渗漏	2.5%	10.1%	堵塞	—	3.7%
裂纹	8.4%	18.3%	剥离	1.7%	2.9%
疲劳	7.6%	5.8%	其他	4%	4.5%
绝缘老化	0.8%	2.2%	合计	100%	100%

2. 故障原因

　　故障分析的核心问题是要搞清楚产生故障的原因。

故障原因是指引起故障模式的故障机理。所谓故障机理，是指诱发零件、部件、设备系统发生故障的物理、化学、电学和机械学的过程。归纳来说，产生故障的主要原因大体有以下几个方面：

① 设计因素；

② 材质因素；

③ 制造因素；

④ 装配调试因素；

⑤ 运转因素。

 **任务实施**

某钢厂化学水处理系统和新水加药系统管道设计时，普遍采用的是 ABS 和 PVC 管材，虽然其耐腐蚀性较好，但是其强度较低，尤其是耐候性较差，致使管道在使用数年后，频繁出现爆管、破裂的现象，为此将其全部更换为钢骨架塑料复合管即可解决问题。

任务 1.2　故障分析方法

 职业鉴定能力

1. 能对故障产生进行高效的分析。

2. 能够正确选择故障分析方法。

 **核心概念**

优秀的故障诊断体系离不开诊断者的分析问题能力和逻辑推理能力。设备管理人员应该学会如何积累、总结经验，通过以往的经验来分析判断设备故障。本任务主要介绍几种简单常用的故障诊断逻辑和推理思维方法。

 **任务目标**

1. 了解常用的故障分析方法特点。

2. 能够正确选择不同的故障分析方法进行故障分析。

3. 对任务目标能够正确选择故障分析方法。

 素质目标

1. 养成安全规范操作的职业素养。

2. 提升发现、分析、解决设备故障的能力。

3. 逐步培养一丝不苟的工匠精神和爱国情怀。

 任务引入

某钢厂深井泵站专用长轴引水阀门在实际使用中暴露出诸多缺陷，给该车间的安全保产一度带来了一定程度的不利影响。为了有效查明引水阀门故障发生的原因和部位，杜绝其存在的隐患，应如何进行故障分析？

 知识链接

优秀的故障诊断体系离不开诊断者的分析问题能力和逻辑推理能力。设备管理人员应该学会如何积累、总结经验，通过以往的经验来分析判断设备故障。下面介绍几种简单常用的故障诊断逻辑和推理思维方法。

1. 主次图分析

主次图分析又称为帕累托分析，是一种利用经验进行判断分析问题的方法。不同企业其设备故障的原因是不尽相同的，而且各种故障原因出现的频次也不尽相同。为了在设备故障管理中分清主次，缩聚分析范围，提高分析效率，为此可将设备平时故障频次或者停机时间记录下来，然后进行统计归纳，并绘制出设备故障的主次图。

2. 鱼骨分析

鱼骨分析又称为鱼刺图，就是把故障原因按照发生的因果层次关系用线条连接起来，以便剔除决定特征故障的各次要因素，逐步找到主要因素。其中：构成故障的主要原因称为脊骨，而构成这个主要原因的原因称为大骨，依次还有中骨、小骨、细骨。图 2-3-1 显示了一个典型的鱼骨图。

设备诊断与维修工作者将平时维修诊断的经验，以鱼骨的形式记录下来。每过一段时间，就根据实际情况对先前所作鱼骨图进行整理，凡是经常出现的故障原因就移到鱼头位置，较少发生的原因就向鱼尾靠近。若今后设备出现故障，首先按照鱼骨图从鱼头处逐渐向鱼尾处检查验证，检查出大骨，再依次寻找中骨、小骨、细骨，直到找到故障的根源，可以排除为止。

3. PM 分析

PM 分析是透过现象分析事故物理本质的方法，是把重复性故障的相关原因无遗漏地考虑进去的一种全面分析方法。

4. 假设检验方法

这种方法是将问题分解成若干阶段，在不同阶段都提出问题，做出假设，然后进行验证，从而得到这个阶段的结论，直到最终找出可以解决此问题的答案为止。

在上面的逻辑验证过程中，每一个阶段都是一次 PM 分析过程，下一阶段的问题往往是上一阶段的结论。例如"问题 B"，一般为"为什么会出现结论 A？"，然后再去假设和验证，如此反复，直至最后找到故障真正的原因，提出处理意见。

5. 劣化趋势图分析

设备的劣化趋势图是做好设备倾向管理的工具。劣化趋势图是按照一定的周期，对设备的性能进行测量，在劣化趋势图上标记测量点的高度（任何性能量纲都可以换算成长度单位），一个一个周期地描出所有的点，并把这些点用光滑的曲线连接起来，就可以大体分析出下一个周期的设备性能劣化走向。如果存在一个最低性能指标，则可以看出下一周期的设备是否会出现功能故障。图 2-3-2 显示了一个典型的劣化趋势图。

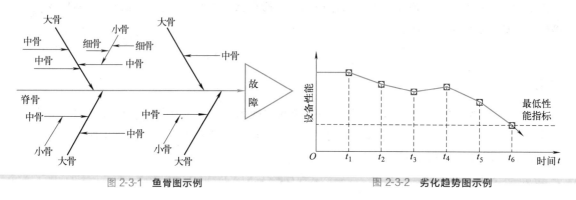

图 2-3-1　鱼骨图示例　　　　　　　　　　　图 2-3-2　劣化趋势图示例

趋势分析属于预测技术，设备劣化趋势分析属于设备趋势管理的内容，其目标是：从过去和现在的已知情况出发，利用一定的技术方法，分析设备的正常、异常和故障状态，推测故障的发展过程，以做出维修决策和过程控制。

6. 故障树分析

所谓故障树分析其实是一种由果到因的演绎推理法，这种方法把系统可能发生的某种故障与导致故障发生的各种原因之间的逻辑关系，用一种称为故障树的树形图表示，通过对故障树的定性与定量分析，找出故障发生的主要原因，为确定安全对策提供可靠依据，以达到预测与预防故障发生的目的。

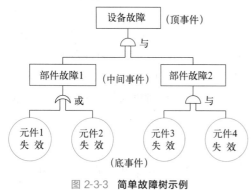

图 2-3-3　简单故障树示例

故障树与鱼骨图的最主要的区别是事件之间要区分其逻辑关系，最常用的是"与"和"或"关系。"与"用半圆标记表示，即下层事件同时发生，才导致上层事件发生；"或"用月牙形标记表示，即下层事件之一发生，就会导致上层事件发生。除此之外，逻辑门还包括非门等基本门、修正门、特殊门等，在此不再赘述。下面列举一个简单的故障树，以便大家能有一个直观、形象的认识，具体请参见图 2-3-3。

任务实施

某钢厂深井泵站专用长轴引水阀门在实际使用中暴露出诸多缺陷，给该车间的安全保产一度带来了一定程度的不利影响。为了有效查明引水阀门故障发生的原因和部位，杜绝其存在的隐患，对此我们对该型阀门近五年来的故障部位和故障频数进行了统计，在此基础上绘制了主次图，如图 2-3-4 所示。由图可知，中间传动装置故障是我们应该值得重点关注的首要问题。

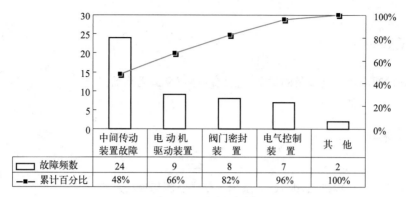

图 2-3-4   **主次图示例**

任务 2   常用检测工具的选用

任务 2.1   精密振动诊断常用仪器设备的选用

 职业鉴定能力

1. 能了解不同精密振动诊断仪器设备的类型和工作原理。
2. 能够正确选择不同精密诊断仪器设备。

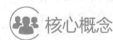 核心概念

精密振动诊断仪器设备的类型及应用。

 任务目标

1. 了解精密振动诊断仪器设备的类型。
2. 熟悉不同精密振动诊断仪器设备的工作原理。
3. 对于不同设备不同工况可以正确选择不同的精密诊断仪器设备。

 素质目标

1. 养成安全规范操作的职业素养。
2. 提升发现、分析、解决设备故障的能力。
3. 逐步培养一丝不苟的工匠精神和爱国情怀。

任务引入

精密振动诊断常用仪器设备的类型、各自的特点及适用范围。

知识链接

振动信号分析仪；离线监测与巡检系统；在线监测与保护系统；
网络化在线巡检系统；高速在线监测与诊断系统。

任务实施

1. 振动信号分析仪

信号分析仪种类很多，一般由信号放大、滤波、A/D 转换、显示、存储、分析等部分组成，有的还配有 USB 接口，可以与计算机进行通信。能够完成信号的幅值域、时域、频域等多种分析和处理，功能很强，分析速度快、精度高，操作方便。这种仪器的体积偏大，对工作环境要求较高，价格也比较昂贵，适合于工矿企业的设备诊断中心以及大专院校、研究院所配备。

2. 离线监测与巡检系统

离线监测与巡检系统一般由传感器、采集器、监测诊断软件和微机组成，有时也称为设备预测维修系统。主要操作步骤为：利用监测诊断软件建立测试数据库，将测试信息传输给数据采集器，用数据采集器完成现场巡回测试，将数据回放到计算机软件（数据库）中，分析诊断等。

3. 在线监测与保护系统

在冶金、石化、电力等行业对大型机组和关键设备多采用在线监测系统，进行连续监测。常用的在线监测与保护系统包括：在主要测点上固定安装的振动传感器、前置放大器、振动监测与显示仪表、继电器保护等部分。这类系统连续、并行地监测各个通道的振动幅值，并与门限值进行比较。振动值超过报警值时自动报警，超过危险值时实施继电保护，关停机组。这类系统主要对机组起保护作用，一般没有分析功能。

4. 网络化在线巡检系统

网络化在线巡检系统由固定安装的振动传感器、现场数据采集模块、监测诊断软件和计算机网络等组成，也可直接连接在监测保护系统之后。其功能与离线监测和巡检系统很相似，只不过数据采集由现场安装的传感器和采集模块自动完成，无需人工干预。数据的采集和分析采用巡回扫描的方式，其成本低于并行方式。这类系统具有较强的分析和诊断功能，适合于大型机组和关键设备的在线监测和诊断。

5. 高速在线监测与诊断系统

对于冶金、石化、电力等行业的关键设备的重要部件，可采用高速在线监测与诊断系统，对各个通道的振动信号连续、并行地进行监测、分析和诊断。这样对设备状态的了解和掌握是连续的、可靠的，当然其规模和投资相对比较大。

任务 2.2　温度测量常用仪器设备的选用

 职业鉴定能力

1. 能了解不同温度测量仪器设备的类型和工作原理。
2. 能够正确选择不同温度测量仪器设备。

 核心概念

温度测量常用仪器设备的类型及应用。

 任务目标

1. 了解温度测量仪器设备的类型有哪些。
2. 熟悉不同温度测量仪器设备的工作原理。
3. 对于不同设备不同工况可以正确选择不同的温度测量仪器设备。

 素质目标

1. 养成安全规范操作的职业素养。
2. 提升发现、分析、解决设备故障的能力。
3. 逐步培养一丝不苟的工匠精神和爱国情怀。

 任务引入

温度测量常用仪器设备的类型、各自的特点及适用范围。

 知识链接

接触式温度测量；非接触式温度测量；非接触式测温仪器。

 任务实施

1. 接触式温度测量

　　用于设备诊断的接触式温度监测仪器有下列几种：

　　① 热膨胀式温度计；

　　② 电阻式温度计；

　　③ 热电偶温度计。

2. 非接触式温度测量

（1）非接触式测温的应用场合

接触式测温时，由于温度计的感温元件与被测物体相接触，吸收被测物体的热量，往往容易使被测物体的热平衡受到破坏，而且测量时还需要有一个同温过程。随着生产和科学技术的发展，对温度监测提出了越来越高的要求，接触式测温方法已远不能满足许多场合的测温要求。

近年来非接触式测温获得迅速发展。除了敏感元件技术的发展外，还由于它不会破坏被测物的温度场，适用范围也大大拓宽。许多接触式测温无法测量的场合和物体，采用非接触式测温，可得到很好的解决。

红外技术的发展已有较长的历史，但直到 20 世纪末才逐渐成为一门独立的综合性工程技术。例如：

① 在新设备刚刚安装完毕并开始验收时，用以发现制造和安装的问题。

② 在设备运行过程中和维修之前，用以判断和识别有故障或需要特别注意的地方，以便有针对性地安排检修计划和备件、材料供应计划。

③ 在设备检修后，开始运行时，则用以评价检修质量，并做好原始记录，以便在以后的设备运行中，为掌握设备的劣化趋势提供依据（因为一般来说，检修后，应认为是设备状态处于最好阶段）。

（2）非接触式测温的基本原理

① 红外辐射。1800 年，德国天文学家 F. W. 赫胥尔发现，望远镜用的各种颜色玻璃滤光片对太阳光和热的吸收作用各不相同。为了弄清热效应与各色光的关系，亦即弄清热效应在光谱中的分布情况，赫胥尔利用三支涂黑酒精球的温度计（较能吸收辐射热），一支置于可见光某一色光中，另二支置于可见光外作为背景值的测量，发现温度计读数从紫色光波段到红色光波段是逐渐提高的。更不可思议的是，他发现在红光区域旁，肉眼看不见光线的地方，温度居然更高。

之后，大量的研究人员开始探索最大热效应值在电磁波谱上的位置问题。直到 1830 年，赫胥尔的试验重复了多次，确信在可见光谱的红光之外还存在着一种能使温度计温度升高的、人眼看不见的不可见辐射。后来，法国物理学家白克兰把这种辐射称之为"红外辐射"。红外辐射和可见光的本质是相同的。

理论分析和实验研究表明，红外线的最大特点是普遍存在于自然界中。也就是说，任何"热"的物体虽然不发光但都能辐射红外线。因此红外线又称为热辐射线简称热辐射。

② 黑体辐射基本定律。如前所述，红外辐射与可见光是同一性质的，具有可见光的一般特性。但红外辐射也还有其特有的规律，这些定律揭示了红外辐射的本质特性，也奠定了红外应用的基础。斯洛文尼亚物理学家约瑟夫·斯特藩和奥地利物理学家路德维希·玻尔兹曼分别于 1879 年和 1884 年各自独立提出，一个黑体表面单位面积在单位时间内辐射出的总能量与黑体本身的热力学温度的四次方成正比。鉴于黑体是人为定义的理想物体，在自然界中并不存在，故此在实际应用中，对于非黑体（亦即实际物体而言），只需乘以一个系数。

斯特藩-玻尔兹曼定律告诉我们，物体的温度越高，辐射强度就越大。只要知道了物体的温度及其比辐射率 ε，就可算出它所发射的辐射强度；反之，如果测出了物体所发射的辐射强度，就可以算出它的温度，这就是红外测温技术的依据。

（3）非接触式测温仪器

一般来说，测量红外辐射的仪器分为两大类：分光计和辐射计。分光计是用来测量被测目标发出的红外辐射中每单一波长的辐射能量。而辐射计则与之不同，它是测量被测目标在预选确定的波长范围内所发出的全部辐射能量。因此，分光计多用于分析化合物的分子结构，故不属于我们的应用范畴。下面所介绍的均系辐射计的范围。

由于在 2000K 以下的辐射大部分能量，不是可见光而是红外线，因此红外测温得到了迅猛的发展和应用。红外测温的手段不仅有红外点温仪、红外线温仪，还有红外电视和红外成像系统等设备，除可以显示物体某点的温度外，还可实时显示出物体的二维温度场，温度测量的空间分辨率和温度分辨率都达到了相当高的水平，相关示例如图 2-3-5 所示。

① 红外点温仪。点温仪是红外测温仪中，最简单、最轻便、最直观、最快速、最价廉的一种，它主要应用于测量目标表面某一点的温度。但在使用红外测温仪时，要特别注意测温仪的距离系数问题。图 2-3-5 为非接触式测温仪器与红外热像图例。

(a) 红外点温仪　　　　(b) 红外热成像仪　　　　(c) 红外热电视　　　　(d) 红外热像图
图 2-3-5　非接触式测温仪器与红外热像图例

② 红外热成像仪。在不少实际应用场合，不仅需要测得目标某一点的温度值，而且还需要了解和掌握被测目标表面温度的分布情况。红外热成像系统就是用来实现这一要求的。它是将被测目标发出的红外辐射转换成人眼可见的二维温度图像或照片。

实际上，热成像与照相机成像原理是极相似的。红外热成像仪是接收来自被测目标本身发射出的红外辐射，以及目标受其他红外辐射照射后而反射的红外辐射，并把这种辐射量的分布以相应的亮度或色彩来表示，成为人眼观察的图像。

③ 红外热电视。红外热成像仪虽然具有优良的性能，但它装置精密，价格比较昂贵，通常在一些必需的、测量精度要求较高的重要场合使用。对于大多数工业应用，并不需要太高的温度分辨率，可不选用红外热成像仪，而采用红外热电视。红外热电视虽然只具有中等水平的分辨率，可是它能在常温下工作，省去了制冷系统，设备结构更简单些，操作更方便些，价格比较低廉，对测温精度要求不太高的工程应用领域，使用红外热电视是适宜的。

任务 2.3　噪声测量常用仪器设备的选用

 职业鉴定能力

1. 能了解不同噪声测量仪器设备的类型和工作原理。
2. 能够正确选择不同噪声测量仪器设备。

 核心概念

噪声测量常用仪器设备的类型及应用。

 任务目标

1. 了解噪声测量仪器设备的类型有哪些。
2. 熟悉不同噪声测量仪器设备的工作原理。
3. 对于不同设备不同工况可以正确选择不同噪声测量仪器设备。

 素质目标

1. 养成安全规范操作的职业素养。
2. 提升发现、分析、解决设备故障的能力。
3. 逐步培养一丝不苟的工匠精神和爱国情怀。

 任务引入

噪声测量常用仪器设备的类型、各自的特点及适用范围。

 知识链接

噪声测量用的传声器；声级计；声强测量；声功率的测量。

任务实施

1. 噪声测量用的传声器

　　传声器是将声波信号转换为相应电信号的传感器，可直接测量声压。其原理是用变换器把由声压引起的振动膜振动变成电参数的变化。传声器主要包括两部分，一是将声能转换成机械能的声接收器。声接收器具有力学振动系统，如振膜。传声器置于声场中，声膜在声的作用下产生受迫振动。二是将机械能转换成电能的机电转换器。传声器依靠这两部分，可以把声压的输入信号转换成电能输出。

2. 声级计

　　声级计是用一定频率和时间计权来测量声压级的仪器，是现场噪声测量中最基本的噪声

测量仪器。声级计由传声器、衰减（放大）器、计权网络、均方根值检波器、指示表头等组成。它的工作原理是：被测的声压信号通过传声器转换成电压信号，然后经衰减器、放大器以及相应的计权网络、滤波器，或者输入记录仪器，或者经过均方根值检波器直接推动以分贝标定的指示表头，从表头或数显装置上可直接读出声压级的数值。

声级计一般都按国际统一标准设计有 A、B、C 三种计权网络，按国际电工委员会公布的 IEC651 规定，声级计的精度分为四个等级，即 0、1、2、3 级。其中 0 级精度最高；1 级为精密声级计；2 级为普通声级计；3 级为调查用的声级计。机器设备噪声监测常用精密型。

3. 声强测量

声强测量具有许多优点，用它可判断噪声源的位置，求出噪声发射功率，可以不需要在声室、混响室等特殊声学环境中进行。

声强测量仪由声强探头、分析处理仪器及显示仪器等部分组成。声强探头由两个传声器组成，具有明显的指向特性。声强测量仪可以在现场条件下进行声学测量和寻找声源，具有较高的使用价值。

4. 声功率的测量

在一定的条件下，机器辐射的声功率是一个恒定的量，它能够客观地表征机器噪声源的特性。但声功率不是直接测出的，而是在特定的条件下由所测得声强或声压级计算出来的。

任务 3 旋转设备工作原理及振动检测

任务 3.1 转子的振动故障

职业鉴定能力

1. 能正确了解转子组件的组成及特点。
2. 能够正确处理转子的振动故障。

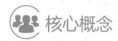

核心概念

转子组件的组成及特点。

任务目标

1. 会分析典型设备转子组件的组成及特点。
2. 正确处理转子的振动故障。
3. 对任务目标能够提出适合的转子振动故障解决办法。

📋 素质目标

1. 养成安全规范操作的职业素养。
2. 提升发现、分析、解决设备故障的能力。
3. 逐步培养一丝不苟的工匠精神和爱国情怀。

📖 任务引入

　　某厂芳烃车间的一台离心式氢气压缩机是该厂生产的关键设备之一。驱动电动机功率为610kW，压缩机轴功率为550kW，主机转子转速为15300r/min，属4级离心式回转压缩机。工作介质是氢气，气体流量为38066m³/h，出口压力为1.132MPa，气体温度为200℃。该压缩机配有本特利公司7200系列振动监测系统，测点有7个，测点 A、 B、 C、 D 为压缩机主轴径向位移传感器，测点 E、 F 分别为齿轮增速箱高速轴和低速轴轴瓦的径向位移传感器，测点 G 为压缩机主轴轴向位移传感器。

　　该机没有备用机组，全年8000h连续运转，仅在大修期间可以停机检查。生产过程中一旦停机将影响全线生产。因该机功率大、转速高且介质是氢气，振动异常有可能造成极为严重的恶性事故，是该厂重点监测的设备之一。

　　该机组于5月中旬开始停车大检修， 6月初经检修各项静态指标均达到规定的标准。 6月10日下午启动后投入催化剂再生工作，为全线开车做准备。再生工作要连续运行一周左右。再生过程中工作介质为氮气 （其分子量较氢气大，为28)，使压缩机负荷增大。压缩机启动后，各项动态参数，如流量、压力、气温、电流振动值都在规定范围内，机器工作正常，运行不到两天，于6月12日上午振动报警，测点 D 振动值越过报警限，在高达60～80μm之间波动，测点 C 振动值也偏大，在50～60μm之间波动，其他测点振动没有明显变化。当时7200系统仪表只指示出各测点振动位移的峰-峰值，说明设备有故障，但是什么故障就不得而知了。依照惯例，设备应立即停下来，解体检修，寻找并排除故障，但这会使再生工作停下来，进而拖延全厂开车时间。那如何解决故障？

⚙️ 知识链接

　　转子组件是旋转机械的核心部分，由转轴及固定装上的各类盘状零件（如叶轮、齿轮、联轴器、轴承等）组成。

　　从动力学角度分析，转子系统分为刚性转子和柔性转子。转动频率低于转子一阶横向固有频率的转子为刚性转子，如电动机转子、中小型离心式风机转子等。转动频率高于转子一阶横向固有频率的转子为柔性转子，如燃气轮机转子。

　　由于受材料的质量分布、加工误差、装配因素以及运行中的冲蚀和沉积等因素的影响，旋转机械的转子的质量中心与旋转中心存在一定的偏心距。

1. 不平衡故障的信号特征

　　① 时域波形为近似的等幅正弦波。

② 轴心轨迹为比较稳定的圆或椭圆，这是由轴承座及基础的水平刚度与垂直刚度不同造成的。

③ 频谱图上转子转速频率对应的振幅具有突出的峰值。

④ 在三维全息图中，转频的振幅椭圆较大，其他成分较小。

2. 敏感参数特征

① 振幅随转速变化明显，这是因为激振力与转动角速度是指数关系。

② 当转子上的部件破损时，振幅突然变大，如某烧结厂抽风机转子焊接的合金耐磨层突然脱落，造成振幅突然增大。

任务实施

首先采用示波器观察各测点的波形，特别是 D 点和 C 点的波形，其波形接近原来的形状，曲线光滑，但振幅偏大，由此得知，没有出现新的高频成分。然后用磁带记录仪记录了各测点的信号，利用计算机进行了频谱分析。图 2-3-6 为 6 月 12 日 D 点频谱图、图 2-3-7 为 5 月 21 日 D 点频谱图。

将 6 月 12 日与故障前 5 月 21 日相应测点的频谱图进行对比，见表 2-3-2。

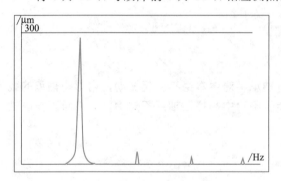
图 2-3-6　6 月 12 日 D 点频谱图

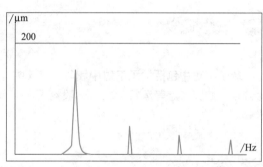
图 2-3-7　5 月 21 日 D 点频谱图

表 2-3-2　对比表

谐波	频率/Hz	5 月 21 日振幅	6 月 12 日振幅	改变量
1×	254.88	170.93	295.62	125
2×	510.80	38.02	38.82	0
3×	764.65	34.40	35.38	1
4×	1021.53	23.38	26.72	3

发现：

① 1 倍频的幅值明显增加，6 月 12 日振幅是 5 月 21 日的 1.73 倍；

② 其他倍频成分的幅值几乎没变化。

根据以上特征，可作出以下结论：

① 转子出现了明显的不平衡，可能是因转子的结垢所致；

② 振动虽然大，但属于受迫振动，不是自激振动。

因此建议做以下处理：

① 可以不停机，再维持运行 4～5 天，直到再生工作完成；

② 密切注意振动状态，再生工作完成后有停机的机会，做解体检查。

催化剂再生工作完成，压缩机停止运行。对机组进行解体检查，发现机壳气体流道上结垢十分严重，结垢最厚处达 20mm 左右。转子上结垢较轻，垢的主要成分是烧蚀下来的催化剂，第一节吸入口处约 3/4 的流道被堵，只剩一条窄缝。因此检修主要是清垢，其他部位，如轴承、密封等处都未动，然后安装复原，总共只用了两天时间。

压缩机再次启动，压缩机工作一切正常。

工业现场的一般情况是：新转子或修复的转子在投入运用前，都必须做动平衡检查。正常投入运行后，如果突发振动超高或逐渐升高，应首先检查是否为动平衡失衡。这是旋转机械的常见多发性故障。

任务 3.2　转子与联轴器不对中检测

职业鉴定能力

1. 能正确分析引起轴系不对中的原因。
2. 能够判断轴系不对中的特征。

核心概念

转子不对中包括轴承不对中和轴系不对中。轴承不对中本身不引起振动，它影响轴承的载荷分布、油膜形态等运行状况。一般情况下，转子不对中都是指轴系不对中，故障原因在联轴器处。

任务目标

1. 能够正确判断出转子不对中的原因和特征。
2. 能够对转子不对中故障进行排除和制订解决方案。
3. 对任务目标实例进行转子不对中检测故障分析。

素质目标

1. 养成安全规范操作的职业素养。
2. 提升发现、分析、解决设备故障的能力。
3. 逐步培养一丝不苟的工匠精神和爱国情怀。

任务引入

某冶炼厂一台烟机-主风机组配置及测点如图 2-3-8 所示。 2~6 测点都是测量轴振的涡流传感器，布置在轴承座附近。

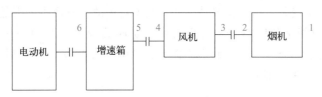

图 2-3-8　烟机-主风机组配置及测点

首先，该机组在不带负荷的情况下试运行了 3 天，振动约为 50μm。 5 月 20 日 2 : 05 开始带负荷运行，各测点振值均有所上升，尤其是排烟机主动端测点 2 的振动由原来的 55μm 升至 70μm 以上，运行至如图所示 1、 6、 5、 4 位置时机组发生突发性强振，现场的本特利监测仪表指示振动满量程，同时机组由于润滑油压低而联锁停机。停机后，惰走的时间很短，大约只有 1~2min，停车后盘不动车。

 知识链接

转子不对中包括轴承不对中和轴系不对中。轴承不对中本身不引起振动，它影响轴承的载荷分布、油膜形态等运行状况。一般情况下，转子不对中都是指轴系不对中，故障原因在联轴器处。

引起轴系不对中的原因：

① 安装施工中对中超差；

② 冷态对中时没有正确估计各个转子中心线的热态升高量，工作时主动转子与从动转子之间产生动态对中不良；

③ 轴承座热膨胀不均匀；

④ 机壳变形或移位；

⑤ 地基不均匀下沉；

⑥ 转子弯曲，同时产生不平衡和不对中故障。

由于两半联轴器存在不对中，因而产生了附加的弯曲力。随着转动，这个附加弯曲力的方向和作用点也被强迫发生改变，从而激发出转频的 2 倍、4 倍等偶数倍频的振动。其主要激振量以 2 倍频为主，某些情况下 4 倍频的激振量也占有较高的分量。更高倍频的成分因所占比重很少，通常显示不出来。

轴系不对中故障特征：

① 时域波形在基频正弦波上附加了 2 倍频的谐波。

② 轴心轨迹图呈香蕉形或 8 字形。

③ 频谱特征主要表现为径向 2 倍频、4 倍频振动成分。

④ 在全息图中 2 倍频、4 倍频轴心轨迹的椭圆曲线较扁，并且两者的长轴近似垂直。

故障甄别：

① 不对中的频谱特征和裂纹的频谱特征类似，均以 2 倍频为主，二者的区分主要是振幅的稳定性，不对中振动比较稳定。用全息频谱技术则容易区分，不对中为单向约束力，2 倍频椭圆较扁。轴横向裂纹则是旋转矢量，2 倍频全息谱比较圆。

② 带滚动轴承和齿轮箱的机组，不对中故障可能引发通过频率或啮合频率的高频振动，

这些高频成分的出现可能掩盖真正的振源。如高频振动在轴向上占优势，而联轴器相连的部位轴向工频的振值亦相应较大，则齿轮振动可能只是不对中故障所产生的大的轴向力的响应。

③ 轴向工频有可能是角度不对中，也有可能是两端轴承不对中。一般情况下，角度不对中，轴向工频的振值比径向大，而两端轴承不对中正好相反，因为后者是由不平衡引起的，它只是对不平衡力的一种响应。

任务实施

机组事故停机前振动特点如下。

① 20 日 16：54 之前，各测点的通频振值基本稳定，其中烟机 2♯轴承的振动大于其余各测点的振动。20 日 16：54 前后，机组振值突然增大，主要表现为联轴器两侧轴承，即 2♯、3♯轴承振值显著增大，如表 2-3-3 所示：

表 2-3-3   强振前后各轴承振动比较

部位	1♯轴承	2♯轴承	3♯轴承	4♯轴承
强振前振值	26	76	28	20
强振后振值	50	232	73	22

注：2♯轴承与 3♯轴承变化最大，约 3 倍，说明最接近故障点。

② 20 日 14：31 之前，各测点的振动均以转子工频、2 倍频为主，同时存在较小的 3×、4×、5×、6× 等高次谐波分量，2♯测点的合成轴心轨迹很不稳定，有时呈香蕉形，有时呈"8"字形，图 2-3-9 是其中一个时刻的时域波形和合成轴心轨迹（1×、2×）。

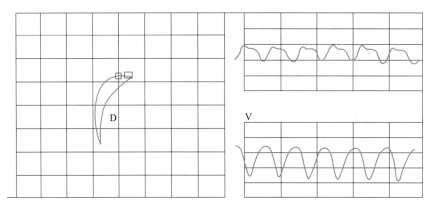

图 2-3-9   2# 测点的合成轴心轨迹图（1×、 2×）

D—轴心轨迹；V—径向振动波形

③ 20 日 14：31，机组振动状态发生显著变化。从时域波形上看，机组振动发生跳变，其中 2♯、3♯轴承处的振动由大变小（如烟机后水平方向由 65.8μm 降至 26.3μm，如图 2-3-10 所示）。

而 1♯与 4♯轴承处的振动则由小变大（如烟机前垂直方向由 14.6μm 升至 43.8μm，如图 2-3-11 所示）。

说明此时各轴承的载荷分配发生了显著变化，很有可能是由联轴器的工作状况改变所致。同时，如图 2-3-12 所示，2♯轴承垂直方向出现很大的 0.5× 成分，并超过工频幅值，水平方向除有很大的 0.5× 成分外，还存在突出的 78Hz 成分及其他一些非整数倍频率分量。烟机前 78Hz 成分也非常突出，这说明此时机组动静摩碰加剧。

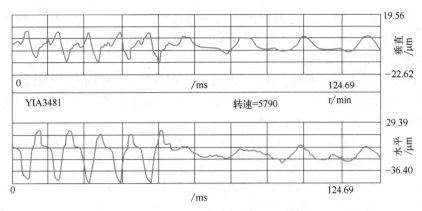

图 2-3-10　2# 轴承振动波形的突然跳变

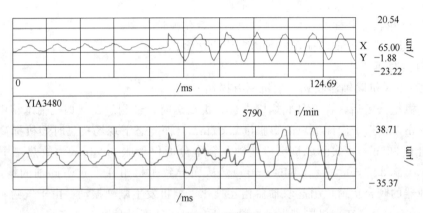

图 2-3-11　1# 轴承振动波形的突然跳变

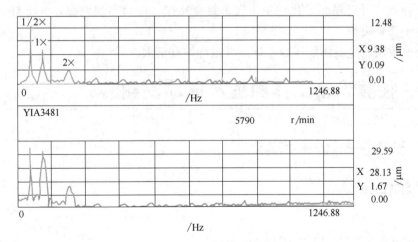

图 2-3-12　2# 轴承振动频谱图

④ 运行至 20 日 16：54 前后，机组振动幅值突然急剧上升，烟机后垂直方向和水平方向的振动幅值分别由 $45\mu m$、$71\mu m$ 上升至 $153\mu m$ 和 $232\mu m$，其中工频振动幅值上升最多且占据绝对优势（垂直方向 V 和水平方向 H 的工频振动幅值分别为 $120\mu m$ 和 $215\mu m$），同时 0.5 倍频及高次谐波的振动幅值也有不同程度的上升。这说明此时烟机转子已出现严重的转子不平衡现象。

⑤ 开机以来，风机轴向振动一直较大，一般均在 $80\mu m$ 以上，烟机的轴向振动也在

30～50μm 之间。20 日 16：54 达最大值 115μm，其频谱以 1× 为主，轴向振动如此之大，这也是很不正常的。不对中故障的特征之一就是引发 1 倍频的轴向蹿动。

综上所述，可得出如下结论：

① 机组投用以来，风机与烟机间存在明显不对中现象，且联轴器工作状况不稳定。

② 20 日 14：31 左右，联轴器工作状况发生突变，呈咬死状态，烟机气封与轴套摩碰加剧。其直接原因是对中不良或联轴器制造缺陷。

③ 20 日 16：54，由于烟机气封与轴套发展为不稳定的全周摩擦，产生大量热量，引起气封齿与轴套熔化，导致烟机转子突然严重失衡，振动值严重超标。

因此分析认为造成本次事故的主要原因是机组找正曲线确定不当。事故后解体发现：

① 烟机前瓦（1♯测点）瓦温探头导线破裂；

② 副推力瓦有磨损，但主推力瓦正常；

③ 二级叶轮轮盘装配槽部位法兰过热，有熔化痕迹及裂纹；

④ 气封套熔化、严重磨损，熔渣达数公斤之多；

⑤ 上气封体拆不下来；

⑥ 烟机-主风机联轴器咬死，烟机侧有损伤。

后来，机组修复后，在 8 月底烟机进行单机试运时，经测量发现烟机轴承箱中分面向上膨胀 0.80mm，远高于设计给出的膨胀量 0.37mm。而冷态下现场找正时烟机标高比风机标高反而高出 0.396mm，实际风机出口端轴承箱中分面仅上胀 0.50mm，故热态下烟机比风机高了 0.80+0.396-0.50=0.696（mm），从而导致了机组在严重不同轴的情况下运行，加重了联轴器的咬合负荷，引起联轴器相互咬死，烟机发生剧烈振动。由于气封本身间隙小（冷态下为 0.5mm），在烟机剧烈振动的情况下，引起气密封套磨损严重，以致发热、膨胀，摩擦加剧，导致气封齿局部熔化，并与气密封套粘接，继而出现跑套，气密封套与轴套熔化，烟机转子严重失衡。

按实测值重新调整找正曲线后，该机组运行一直正常。

任务 4　往复设备工作原理及振动检测

任务 4.1　往复机械故障诊断方法

 职业鉴定能力

1. 能正确分析出往复机械故障的类型。
2. 能够熟练掌握往复机械故障的诊断方法。

 **核心概念**

往复机械故障类型、特点及诊断方法。

任务目标

1. 会分析典型往复机械设备的故障类型。
2. 能够了解典型往复机械设备的故障特点。
3. 能够了解典型往复机械设备故障的诊断方法。

素质目标

1. 养成安全规范操作的职业素养。
2. 提升发现、分析、解决设备故障的能力。
3. 逐步培养一丝不苟的工匠精神和爱国情怀。

任务引入

往复机械种类很多，有往复压缩机、内燃机（柴油机及汽油机）、往复泵等，其应用范围十分广泛。因此，如何对往复机械进行状态监测与故障诊断同样具有十分重要的意义。要了解典型往复机械设备的故障类型、特点和诊断方法。

知识链接

1. 概述

往复机械的故障主要有两种：一种是结构性的故障，另一种是性能方面的故障。其中，结构性的故障是指零件的磨损、裂纹、装配不当、动静部件间的摩碰、油路堵塞等；性能方面的故障主要表现在机器性能指标达不到要求，如功率不足、油耗量大、转速波动较大等。显然，结构性故障会反映在机器的性能中，通过性能的评定，也可反映结构性故障的存在和其严重程度。

往复机械的故障诊断方法主要有性能分析法、油样光谱分析法和振动诊断分析法。性能分析法通过对汽缸的压力检测，柴油机的温度信号、启动性能、动力性能、增压系统以及进排气系统的检测来了解汽缸、气阀、活塞等的工作状况，通过性能变化判别其故障的存在。油样光谱分析法是指用原子吸收或原子发射光谱分析润滑油重金属的成分和含量，判断磨损的零件和磨损的严重程度的方法。振动诊断法在往复机械中的应用不如旋转机械那样广泛和有效，其原因是往复机械转速低，要求传感器有良好的低频特性，因而在传感器选用方面有一定的限制。

但在实际工作中，由于采用性能分析法诊断故障属于间接诊断，一方面不直接，影响因素较多；另一方面，采用性能分析法难度也比较大，且传感器价格昂贵，寿命较短，而油样光谱分析检测故障种类有限。而近年来由于振动分析技术的发展，性能分析法在往复机械的监测和诊断中日益得到更多的应用。由于绝大多数故障都会在振动方面有所反映，因此对振动信号进行分析处理，可以诊断出绝大多数设备故障。

2. 往复机械振动诊断的特点

与旋转机械相比，往复机械的振动诊断具有以下特点。

① 运动比较复杂，振动既有旋转运动引起的振动，又有往复运动产生的振动，还有燃烧时冲击产生的振动。众多的频率，范围宽广的激励比较难以识别。

② 振动随负荷变化，在转速一定时，其负荷又随外界情况变化。

③ 同时发生多种振动，相互干扰大。

④ 缸数多，互相耦合，相互干扰，邻缸对本缸以及本缸中各运动部件之间的相互干扰不易区分。

⑤ 敏感测点的选择及判断依据的确定比较困难。

3. 往复机械振动诊断的方法

振动诊断法主要包含传递函数法、能量谱法和时域特征法等。

（1）传递函数法

利用发动机缸盖系统的动态特性诊断汽缸内的故障。

（2）能量谱法

当发动机某部件发生故障时，其能量谱会发生变化。将实测的能量谱值与正常工作状态下的参考谱值进行比较，即可判别汽缸活塞组的工作状态。

（3）时域特征量法

利用时域信号中的特征量来判断柴油机故障也是十分有效的方法。

除了以上几种方法外，其他如评定缸体表面振动加速度总振级方法。综合运用上述各种方法，可以有效地确定汽缸活塞组的各种故障。

 任务实施

参见知识链接。

任务 4.2　往复压缩机故障诊断技术的应用

 职业鉴定能力

1. 能熟练掌握往复式压缩机的结构特点。
2. 能熟练掌握往复压缩机故障测点位置的选取。
3. 能熟练分析往复压缩机各测点数据的特征和故障诊断技术。

 核心概念

往复式压缩机的组成及工作特点。

 任务目标

1. 正确了解往复式压缩机的结构特点和工作原理。

2. 熟练掌握往复式压缩机振动测点位置的选取。

3. 对于往复式压缩机振动测点的数据进行分析。

 素质目标

1. 养成安全规范操作的职业素养。

2. 提升发现、分析、解决设备故障的能力。

3. 逐步培养一丝不苟的工匠精神和爱国情怀。

任务引入

某厂有一 L 形往复空压机，现需进行检测点位置的设置并分析寻求合适的振动解决办法。

知识链接

往复式压缩机，是指通过气缸内活塞或隔膜的往复运动使缸体容积周期变化并实现气体的增压和输送的一种压缩机，属容积型压缩机，如图 2-3-13 所示。根据作往复运动的构件分为活塞式和隔膜式压缩机。

① 设计原理决定了活塞压缩机的很多特点。比如运动部件多，有进气阀、排气阀、活塞、活塞环、连杆、曲轴、轴瓦等；比如受力不均衡，没有办法控制往复惯性力；比如需要多级压缩，结构复杂；再比如由于是往复运动，压缩空气不是连续排出、有脉动等。

② 优点。

a. 热效率高、单位耗电量少。

b. 加工方便，对材料要求低，造价低廉。

c. 装置系统较简单。

d. 设计、生产早，制造技术成熟。

e. 应用范围广。

③ 缺点。

图 2-3-13　往复式压缩机

a. 运动部件多，结构复杂，检修工作量大，维修费用高。

b. 转速受限制。

c. 活塞环的磨损、气缸的磨损、传动带的传动方式使效率下降很快。

d. 噪声大。

e. 控制系统的落后，不适应连锁控制和无人值守的需要，所以尽管活塞机的价格很低，但是也往往不能够被用户接受。

往复式压缩机都有气缸、活塞和气阀。压缩气体的工作过程可分成膨胀、吸入、压缩和排气四个过程。

其压缩机剖面视图组成结构如图 2-3-14 所示。

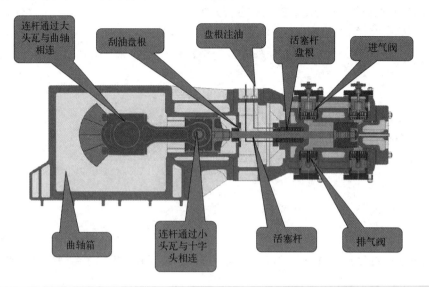

连杆通过大头瓦与曲轴相连

刮油盘根

盘根注油

活塞杆盘根

进气阀

曲轴箱

连杆通过小头瓦与十字头相连

活塞杆

排气阀

图 2-3-14　压缩机剖面结构视图

任务实施

根据测点的选择要求，对往复式空压机的测点布置如图 2-3-15 所示，每一次振动测量对测点的取舍，需根据监测项目来确定，如果只了解某一部位的运行情况，需测量其中某一点或几点。比如要了解低压缸的磨损情况，只需测量图 2-3-15 中 1H、V、1A 点；要了解整机的运行情况，可以测量测点 3V；要全面了解各个部位的情况，那么每个测点都要测量。

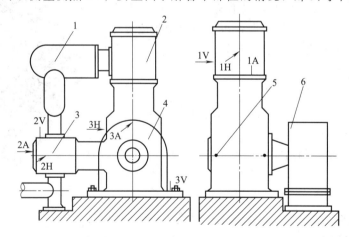

图 2-3-15　L 形空压机检测点的位置

1—中间冷却器；2—Ⅰ级压缩缸；3—Ⅱ级压缩缸；4—曲轴箱；5—轴承位置；6—同步电动机

（1）选取测量参数

往复式空压机的各个运动部位，如连杆轴瓦、十字头、活塞、气缸，都具有不同程度的冲击性，因此选用振动加速度参数最能反映机器运行状态。

从测量结果可以看出，在相同频率范围内，同一测点的加速度值、速度值、位移值差别很大，在速度值相差不大的情况下，加速度及位移值可相差 10 多倍。一般情况下，根据 ISO10816 标准，采用速度值作为振动烈度的判定值。

（2）确定分析频段

往复式空压机中具有冲击性的部位，大多属于高频振动，采用 1～5kHz 的分析频段比较恰当。对于空压机地脚、电动机的振动测量选用 1kHz 以下的频段较适用。

（3）实施状态判断

目前，虽然有部分标准可以参考，但在现场往复式空压机振动诊断实施中，主要采用相对判断和类比判断。

① 相对判断：通过对空压机良好运行状态下的各部位振动值的测量积累，建立振动判断的基准数据和基准频谱，再将实际测量频谱及数据与之比较，识别空压机状态的变化。

② 类比判断：对相同型号规格的多台设备，测量相同部位振动数据及频谱，并进行对比，识别空压机振动状态。

（4）振动诊断标准的建立

某公司 40m³ 空压机共 12 台，用于提供浓相系统工作用压缩空气，通过振动测量，各空压机 2005 年 10 月～2006 年 2 月正常运行时图 2-3-15 中各测点的 35 台次测量的振动数据平均值统计见表 2-3-4，作为相对判断标准，测量频段为 1kHz。

表 2-3-4 测点的振动数据平均值

测点 参数	Ⅰ级压缩缸			Ⅱ级压缩缸			曲轴箱		
	1H	1V	1A	2H	2V	2A	3H	3V	3A
加速度/(m/s²)	2.55	2.83	2.03	2.92	2.73	3.43	2.65	2.15	2.12
速度/(m/s)	3.15	3.44	3.35	2.87	3.13	4.35	3.96	2.04	2.22
位移/m	52.8	49.6	53.7	52.1	61.5	65.6	54.6	36.5	38.7

（5）压缩机振动的解决办法

① 压缩机本体消振办法。压缩机未被平衡的惯性力及力矩将引起机器的振动，若不采取一定的措施加强限制，会带来一系列问题。因此，应该从以下几个方面入手，解决此问题：

a. 合理安排压缩机的级数、列数，加装平衡铁等，提高电机转子动平衡精度，以加强内部动力平衡、减少不平衡扰力及力矩，降低本体的振动。

b. 振动应由基础及基地土均收，理想条件是基础有足够的强度和刚度，基座地面、垫铁及基础表面有足够的接触面、良好的接触刚度，地脚螺栓基础振动的振幅控制在允许范围内，从而机组和基础一起构成一个对扰力作用响应很小的系统，保证压缩机正常运行。

c. 要求基础和机组的固有频率与力频率相差 25％以上，避免发生共振。

d. 选择无基础空压机或大块式基础、隔振基础等。控制基础振幅（或振动速度），如采用联合基础，2～3 台同类型压缩机设置同一基础底板。这样可以消减振幅，并可控制机器轴承磨损。

e. 空压机吸、排气口装设柔性接管，隔绝空压机与管道相互振动影响。

② 管道消振办法。

a. 控制脉动压力不均匀度。将管道内气体流脉动压力不均匀度控制在允许范围内，并尽力减小，这是最有效的办法。

b. 对管道施工时要求少转弯，避免急转弯，避免空间接头，弯头的圆弧半径尽可能大，这可以减少激振力场和力幅，从而减少机械振动振幅。

c. 设计应进行管道结构固有频率计算，尽可能使固有频率在激振频率 3 倍以上。

d. 设计刚度是影响管道机构固有频率的重要因素，支撑刚度越强，支撑刚度的变化对系统的固有频率的影响越大，同时，该管道固有频率的值也越小，因此在设计时，应力求支撑刚度大，质量小，且管道和支撑应力要求刚性连接而不要衬垫，同时要求应有自己的基础而不能与空压机相连，标高力求一致且不宜过高。

e. 力求消振器固有频率等于激振力频率，使能量在消振器上消耗，若共振，则消振器无效。

f. 管道安装弹性吊架或减振带，减少隔离管道振动对建筑物的影响，但只能储存能量而无法消耗。

g. 管道上加装容积足够大的缓冲器或储气罐，同时尽量提高总管通流面积。

任务 5　设备状态监测

任务 5.1　温度监测

 职业鉴定能力

1. 能够熟悉掌握油膜轴承的工作原理。
2. 能够分析影响油膜轴承烧瓦的因素。

 核心概念

为了保证生产工艺在规定的温度条件下完成，需要对温度进行监测和调节；另一方面，温度也是表征设备运行状态的一个重要指标。

📗 任务目标

1. 能够了解对设备进行温度监测和调节的意义、方法。
2. 能够掌握油膜轴承的工作原理。
3. 能够有效分析造成油膜轴承烧瓦的原因。

📃 素质目标

1. 养成安全规范操作的职业素养。
2. 提升发现、分析、解决设备故障的能力。
3. 逐步培养一丝不苟的工匠精神和爱国情怀。

任务引入

某棒材轧机是悬臂式棒材轧机，全线采用 18 架连轧工艺，初轧 6 架， 480 中轧机 6 架，365 精轧机 6 架，其中 685 和 510 等 6 架初轧机使用的是油膜轴承。使用原料 160mm×160mm×12m 方坯，设计年产量 60 万 t，已达到 90 万 t。投产前三年运行正常，三年以后经常发生烧瓦事故，最严重时，一个月曾发生 5 次烧瓦事故，严重地影响了生产的正常运行。

知识链接

温度是工业生产过程中最普遍和最重要的工艺参数之一，为了保证生产工艺在规定的温度条件下完成，需要对温度进行监测和调节；另一方面，温度也是表征设备运行状态的一个重要指标，设备出现故障的一个明显特征就是温度的升高，如轴承有故障、电气接点松动或氧化、绝缘损坏等都会导致温度的变化。一些能源的浪费和泄漏也都会在温度方面有所反映；同时温度的异常变化又是引发设备故障的一个重要因素。有统计资料表明，温度测量约占工业测量的 50%。因此，温度与设备的运行状态密切相关。

1. 油膜轴承的工作原理

油膜轴承在轧制过程中，由于轧制力的作用，迫使辊轴轴颈发生移动，油膜轴承中心与轴颈的中心产生偏心，使油膜轴承与轴颈之间的间隙形成了两个区域，一个叫发散区（沿轴颈旋转方向间隙逐渐变大），另一个叫收敛区（沿轴颈旋转方向逐渐减小）。

从油膜轴承的工作原理可知，油膜轴承系统内的一个最重要的参数就是最小油膜厚度。如果最小油膜厚度太小，而润滑油中的金属杂质颗粒过大，金属颗粒的外形尺寸大于最小油膜厚度时，金属颗粒随润滑油通过最小油膜厚度处时，就造成金属接触，严重时就会烧瓦。另外如果最小油膜厚度太小，当出现堆钢等事故时，很容易造成轴颈和油膜轴承的金属接触而导致烧瓦。最小油膜厚度的大小与油膜轴承的结构尺寸及材料、相关零件的加工精度、油膜轴承系统的安装精度、润滑油及轧制力的大小等有关。

2. 影响油膜轴承烧瓦的因素分析

（1）油膜轴承的结构尺寸和材料

① 油膜轴承的轴承间隙。

② 油膜轴承的厚度差。

③ 油膜轴承的材料。

（2）相关零件的加工和安装精度

与油膜轴承系统相关的零件包括油膜轴承、偏心套组件和轧辊轴。油膜轴承系统最理想的工作状态是：油膜轴承内表面与偏心轴承座内表面同心，前后两油膜轴承的中心连线与轧辊轴的中心线同心。偏心套组件是由加工好的两个偏心轴承座和一个连接件组合而成。因而前后两个偏心轴承座上的内孔和定位销孔，以及连接件上前后两定位销孔的位置精度要求非常高，使两个偏心轴承座通过定位销孔与连接件连接好后，前后两个偏心轴承座内孔的中心线能保证同心，另外轧辊轴上前后两个油膜轴承的轴颈也必须保证同心，否则沿轴颈旋转方向上的油楔难以形成，或者使油楔的梯度趋平缓，最终导致最小油膜厚度变小，严重时会导致轴颈和油膜轴承的局部接触，造成油膜轴承烧瓦。

此外，油膜轴承、偏心套组件和轧辊轴安装时要达到一定的精度，否则也会造成油膜轴承的烧瓦，例如，装油膜轴承时，油膜轴承外表面没有清洗干净，会造成油膜轴承内表面局部点凸起，导致金属接触；野蛮装配油膜轴承，用大铁锤将油膜轴承敲打进偏心轴承座，造成油膜轴承的局部变形，从而引起烧瓦；装油膜轴承时，沿周向的位置不对，致使进油孔没对上，因缺油而烧瓦。

（3）润滑油

在轧制生产过程中不按规范使用润滑油也会导致油膜轴承的烧瓦事故。其中主要的影响因素有 3 个，即润滑油中的杂质、润滑油的供油和润滑油的温度。

油膜轴承的烧瓦也与负荷有关。负荷增大，最小油膜厚度变小，将增大油膜轴承的磨损，导致烧瓦。

任务实施

① 保证备件的加工质量。油膜轴承、偏心套组件和轧辊轴是备件质量管理的重点，对偏心套组件的内孔尺寸、油膜轴承的厚度差、轧辊轴轴颈的外径以及 3 种备件的同心度一定要仔细测量。

② 制订合理的备件更换周期。对油膜轴承、辊箱水封油封、滤芯等备件要制订出合理的更换周期，油膜轴承每 3 个月要检查一次，测量轴承间隙，如不超过轴颈直径的 2%，则继续使用。另外，不管间隙是否符合标准，油膜轴承使用一年后必须更换。油封水封和过滤器滤芯要定期更换，以确保润滑油中金属颗粒和水的含量在允许的范围内。

③ 为了保证供油系统的正常工作，要做到定时放水、定时检查油温和供油压力。

④ 精心装配。油膜轴承安装时，可采取冷冻措施，即装配前先将油膜轴承放到 −80℃ 的冰箱中冷冻，2h 后安装油膜轴承，油膜轴承就很容易被压入偏心轴承座内。另外装配前要对油膜轴承、偏心套组件和轧辊轴有关尺寸进行检测。装配完成后，再通过检测有关点的间隙来确定轧辊轴是否与偏心套组件同心。

⑤ 强化管理。解决过负荷问题首先强调在生产中坚决杜绝轧低温钢现象。必须严格按照规程加热钢坯，保证钢坯在炉中的加热时间和各段加热温度，避免出现出炉钢坯"外熟里生"烧不透的现象。其次就是强调均衡生产，严格按计划组织生产，避免出现月初松，月末紧，突击抢任务的现象。另外是加强对经常发生烧瓦事故辊箱的过负荷监控，及时掌握这些辊箱在生产运行中的负荷情况，及时采取措施，避免轧机过负荷现象的发生。

任务 5.2   噪声诊断

 职业鉴定能力

1. 能够了解机械振动和噪声产生的原因。

2. 能够了解描述噪声的物理量意义。

3. 熟练掌握噪声诊断方法。

 核心概念

机器运行过程中所产生的振动和噪声是反映机器工作状态诊断信息的重要来源。振动和噪声是机器运行过程中的一种属性，即使是最精密、最好的机械设备也不可避免地要产生振动和噪声。

任务目标

1. 会分析设备产生噪声的原因。
2. 能够熟练掌握噪声的诊断方法和特点。
3. 对任务目标能够处理其噪声故障。

素质目标

1. 养成安全规范操作的职业素养。
2. 提升发现、分析、解决设备故障的能力。
3. 逐步培养一丝不苟的工匠精神和爱国情怀。

任务引入

某液压系统如图 2-3-16 所示。该系统中的溢流阀引起了振动与噪声。

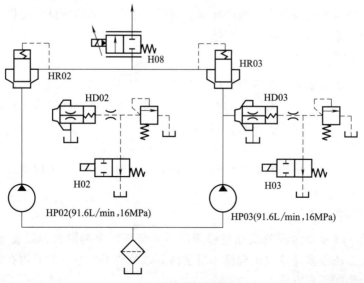

图 2-3-16 产生谐振的液压系统

故障症状为：当电液比例阀未通电，H02 与 H03 电磁铁同时得电，系统出现严重的噪声及压力波动，但 H02 或 H03 一个电磁铁通电时没有这种现象。

 知识链接

机器运行过程中所产生的振动和噪声是反映机器工作状态诊断信息的重要来源。振动和噪声是机器运行过程中的一种属性，即使是最精密、最好的机械设备也不可避免地要产生振动和噪声。振动和噪声的增加，大多是由故障引起的，任何机器都以其自身可能的方式产生振动和噪声。因此，只要抓住所监测机器零部件生振发声的机理和特征，就可以对其状态进行诊断。

在机械设备状态监测与故障诊断技术中，噪声监测是较常用的方法之一。

为了能更好地理解噪声监测和诊断技术，有必要学习相关声学基础。

1. 机械振动和声

声音是由声波刺激人耳神经所引起的感觉。产生声音的条件有两个：一是物体的振动，二是声波传播的介质。

只有特定频率范围（20～20kHz）内的声波，可引起人的听觉，这就是通常意义上的声音。频率低于 20Hz 的声波称为次声波，次声波不仅可以用来探测气象、分析地震和军事侦察，还可用于机械设备的状态监测，特别是在远场测量情况下。频率高于 20kHz 的声波称为超声波，由于它传播时定向性好，穿透性强，以及在不同媒质中波速、衰减和吸收特性的差异，故在机械设备的故障诊断中也很有用。

从生理学观点来看，凡是妨碍人们正常休息、学习和工作的声音，以及对人们要听的声音产生干扰的声音统称为噪声；而从物理学观点来看，则将不规则、间歇的或随机振源在空气中引起的振动波称为噪声。噪声是一种紊乱、断续或统计上随机的声音。随着现代工业的高速发展，工业和交通运输业的机械设备都向着大型、高速、大动力方向发展，所引起的噪声，已成为环境污染的主要公害之一。噪声对人体的危害也很大，可导致耳鸣、耳聋，引起心血管系统、神经系统和内分泌系统的疾病。对噪声进行正确的测试、分析，并采取必要的防治和控制措施，是人们关心的重要课题。

2. 描述噪声的常用物理量

描述噪声特性的方法可分为两类：一类是把噪声单纯地作为物理扰动，用描述声波的客观特性的物理量来反映，这是对噪声的客观量度；另一类涉及人耳的听觉特性，根据听者感觉到的刺激来描述，这是噪声的主观评价。

噪声强弱的客观量度用声压、声强和声功率等物理量表示。

噪声的频率特性通常采用频谱分析的方法来描述。用这种方法可较细致地分析在不同频率范围内噪声的分布情况。

3. 噪声源与故障源识别

噪声监测的一项重要内容就是通过噪声测量和分析，来确定机器设备故障的部位和程度。噪声识别的方法很多，从复杂程度、精度高低以及费用大小等方面均有很大差别，这里介绍几种现场实用的识别方法：

① 主观评价和估计法；

② 近场测量法；

③ 表面振速测量法；

④ 频谱分析法；

⑤ 声强法。

在各类阀中，溢流阀的噪声最为突出。在大型溢流阀上，症状比较明显，主要的振动与噪声原因是阀座损坏，阀芯与阀孔配合间隙过大，阀芯因内部磨损、卡滞等引起动作不灵活。溢流阀调压手轮松动也导致振动，压力由调压手轮调定后，如松动则压力产生变化，引起噪声，所以压力调定后手轮要用锁紧螺母锁牢。调压弹簧弯曲变形引起噪声，由于弹簧刚性不够，当其振动频率与系统频率接近或相同时，产生共振，解决办法是更换弹簧。

阀的不稳定振动现象会引起的压力脉动而造成噪声。如先导式溢流阀在工作电导阀处于稳定高频振动状态时产生的噪声，溢流阀也可能由于谐振而产生严重的噪声及压力波动。

🔧 任务实施

振动与噪声来自溢流阀。溢流阀是在液压力和弹簧力的相互作用下进行工作的，极易激起振动而发出噪声。对于这个系统，双泵输出的压力油经单向阀合流，发生流体冲击与波动，引起流体振荡，从而导致液压泵输出压力不稳定，又由于泵输出的压力油本身就是脉动的，因此，泵输出的压力油波动加剧，便激起溢流阀振动。两个溢流阀结构相同，固有频率也相同，便引起溢流阀共振，发出异常噪声。

后来将溢流阀 HD03 调低至 15MPa，症状消失。此时，两溢流阀调出的压力不等，比例阀 H08 未打开，HR03 不会打开，两泵供出的压力油分别经各自的溢流阀回油箱，不致因合流而发生共振。

第二部分

电气设备点检管理

项目4　电工认知

任务 1　用电安全认知

 职业鉴定能力

1. 正确认识安全用电的重要性。
2. 具备熟悉掌握电工安全操作规范的能力。

核心概念

"安全用电，珍视生命"，为了保证电气设备安全及点检人员的人身安全，国家按照安全技术的要求颁布了一系列安全技术规程。在进行机电设备点检时，需格外注意，认真遵守。

 任务目标

1. 掌握相关触电的知识，可能产生触电的情况。
2. 了解触电预防措施，正确穿戴安全护具。
3. 掌握触电急救方法。

 素质目标

1. 培养电气安全规范操作的职业素养。
2. 掌握触电预防措施及急救方法。
3. 培养"一丝不苟，以人为本"的工匠精神。

 任务引入

设备点检时，面对不同的作业环境与点检对象，必须遵照电气安全技术操作规程进行点检操作，否则不仅会损坏电气设备，而且严重时还常常危及操作人员的生命安全，因此，务必提高电气安全意识，严格遵守操作规程，保障电气设备和技术人员的安全。

执行电气点检任务前，务必具备相关用电知识。执行电气点检的点检人员必须具备相关岗位职业资格，持证上岗。

点检任务：具有高度的安全用电意识，熟悉电气安全措施。

知识链接

了解能产生触电现象的几种情况。

1. 会产生触电的方式

（1）单相触电

在低压电力系统中，若人站在地上接触到一根火线的触电，即为单相触电或称单线触电，如图 2-4-1（a）、（b）所示。人体接触漏电的设备外壳，也属于单相触电，如图 2-4-1（c）所示。

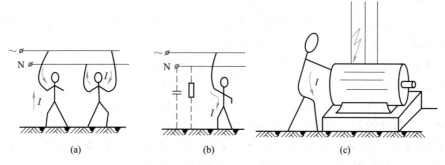

图 2-4-1　单相触电示意图

（2）两相触电

人体不同部位同时接触两相电源带电体而引起的触电叫两相触电，如图 2-4-2 所示。

（3）接触电压触电

电气设备的金属外壳带电，人站在带电金属外壳旁，人手触及外壳时，其手、脚之间承受的电位差，就是接触电压触电。

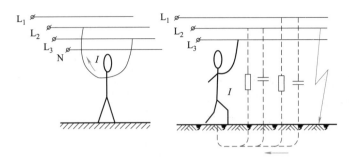

图 2-4-2　**两相触电示意图**

（4）跨步电压触电

当电气设备或线路发生接地故障时，接地电流通过接地体向大地四周流散，在地面上形成分布电位。人假如在接地点周围 20m 以内行走，两脚间就有电位差，这就是跨步电压触电，如图 2-4-3 所示。

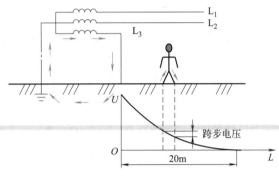

图 2-4-3　**跨步电压触电示意图**

2. 安全电压

不带任何防护设备，对人体各部分组织均不造成伤害的电压值，称为安全电压。

世界各国对于安全电压的规定：有 50V、40V、36V、25V、24V 等。国际电工委员会（IEC）规定安全电压限定值为 50V。我国规定 12V、24V、36V 三个电压等级为安全电压级别。在湿度大、狭窄、行动不便、周围有大面积接地导体的场所使用的手提照明，应采用 12V 安全电压。

3. 触电急救能力

在点检时发生触电事故时，应具有触电急救能力，首先应根据低压电源和高压电源情况切断电源，将触电者脱离触电环境，其次是迅速进行现场救护。

✖ 任务实施

执行电气点检的作业人员必须具有高度的安全用电意识，严格按照工作手册顺序逐一点检，在进行检测时应格外注意以下电气安全措施。

（1）执行电气点检任务的人员作业时应具备的基本电气安全措施

① 作业人员必须经过专业培训，考试合格，持有电工作业操作证。

② 了解工作地点、工作范围及设备的运行情况、安全措施等。

③ 现场工作开始前，应检查已做的安全措施是否符合保证人身安全的要求，运行设备和检修设备之间的安全隔离措施是否安全正确且完成，严防走错设备（间隔）位置。

④ 正确识别现场安全标志及安全色，国家标准规定安全色分红、蓝、黄、绿、黑五种颜色，红色表示停止和消防；蓝色表示必须遵守规定；黄色标识注意和警告；绿色表示安全、通过、允许和工作；黑色用于标记图像、文字和警告标志的几何图形。

⑤ 作业人员进入现场，应正确佩戴安全帽，穿符合作业安全电压等级的绝缘劳保鞋，预防电击和刺穿，穿长袖工作服，袖口领口扣子扣好，携带绝缘手套等。

⑥ 携带合适的电气检测工具，并按照规定定期进行工具校验，保证其正确使用，并贴有检测合格标志，否则不能使用。

⑦ 掌握正确的停电、送电作业操作顺序，严格按照操作流程动作。

⑧ 具备电气灭火常识，电气火灾不同于一般火灾，需严格按照电气灭火安全要求进行。

⑨ 在高处设备上作业的人员必须采取可靠的安全保护措施才能进行作业。

（2）当遇到身边人出现低压触电意外，进行急救的具体措施

触电属于意外，身旁的人一定要迅速采取行动，尽快救治。

第一步，先让触电者脱离电源。脱离低压电源，可以找身边的木棍或者绝缘物品，迅速地将触电者拖到安全的地方，最好是移至通风、干燥处。如遇高压触电事故，应立即通知有关部门停电。要因地制宜，灵活运用各种方法，快速切断电源。

第二步，查看触电者的身体状况。如此时触电者已经昏迷，让触电者仰卧，检查伤口，要仔细观察一下触电者的瞳孔是否放大，确定一下触电者有无呼吸存在。

第三步，做急救措施，快速救治触电者。急救的方法包括心脏按压、人工呼吸等几种方式。首先触电者仰卧之后，清除触电者口内的异物，然后进行人工呼吸，连续操作，直到患者苏醒为止。

第四步，如果患者还未苏醒，可使用心脏按压法，对准患者的心脏部位用手掌有节奏慢慢按压，坚持几分钟，这样能够帮助触电者快速恢复意识。

任务 2　常用仪器仪表使用

职业鉴定能力

1. 能正确认识常用的电工工具和仪器仪表。
2. 具备正确选择和使用电工工具及仪器仪表的能力。

核心概念

电路中的各个物理量的大小，除用分析与计算的方法外，常用电工工具和仪表去测量。

任务目标

能正确选用及熟练使用合适的仪器仪表，如数字万用表、兆欧表（摇表）、钳型电流表。

素质目标

1. 培养电气安全规范操作的职业素养。
2. 合理运用电工仪表，培养熟练的操作技能。
3. 培养"一丝不苟，以人为本"的工匠精神。

任务引入

　　作为冶金设备点检的从业人员，能够正确识别及使用常用的仪器仪表的重要性，毋庸置疑。电气仪表随时都在准确无误地反映或累计电气量的各种变化值，可靠的电气测量是保障电气设备和人身安全的重要手段。

　　点检任务：熟练掌握常用仪表数字万用表、兆欧表（摇表）、钳型电流表进行电气测量的方法，学会对测量数据进行正确处理。

知识链接

1. 数字万用表

　　数字万用表的测量过程是由转换电路将被测量转换成直流电压信号，再由模/数（A/D）转换器将电压模拟量转换成数字量，然后通过电子计数器计数，最后把测量结果用数字直接显示在显示屏上，如图2-4-4所示。当测电压、电流、二极管、电容等不同量时需切换至不同挡位，数字万用表挡位界面如图2-4-5所示，对应的表笔插孔说明如图2-4-6所示。注意：不能在测量的同时换挡，尤其测量高电压或大电流时，否则会毁坏万用表。

图 2-4-4　**数字式万用表**

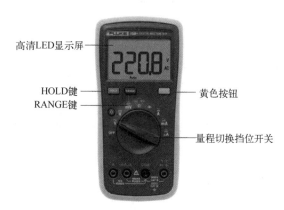

高清LED显示屏

HOLD键
RANGE键

黄色按钮

量程切换挡位开关

图 2-4-5　**数字式万用表界面说明**

2. 兆欧表

　　兆欧表又叫摇表，是一种简便、常用的测量高电阻的直读式仪表，可用来测量电路、电机绕组、电气设备等的绝缘电阻。兆欧表由一个手摇发电机、表头和三个接线柱，即L：线路端、E：接地端、G：屏蔽端组成，如图2-4-7所示。测量电气设备的对地绝缘电阻时，"L"用单根导线接设备的待测部位，"E"用单根导线接设备外壳。测量电气设备内两绕组之间的绝缘电阻时，将"L"和"E"分别接两绕组的接线端。测量电缆的绝缘电阻时，为消除因表面漏电产生的误差，"L"接线芯，"E"接外壳，"G"接线芯与外壳之间的绝缘层。试验时接线必须正确无误。

3. 钳形电流表

　　简称钳形表，主要由电磁式电流表和穿心式电流互感器组成。穿心式电流互感器铁芯制成活动开口，且成钳形，是一种不需断开电路就可直接测电路交流电流的携带式仪表，如图2-4-8所示，其按钮功能如图2-4-9所示。钳形表在电气检修中使用非常方便，应用相当广泛。

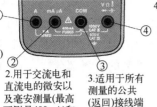

1.用于交流电和直流电电流测量(最高可测量10A)和频率测量(17B+/18B+)的输入端子

2.用于交流电和直流电的微安以及毫安测量(最高可测量400mA)和频率测量(17B+/18B+)的输入端子

3.适用于所有测量的公共(返回)接线端

4.用于电压、电阻、通断性、二极管、电容、频率(17B+/18B+)、占空比(17B+/18B+)、温度(仅限17B+)和LED测试(仅限18B+)测量的输入端子

图 2-4-6　数字式万用表笔插孔说明

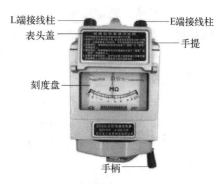

L端接线柱　　E端接线柱
表头盖　　　手提
刻度盘
手柄

图 2-4-7　兆欧表

图 2-4-8　钳形表

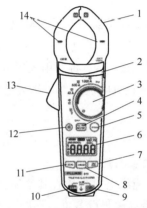

图 2-4-9　钳形表按钮功能说明图

1—测钳；2—触摸挡板；3—旋转功能开关；4—直流交流模式选择；
5—保持按钮；6—数字显示屏；7—最小最大值按钮；8—启动电流按钮；
9—电压电阻输入端子；10—公共端子；11—归零按钮；12—背光灯按钮；
13—钳口开关；14—对准标记

任务实施

1. 使用数字万用表进行电气测量

（1）使用数字万用表测量电阻

① 首先红表笔插入 VΩ 孔 黑表笔插入 COM 孔。

② 量程旋钮打到"Ω"量程挡适当位置分别用红黑表笔接到电阻两端金属部分读出显示屏上显示的数据。

注意事项：量程的选择和转换。若屏幕显示"OL"或"1."，则表示超过了当前量程挡位所能测量的最大值，此时应换用较原来大的量程；反之，量程选大了的话，显示屏上会显示一个接近于"0"的数，此时应换用较原来小的量程。

（2）使用数字万用表测量直流、交流电压

① 红表笔插入 VΩ 孔，黑表笔插入 COM 孔。

② 量程旋钮打到 V－（测直流）或 V～（测交流）适当位置，读出显示屏上显示的数据。

注意事项：把旋钮选到比估计值大的量程挡（注意：直流挡是 V—，交流挡是 V～），接着把表笔接电源或电池两端；保持接触稳定，数值可以直接从显示屏上读取。若显示为"1."，则表明量程太小，要加大量程后再测量。测直流电压若在数值左边出现"—"，则表明表笔极性与实际电源极性相反。交流电压无正负之分，测量方法跟前面相同。无论测交流还是直流电压，都要注意人身安全，不要随便用手触摸表笔的金属部分。

（3）使用数字万用表测量直流、交流电流

① 断开电路。黑表笔插入 COM 端口，红表笔插入 mA 或者 A 端口，功能旋转开关打至 A～（交流）或 A—（直流），并选择合适的量程，断开被测线路，将数字万用表串联到被测线路中，被测线路中电流从一端流入红表笔，经万用表黑表笔流出，再流入被测线路中。

② 接通电路，读出显示屏数字。

注意事项：如果使用前不知道被测电流范围，将功能开关置于最大量程并逐渐下降，如果显示器只显示"1."，表示过量程，过量的电流将烧坏熔丝，应再更换，20A 量程无熔丝保护，测量时不能超过 15s。将万用表串进电路中，保持稳定，即可读数。如果在数值左边出现"—"，则表明直流电流从黑表笔流进万用表。其余部分与交流电压测量注意事项大致相同。

2. 使用兆欧表进行电气测量

（1）使用兆欧表测绝缘电阻

测量电气设备绝缘电阻是检查其绝缘状态最简便的辅助方法。

① 测量前必须将被测设备电源切断，并对地短路放电，放电时间不得少于 1min，电容量较大的电力电缆不得少于 2min，以保证安全及试验结果准确，同时保证人身和设备的安全。

② 被测物表面要清洁，用干燥、清洁的软布擦去绝缘表面的污垢，以减少接触电阻，确保测量结果的正确性。

③ 仪器应放在平稳、牢固的地方，以免在操作时因抖动和倾斜产生测量误差，致使读数不准。

④ 测量前要检查仪器是否处于正常工作状态，主要检查其"0"和"∞"两点。不接线摇动兆欧表，表针应指向"∞"处，再将表上有"L"（线路）和"E"（接地）的两接线柱短接，慢慢摇动手柄，表针应指向"0"处。

⑤ 测量电动机绕组之间的电阻时，将"L"和"E"分别接两绕组的接线端，平放摇表，以恒定转速转动摇表把手，以 120r/min 的匀速摇动兆欧表把手 1min 后，读取表针稳定的指示值，记录其绝缘电阻值。

⑥ 测量电气设备的对地绝缘电阻时，"L"用单根导线接设备的待测部位，"E"用单根导线接设备外壳。

⑦ 测量电缆的绝缘电阻时，为消除因表面漏电产生的误差，"L"接线芯，"E"接外壳，"G"接线芯与外壳之间的绝缘层。

（2）注意事项：

① 被测设备必须与其他电源断开，测量完毕一定要将被测设备充分放电（约需 2～

3min），以保护人身及设备安全。

②　兆欧表与被测设备之间应使用单股线分开单独连接，并保持线路表面清洁干燥，避免因线与线之间绝缘不良引起误差。

③　摇测时，将兆欧表置于水平位置，摇把转动时其端钮间不许短路。摇测电容器、电缆时，必须在摇把转动的情况下才能将接线拆开，否则反充电将会损坏兆欧表。

④　为了防止被测设备表面泄漏电阻，使用兆欧表时，应将被测设备的中间层（如电缆壳芯之间的内层绝缘物）接于保护环。

⑤　摇动手柄时，应由慢渐快，均匀加速到 120r/min，并注意防止触电。摇动过程中，当出现指针已指零时，就不能再继续摇动，以防表内线圈发热损坏。

⑥　禁止在雷电天气或在邻近有带高压导体的设备处使用兆欧表测量。

⑦　应视被测设备电压等级的不同选用合适的绝缘电阻测试仪。

3. 使用钳形电流表进行电气测量

（1）钳流表测量交、直流电流

①　将旋转功能开关转至合适的电流量程。

②　如果需要，可按按钮选择直流电流，默认是交流电流。

③　如要进行直流测量，先等待显示屏稳定，然后将仪表归零。

④　按住钳口开关，张开夹钳并将待测导线插入夹钳中。

⑤　闭合夹钳并用钳口上的对准标记将导线居中。

⑥　查看液晶显示屏上的读数。

注意事项：

①　在归零仪表之前，请确保钳口已闭合并且钳口之间没有导线。

②　为了避免触电或人身伤害，流向相反的电流会相互抵消。一次只能在夹钳中放入一根导线，如图 2-4-10 所示。

（2）钳形电流表测量交、直流电压

①　将旋转功能开关转至电压挡位。

②　如果测量直流电压，按按钮变换为直流电压，默认是交流电压。

③　将黑色测试导线插入 COM 端子，将红色测试导线插入 VΩ 端子。

④　将探针接触电路测试点，测量电压，如图 2-4-11 所示。

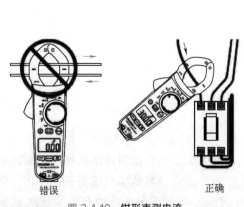

错误　　　　　　　　正确

图 2-4-10　**钳形表测电流**

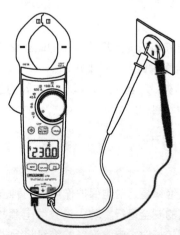

图 2-4-11　**钳形表测电压**

⑤ 查看液晶显示屏上的读数。

注意事项：

① 为了避免触电或人身伤害，在进行电气连接时，先连接公共测试导线，再连接带电的测试导线。

② 切断连接时，则先断开带电的测试导线，然后再断开公共测试导线。

③ 使用测试探针时，手指握在护指装置的后面。

任务 3　电气绝缘检测

职业鉴定能力

1. 具备电气设备绝缘工作状态检测的能力。
2. 具备电气设备绝缘点检与维护能力。

核心概念

所谓绝缘是利用绝缘材料将带电体隔离或包裹起来，以对触电起保护作用的一种安全措施，简单地说，绝缘电阻就是隔离电压的能力，是电气设备重要的组成部分。电气绝缘可以防止电气设备短路和接地，保证电气设备与线路的安全运行，防止人身触电事故的发生。

任务目标

熟悉电气绝缘的概念、作用，具备测试电气设备绝缘的能力。

素质目标

1. 培养电气安全规范操作的职业素养。
2. 全面掌握电工基础知识。
3. 培养"一丝不苟，以人为本"的工匠精神。

任务引入

电气绝缘是起触电保护作用的一种安全措施，可以防止电气设备短路和接地，保证电气设备与线路的安全运行，防止人身触电事故的发生。当电动机或其他电气设备长期使用、停用、备用时间较长时，电气设备的绝缘将会劣化，统计表明，电气设备运行中 60%～80% 的事故是由绝缘故障导致的，所以进行电气设备绝缘测量，以便及时采取措施，对提高电气设备运行可靠性具有极其重要的意义。

点检任务：测量不同电气设备的绝缘电阻。

 知识链接

1. 绝缘材料的分类

绝缘材料的主要作用是隔离带电的或不同电位的导体，使电流能按预定的方向流动。绝缘材料大部分是有机材料，其耐热性、机械强度和寿命比金属材料低得多。电工绝缘材料分气体、液体、固体以及真空四大类。

2. 绝缘材料的特性

绝缘材料的作用是在电气设备中把电势不同的带电部分隔离开来，其具有较高的绝缘电阻和耐压强度，能避免发生漏电、击穿等事故。其次绝缘材料耐热性能要好，避免因长期过热而老化变质。此外，还应有良好的导热性、耐潮防雷性和较高的机械强度。常用绝缘材料的性能指标有绝缘强度、抗张强度、密度、膨胀系数等。

绝缘耐压强度是指使绝缘体击穿的最低电压，使 1mm 厚的绝缘材料击穿，需加上的电压叫作绝缘材料的耐压强度，简称绝缘强度。绝缘材料都有一定的绝缘强度，因此各种电气设备、安全用具、电工材料，制造厂都标有额定电压，以免发生事故。

抗张强度：绝缘材料单位截面积能承受的拉力。

绝缘材料的绝缘性能与温度也有密切的关系。温度越高，绝缘材料的绝缘性能越差，为保证绝缘强度，每种绝缘材料都有一个最高允许工作温度，在此温度以下，可以长期安全地使用，超过就会迅速老化。按照耐热程度即最高允许工作温度，把绝缘材料分为 Y、A、E、B、F、H、C 7 个级别。例如 A 级绝缘材料的最高允许工作温度为 105℃，一般使用的配电变压器、电动机中的绝缘材料大多属于 A 级。

3. 电气绝缘的老化

电气设备的绝缘性能在长期运行过程中会发生一系列物理变化和化学变化，致使其绝缘及其他性能不可逆地下降，这种现象统称为绝缘的老化。绝缘老化的表现形式是各方面的，如击穿强度的降低、机械强度或其他性能的降低等。

4. 绝缘劣化影响因素

造成绝缘老化的原因很复杂，有电老化和热老化，还有受潮及污染等等。这些原因可能在绝缘中同时存在，或从一种老化形式转变为另一种形式，往往很难互相加以分开。

（1）电介质的热老化

在高温的作用下，电介质在短时间内就会发生明显的劣化；即使温度不太高，但如作用时间很长，绝缘性能也会发生不可逆的劣化，这就是电介质的热老化。温度越高，绝缘老化得越快，寿命越短。

（2）电介质的电老化

电老化指在外加高电压或强电场作用下的老化。介质电老化的主要原因是局部放电，会引起固体介质的腐蚀、老化、损坏。

（3）其他影响因素

机械应力：对绝缘老化的速度有很大的影响，产生裂缝，导致局部放电。

环境条件：紫外线、日晒雨淋、湿热等也对绝缘的老化有明显的影响。

绝缘老化的原因主要有热、电和机械力的作用，此外还有水分、氧化、各种射线、微生物等因素的作用。各种原因同时存在、彼此影响、相互加强，加速老化过程。

5. 电气设备绝缘电阻测试

电气设备停用、备用或存放，都有受潮、积灰的现象，影响电气设备的绝缘；长期使用的电气设备，绝缘也有可能老化。通过测量电气设备绝缘电阻值的大小常能灵敏地反映绝缘情况，能有效地发现设备局部或整体受潮和脏污，以及绝缘击穿和严重过热老化等缺陷，了解问题及时采取措施，不影响电气设备的安全运行或切换使用。

世界上没有绝对"绝缘"的物质。在绝缘物质两端加直流电压时，介质总会有电流流过，这三种电流是不随时间而改变的漏导电流；只在加压瞬间出现，立刻衰减为零的电容电流；以及会随时间逐渐衰减的吸收电流。

① 绝缘电阻是电气设备绝缘层在直流电压作用下，电压与流过的漏导电流的比值，即呈现的电阻值。

② 吸收比指给电气设备加压60s测得的绝缘电阻与加压15s测得的绝缘电阻的比值。

③ 极化指数指给电气设备加压10min测得的绝缘电阻与加压1min测得的绝缘电阻的比值。

电气设备的使用寿命一般取决其绝缘的寿命，后者与老化过程密切相关。因此通过绝缘检测判别其老化程度是十分重要的。

✱ 任务实施

测量电气设备的绝缘电阻，是检测电气设备绝缘状态最简单和最基本的方法。在现场普遍用绝缘电阻表（兆欧表），也叫摇表，检查绝缘材料是否合格，是否存在受潮、损伤、老化等设备缺陷。

1. 母线绝缘测量

（1）400V母线绝缘

① 正确选用摇表。摇表的额定电压应根据被测电气设备的额定电压来选择。测量500V以下的设备，选用500V或1000V的兆欧表。

② 测量点选取，母线进线开关出线（打开后柜门）。

③ 具体测量措施。母线上所有负荷开关在冷备用状态，并且将所有负荷开关的二次保险取下。

④ 正确使用摇表，将摇表的导体端接到母线进线开关的上触头，接地端与接地网相连。

⑤ 测量出的绝缘值不应小于50MΩ。

（2）10kV母线绝缘

① 正确选用摇表。额定电压在500V以上的设备，应选用1000V或2500V的兆欧表；摇表的额定电压应根据被测电气设备的额定电压来选择。

② 测量点选取，PT柜上触头（将PT小车拉到柜外）或母线避雷器导体处。

③ 具体测量措施。断开母线PT，或将小车拉至检修位置，母线上所有负荷开关在冷备

用状态。

④ 绝缘值标准不应小于100MΩ。

2. 变压器绝缘测量

新安装或检修后及停运半个月以上的变压器，投入运行前，均应测定线圈的绝缘电阻。

（1）测量变压器绝缘电阻

对线圈运行电压在500V以上者应使用1000~5000V摇表，500V以下应使用500V摇表。

（2）变压器绝缘状况的好坏按以下要求判定

① 在变压器使用时所测得绝缘电阻值与变压器在安装或大修干燥后投入运行前测得的数值之比，不得低于50%。

② 吸收比$R60''/R15''$不得小于1.3。

符合上述条件，则认为变压器绝缘合格。

（3）测量措施

① 必须在变压器停电时进行，各线圈出线都有明显断开点。

② 保证变压器周围清洁，无接地物，无作业人员。

③ 测量前应对地放电，测量后也应对地放电。

④ 须登高测量（大型变压器）时，测试人员应正确佩戴安全带。

⑤ 中性点接地的变压器，测量前应将中性点刀闸拉开，测量后应恢复原位。

⑥ 测量点：高、低压侧套管，使用封闭母线的主变，低压侧可在母线PT或避雷器处测量。

3. 电机绝缘测量

（1）电动机绝缘测量

① 6kV电动机应使用2500V摇表测量绝缘电阻$R60''$，在常温下其值不低于6MΩ。

② 380V电机应使用500V摇表测量绝缘电阻$R60''$，其值不小于0.5MΩ。

③ 容量为500kW及以上的高压电动机，应测量吸收比$R60''/R15''\geqslant1.3$，所测电阻值与前次同样温度下比较应不低于前次值的50%。

④ 电动机停用不超过两周且未经检修，若在环境干燥的情况下，送电和启动前可不测绝缘，但发现电动机被淋水、进汽或怀疑绝缘受潮时，则送电或启动前必须测量绝缘电阻。

⑤ 大修后的大型电机轴承垫绝缘用1000V摇表测量，其值不低于0.5MΩ。

⑥ 变频调速器测电机绝缘电阻时，应将操作箱内的电机电源隔离开关断开，在隔离开关下口测电机绝缘；测电源电缆绝缘时应断开变频器操作箱内的空气开关后，再测电缆绝缘，严禁对变频器外加电压。

⑦ 测绝缘前断开电动机电源开关，软启动的电机应解开软启动出线电缆。

⑧ 测试地点：电机接线盒内。

（2）发电机绝缘测量

发电机一次系统检修后或停机备用超过一周（视各厂规程），启机前应测量定子回路的绝缘电阻，转子回路、励磁系统的绝缘电阻。若测量值较前次有显著的降低（考虑温度及湿度的变化，如降低到前次的1/3~1/5），应查明原因并消除不正常现象。

定子侧绝缘测试：

① 摇表：2500V。

② 地点：机端 PT 或避雷器处。

③ 措施：出口断路器、隔离刀闸在分闸位，发电机中性点接地刀闸在分闸位，发电机出口接地刀闸在分闸位，发电机灭磁开关在分闸位。

④ 绝缘值：视电压等级和规程。

转子侧绝缘测试：

① 摇表：500V 或 1000V。

② 地点：灭磁开关下口或集电环。

③ 措施：出口断路器、隔离刀闸在分闸位，发电机灭磁开关在分闸位，励磁系统二次侧熔丝应断开，转子一点接地保护连片退出。

④ 绝缘值：视电压等级和规程，一般情况下不小于 1MΩ。

任务 4　接地系统的维护

职业鉴定能力

1. 具有对接地系统保护原理进行分析的能力。
2. 具有对接地系统进行日常点检与维护的能力。

核心概念

接地就是利用接地装置将电力系统中各种电气设备的某一点与大地直接构成回路，使电力系统在遭受雷击或发生故障时形成对地电流和流泻雷电流，从而保证电力系统的安全运行和人身安全。

任务目标

熟悉接地系统，掌握接地系统分类及特点。

素质目标

1. 培养电气安全规范操作的职业素养。
2. 全面掌握电工基础知识。
3. 培养"一丝不苟，以人为本"的工匠精神。

任务引入

为保证电气设备和人身的安全，在整个电力系统中，包括发电、变电、输电、配电和用电的每个环节所使用的各种电气设备和电气装置都需要接地。可靠的接地对于保护设备的安全运行和人身安全意义重大。

点检任务：（1）明确接地的安全技术要求。

（2）了解设备接地连接检查的注意事项。

知识链接

我国 110kV 及以上系统普遍采用中性点直接接地；35kV、10kV 系统普遍采用中性点不接地系统或经大阻抗接地系统；380V/220V 低压配电系统按保护接地的形式不同可分为：IT 系统、TT 系统和 TN 系统。

1. IT 系统

IT 系统如图 2-4-12 所示。电源端的带电部分不接地或有·点通过阻抗接地，电气装置的外露可导电部分直接接地，称三相三线制供电系统的保护接地。

2. TT 系统

TT 系统如图 2-4-13 所示。电源端有一点直接接地，电气装置的外露可导电部分直接接地，此接地点在电气上独立于电源端的接地点，称三相四线制供电系统保护接地。

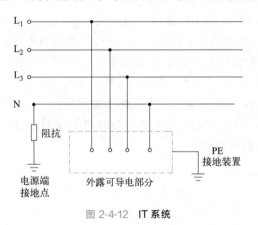

图 2-4-12　**IT 系统**

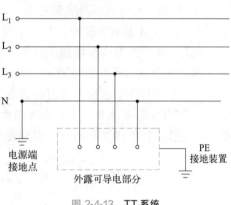

图 2-4-13　**TT 系统**

3. TN 系统接地

在低压配电系统中性点直接接地的 380V/220V 三相四线电网中，将正常运行时不带电的用电设备的金属外壳经公共的保护线与电源的中性点直接电气连接，称三相四线制供电系统中的保护接零。

在低压配电的 TN 系统中，中性线一是用来接驳相电压 220 V 的单相设备，二是用来传导三相系统中的不平衡电流和单相电流，三是减少负载中性点电压偏移。

（1）TN-S 系统

TN-S 系统线路采用三相五线制送电（3 个火线，1N，一地 PE），进入用电处后，PE 线做重复接地，如图 2-4-14 所示。这种系统的 N 线和 PE 线是分开的，所有设备的外露可导电部分均与公共 PE 线相连。这种系统的特点是公共 PE 线在正常情况下没有电流通过，因此不会对接在 PE 线上的其他用电设备产生电磁干扰。此外，由于其 N 线与 PE 线分开，因此其 N 线即使断线也不影响接在 PE 线上的用电设备，提高了防间接触电的安全性。所以，这种系统多用于环境条件较差、对安全可靠性要求高及用电设备对电磁干扰要求较严的场所。

（2）TN-C 系统

TN-C 系统线路采用三相四线制送电（3 个火线，N 和 PE 线是一根线叫 PEN 线），进入用电处后，PEN 线做重复接地，如图 2-4-15 所示。所有设备外露可导电部分（如金属外壳等）均与 PEN 线相连。当三相负荷不平衡或只有单相用电设备时，PEN 线上有电流通过。这种系统一般能够满足供电可靠性的要求，而且投资省，节约有色金属，所以在我国低压配电系统中应用最为普遍。

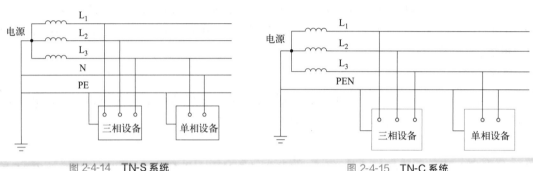

图 2-4-14 TN-S 系统   图 2-4-15 TN-C 系统

（3）TN-C-S 系统

TN-C-S 系统采用三相四线制送电（3 个火线，N 和 PE 线是一根线叫 PEN 线），进入用电处后，PEN 线做重复接地，并在重复接地极引出一根 PE 线，这个 PE 线是设备专用的接地保护线，此时因为线路增加了一个 PE 线，此时用电处的供电线路实际上变成了 5 条线〔3 个火线，一个 N（即从变压器来的 PEN 线），和一个自己做重复接地后引出的 PE 线〕。

如图 2-4-16 所示，这种系统前部为 TN-C 系统，后部为 TN-S 系统（或部分为 TN-S 系统）。它兼有 TN-C 系统和 TN-S 系统的优点，常用于配电系统末端环境条件较差且要求无电磁干扰的数据处理或具有精密检测装置等设备的场所。

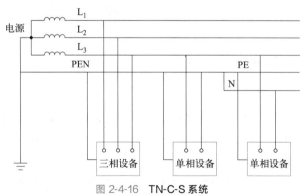

图 2-4-16 TN-C-S 系统

总结一下，TN-C 系统是四线制送电。TN-S 系统是五线制送电。供电方式都是采用 380V 供电。

1. 接地与接零的安全技术要求

接地装置与接零装置可靠而良好运行，对于保障人身安全具有十分重要的意义。在其安装、运行及检查维护过程中，应注重达到以下安全技术要求。

① 必须保证电气设备至接地体之间或电气设备至变压器低压侧中性点之间导电的连续性，不能有脱节现象，自然接地体与人工接地体之间务必连接可靠。接地装置之间焊接时，扁钢搭焊长度应为宽度的 2 倍，且至少在 3 个棱边焊接，圆铁搭焊长度应为其直径的 6 倍。采用其他方式连接时，必须保证接触良好，接地电阻值应符合规程要求。

② 接地体宜采用钢质镀锌元件制成，焊接处涂沥青油，露出地面部分刷漆。在有强烈腐蚀性的土壤中，应采用镀铜或镀锌元件制成的接地体，并适当增大其截面积，以保证接地体有足够的机械强度和防腐性能。

③ 采用保护接零时，零线应有足够的导电能力，以便使保护装置在发生短路时能迅速动作，在不利用自然导体作零线的情况下，保护零线的导电能力不应低于相线的二分之一。大接地电流系统的接地装置应校核发生单相接地时的热稳定性。

④ 接地体与建筑物的距离不应小于 1.5m，与独立避雷针的接地体之间的距离不应小于 3m。为了提高接地的可靠性，电气设备的工作接地、保护接地和防雷接地支线（或接零支线）应单独与接地干线或接地体相连，连接点应有两处。此外，接地体上端埋入深度一般不小于 0.6m，且在冻土层以下。接地线或接零线应尽量安装在人不易接触到的地方，以免意外损伤，但又必须是在明显处，便于检查维护。

2. 设备接地连接检查时的注意事项

① 电气设备的金属外壳和铠装电缆的接线盒，必须设有外接地连接件，并标志接地符号"⊟"。移动式电气设备，可不设外接地连接件，但必须采用具有接地芯线或等效接地芯线的电缆。

② 设备接线空腔内部须设有专用的内接地连接件，并标示接地符号"⊟"（在电机车上的电气设备及电压不高于 36V 的电气设备除外）。对不必接地（如双重绝缘或加强绝缘的电气设备）或不必附加接地的电气设备（如金属外壳上安装金属导管系统），可不设内、外接地连接件。

③ 内、外接地连接件的直径须符合下列规定。

a. 当导电芯线截面不大于 35mm^2 时，应与接线螺栓直径相同。

b. 当导电芯线截面大于 35mm^2 时，应不小于连接导电芯线截面一半的螺栓直径，但至少等于连接 35mm^2 芯线的螺栓直径。

c. 外接线螺栓的规格，必须符合下列规定：

（a）功率大于 10kW 的设备，不小于 M12；

（b）功率大于 5kW 至 10kW 的设备，不小于 M10；

（c）功率大于 250W 至 5kW 的设备，不小于 M8；

（d）功率不大于 250W，且电流不大于 5A 的设备，不小于 M6。

本质安全型设备和仪器仪表类外接地螺栓能压紧接地芯线即可。

④ 接地连接件必须进行电镀防锈处理，其结构能够防止导线松动、扭转，且有效保持接触压力。

⑤ 接地连接件应至少保证与一根导线可靠连接。

⑥ 在连接件中被连接部分含轻金属材料时，则必须采取特殊的预防措施（例如钢质过渡件）。

更多的检测要点可参考《电气装置安装工程 接地装置施工及验收规范（GB 50169—2016）》。

任务 5　电气设备安装与验收规范

 职业鉴定能力

掌握典型的电气设备安装及验收规范。

 核心概念

熟悉《电气装置安装工程 接地装置施工及验收规范》标准。

 任务目标

熟悉国家发布的电气装置安装及验收标准。

 素质目标

1. 培养电气安全规范操作的职业素养。
2. 全面掌握电工基础知识。
3. 培养"一丝不苟，以人为本"的工匠精神。

 任务引入

电气装置安装工程是建设工程中的一种常见的、重要的设备安装工程。工程安装质量验收规范对于电气工程的安全施工、建筑电气工程安装的规范统一、监理人员的规范管理和操作具有重要意义。

点检任务：（1）明确电气工程质量验收规范。

（2）了解工程验收程序。

 知识链接

一般的电气装置安装工程是从接收电能，经变换、分配电能，到用电设备所形成的工程系统。按其主要功能不同分为电气照明系统、动力系统、变配电系统等。

中华人民共和国住房和城乡建设部发布了中华人民共和国国家标准《电气装置安装工程低压电器施工及验收规范（GB 50254—2014）》，主要内容包括：一般规定；低压断路器；

低压隔离开关、刀开关、转换开关及熔断器组合电器；住宅电器、漏电保护器及消防电气设备；低压接触器及电动机起动器；控制器、继电器及行程开关等。

《电气装置安装工程 电气设备交接试验标准（GB 50150—2016）》主要内容包括：同步发电机及调相机，直流电机，中频发电机，交流电动机，电力变压器，电抗器及消弧线圈，互感器，真空断路器，隔离开关、负荷开关及高压熔断器，悬式绝缘子和支柱绝缘子，电力电缆线路，电容器，绝缘油，气体，避雷器，电除尘器，二次回路，1kV 及以下电压等级配电装置和馈电线路，1kV 以上架空电力线路等。

 **任务实施**

1. 电气工程质量验收规范

① 低压电器施工及验收规范适用于交流 50Hz、额定电压 1200V 及以下，直流额定电压为 1500V 及以下且在正常条件下安装和调整试验的通用低压电器。不适用于无须固定安装的家用电器、电力系统保护电器、电工仪器仪表、变送器、电子计算机系统及成套盘、柜、箱上电器的安装和验收。低压电器的安装，应按已批准的设计进行施工。

② 低压电器的运输、保管，应符合现行国家有关标准的规定；当产品有特殊要求时，应符合产品技术文件的要求。低压电器设备和器材在安装前的保管期限，应为一年及以下；当超期保管时，应符合设备和器材保管的专门规定。采用的设备和器材，均应符合国家现行技术标准的规定，并应有合格证件，设备应有铭牌。

③ 设备和器材到达现场后，应及时做下列验收检查：

a. 包装和密封应良好。

b. 技术文件应齐全，并有装箱清单。

c. 按清单检查清点，规格、型号应符合设计要求；附件、备件应齐全。

d. 按要求做外观检查。

④ 施工中的安全技术措施，应符合国家现行有关安全技术标准及产品技术文件的规定。与低压电器安装有关的建筑工程的施工，应符合下列要求：

a. 屋顶、楼板应施工完毕，不得渗漏。

b. 对电器安装有妨碍的模板、脚手架等应拆除，场地应清扫干净。

c. 室内地面基层应施工完毕，并应在墙上标出抹面标高。

d. 环境湿度应达到设计要求或产品技术文件的规定。

e. 电气室、控制室、操作室的门、窗、墙壁、装饰棚应施工完毕，地面应抹光。

f. 设备基础和构架应达到允许设备安装的强度；焊接构件的质量应符合要求，基础槽钢应固定可靠。

g. 预埋件及预留孔的位置和尺寸，应符合设计要求，预埋件应牢固。

2. 工程验收程序

① 检验批和分项工程应该由监理工程师（建设单位项目技术负责人）组织施工单位项目专业质量（技术）负责人等进行验收。

② 分部工程应该由总监理工程师（建设单位项目负责人）组织施工单位项目负责人和技术、质量负责人等进行验收。地基与基础及主体结构分部工程的勘察由设计单位项目负责人和施工单位技术、质量负责人等进行验收。

③ 单位工程完工后，施工单位应自行组织有关人员进行检查评定，并向建设单位提交工程验收报告。

④ 建设单位接到工程验收报告后，应由建设单位（项目）负责人组织施工（含分包）、设计、监理等单位负责人进行单位工程验收。

⑤ 单位工程质量验收合格后，建设单位应在规定的时间内（15 天）将竣工报告和有关文件，报建设行政管理部门备案。

综上所述，电气安装工程质量验收规范将电气安装工程的种种细节都做了详细的规定，并提出了验收时需要注意的方面。验收人员如果发现某一方面的工程不符合规范的要求必须及时提出，以防发生更为严重的事故。更多的内容可参见《电气装置安装工程 低压电器施工及验收规范（GB 50254—2014）》《电气装置安装工程 电气设备交接试验标准（GB 50150—2016）》。

项目5 认识高低压供配电

任务 1　认识变压器

职业鉴定能力

1. 具备电力变压器结构的分析能力。
2. 观察、分析电力变压器日常运行状态，具有一定日常点检与维护能力。

核心概念

电力变压器是变电所中最关键的一次设备，是输电线路的主要组成部分。其主要功能是将电力系统的电能电压升高或降低，以利于电能的合理输送、分配和使用。

任务目标

1. 会对电力变压器进行维护、调试与保养。
2. 能掌握电力变压器常见故障诊断及排除方法。

素质目标

1. 培养敬业精神和提高安全意识。
2. 培养电气工程及相关领域工程的实践能力。
3. 逐步培养追求卓越的工匠精神和民族自豪感。

任务引入

电力变压器若要保持长期的良好工作性能，它的使用和维护尤其重要，正确地使用和维护电力变压器，是保证电力系统正常工作的条件。

为了让小王尽快胜任点检员岗位，师傅给小王布置了任务：电力变压器的日常点检具体点检内容及方法。

 知识链接

1. 电力变压器的结构

电力变压器的基本结构，包括铁芯和绕组两大部分。绕组又分为高压和低压或一次和二次绕组等。图 2-5-1 和图 2-5-2 是普通三相油浸式电力变压器和三相干式电力变压器的结构图。

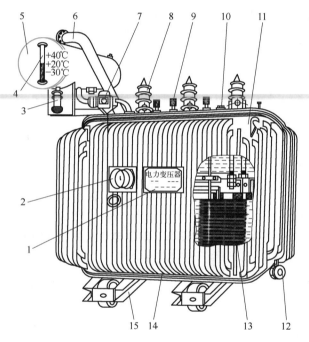

图 2-5-1　**三相油浸式电力变压器的结构**

1—铭牌；2—信号温度计；3—吸湿器；4—油位指示器（油标）；5—储油柜（油枕）；6—防爆管；
7—气体（瓦斯）继电器；8—高压出线套管和接线端子；9—低压出线套管和接线端子；10—分接
开关；11—油箱及散热油管；12—放油阀；13—器身；14—接地端子；15—小车

油浸式变压器的特点：油箱作为变压器的外壳，起冷却、散热和保护的作用，油起到冷却和绝缘的作用；套管主要起绝缘的作用。

环氧树脂浇注的三相干式变压器的特点：难燃、安全、不吸收空气中的潮气、结构牢固、体积小、重量轻、损耗小、运行噪声小、脏物不会进入线圈、维护检查简单等。

2. 变压器日常维护内容

（1）干式变压器

① 清扫灰尘，清理线圈通风道的积尘。

② 紧固进出线、接地线及控制线，紧固所有连接紧固件。

③ 外观检查，压紧线圈压板固定件。

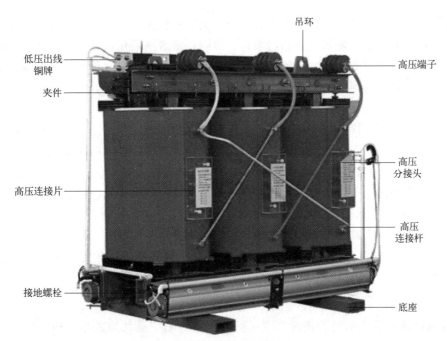

图 2-5-2　三相干式电力变压器的结构

④ 测量变压器绝缘电阻。

⑤ 变压器冷却通风装置的维护。

⑥ 变压器电气预防性试验。

（2）油浸式变压器

① 外观检查局部消缺，清扫紧固。

② 变压器油品检查，滤油或补油。

③ 安全气道、防爆膜检查。

④ 气体继电器和测量装置检查校正。

⑤ 绝缘瓷套管检查清扫。

⑥ 调压分接开关检查调整。

⑦ 各阀门状态及位置检查。

⑧ 变压器冷却装置检查消缺。

⑨ 电气预防性试验。

（3）变压器绕组

应根据其色泽和老化程度来判断绝缘的好坏。根据经验，变压器绝缘老化的程度可分四级，见表 2-5-1。

表 2-5-1　变压器绝缘老化的分级

级别	绝缘状态	说明
1	绝缘性能良好，色泽新鲜均匀	绝缘良好
2	绝缘较差，但手按时无变形	尚可使用
3	绝缘发脆，手按时有轻微裂纹，但变形不太大，色泽较暗	绝缘不可靠，应酌情更换绕组
4	绝缘已碳化发脆，手按时即出现较大裂纹或脱落	不能继续使用，应更换

对分接开关，主要是检修其触头表面和接触压力情况。触头表面不应有烧结的疤痕。触头烧损严重时，应予拆换。触头的接触压力应平衡。如果分接开关的弹簧可调时，可适当调

节触头压力。运行较久的变压器，触头表面有氧化膜和污垢。这种情况，轻者可将触头在各个位置上往返切换多次，使氧化膜和污垢自行清除；重者则可用汽油擦洗干净。有时绝缘油的分解物在触头上结成有光泽的薄膜，看似黄铜的光泽，其实是一种绝缘层，应该用丙酮擦洗干净。此外，应检查顶盖开关的标示位置是否与其触头的实际接触位置一致，并检查触头在每一位置的接触是否良好。

对变压器上的所有接头都应检查是否紧固；如有松动，应予紧固。对焊接的接头，如有脱焊情况，应予补焊。瓷套管如有破损时，应予更换。对变压器上的测量仪表、信号和保护装置，也应进行检查和修理。

变压器如有漏油现象，应查明原因。变压器漏油，一般有焊缝漏油和密封漏油两种。焊缝漏油的修补办法是补焊。密封漏油如系密封垫圈放得不正或压得不紧，则应放正或压紧；如系密封垫圈老化（发黏、开裂）和损坏，则必须更换密封材料。

DL/T 573—2021《电力变压器检修导则》对变压器的检修工艺和质量标准均有明文规定，应予遵循。

3. 运行中的电力变压器，应巡视以下项目

① 检查变压器的声响是否正常。变压器的正常声响应是均匀的嗡嗡声。如果其声响较平常时沉重，说明变压器过负荷。如果其声响尖锐，说明电源电压过高。

② 检查油温是否超过允许值。油浸式变压器的上层油温一般不应超过 85℃，最高不超过 95℃。油温过高，可能是变压器过负荷引起的，也可能是变压器内部故障引起的。

③ 检查储油柜及气体继电器的油位和油色，检查各密封处有无渗油和漏油现象。油面过高，可能是冷却装置运行不正常或变压器内部故障等所引起。油面过低，可能是有渗漏油现象。变压器油正常时应为透明略带浅黄色，如果油色变深变暗，则说明油质变坏。

④ 检查瓷套管是否清洁，有无破损裂纹和放电痕迹；检查高低压接头的螺栓是否紧固，有无接触不良和发热现象。

⑤ 检查防爆膜是否完好无损；检查吸湿器是否畅通，硅胶是否吸湿饱和。

⑥ 检查接地装置是否完好。

⑦ 检查冷却、通风装置是否正常。

⑧ 检查变压器周围有无其他影响其安全运行的异物（例如易燃易爆和腐蚀性物品等）和异常现象。在巡视中发现的异常情况，应记入专用的记录簿内，重要情况应及时汇报上级，请示处理。

4. 变压器的不正常运行和处理

（1）运行中的不正常现象和处理

① 值班人员在变压器运行中发现不正常现象时，应设法尽快将其消除，并报告上级和做好记录。

② 变压器有下列情况之一者应立即停运，若有运用中的备用变压器，应尽可能先将其投入运行：

a. 变压器声响明显增大，很不正常，内部有爆裂声；

b. 严重漏油或喷油，使油面下降到低于油位计的指示限度；

c. 套管有严重的破损和放电现象；

d. 变压器冒烟着火。

③ 当出现危及变压器安全的故障，而变压器的有关保护装置拒动时，值班人员应立即将变压器停运。

④ 当变压器附近的设备着火、爆炸或发生其他情况，对变压器构成严重威胁时，值班人员应立即将变压器停运。

⑤ 变压器油温升高超过制造厂规定或限值时，值班人员应按以下步骤检查处理：

a. 检查变压器的负载和冷却介质的温度，并与在同一负载和冷却介质温度下正常的温度核对；

b. 核对温度测量装置；

c. 检查变压器冷却装置或变压器室的通风情况。

若温度升高的原因是冷却系统的故障，且在运行中无法修理者，应将变压器停运修理；若不能立即停运修理，则值班人员应按现场规程的规定调整变压器的负载至允许运行温度下的相应容量。

在正常负载和冷却条件下，变压器温度不正常并不断上升，且经检查证明温度指示正确，则认为变压器已发生内部故障，应立即将变压器停运。

变压器在各种超额定电流方式下运行，若顶层油温超过 105℃ 时，应立即降低负载。

⑥ 变压器中的油因低温凝滞时，应不投冷却器空载运行，同时监视顶层油温，逐步增加负载，直至投入相应数量冷却器，转入正常运行。

⑦ 当发现变压器的油面较当时油温所应有的油位显著降低时，应查明原因。补油时应遵守本规程的规定，禁止从变压器下部补油。

⑧ 变压器油位因温度上升有可能高出油位指示极限，经查明不是假油位所致时，则应放油，使油位降至与当时油温相对应的高度，以免溢油。

⑨ 铁芯多点接地而接地电流较大时，应安排检修处理。在缺陷消除前，可采取措施将电流限制在 100mA 左右，并加强监视。

⑩ 系统发生单相接地时，应监视消弧线圈和接有消弧线圈的变压器的运行情况。

（2）瓦斯保护装置动作的处理

① 瓦斯保护信号动作时，应立即对变压器进行检查，查明动作的原因，是否因积聚空气、油位降低、二次回路故障或是变压器内部故障造成。如气体继电器内有气体，则应记录气量，观察气体的颜色及试验是否可燃，并取气样及油样做色谱分析，可根据有关规程和导则判断变压器的故障性质。若气体继电器内的气体为无色、无臭且不可燃，色谱分析判断为空气，则变压器可继续运行，并及时消除进气缺陷。

若气体是可燃的或油中溶解气体分析结果异常，应综合判断确定变压器是否停运。

② 瓦斯保护动作跳闸时，在查明原因消除故障前不得将变压器投入运行。为查明原因应重点考虑以下因素，做出综合判断：

a. 是否呼吸不畅或排气未尽；

b. 保护及直流等二次回路是否正常；

c. 变压器外观有无明显反映故障性质的异常现象；

d. 气体继电器中积集气体量，是否可燃；

e. 气体继电器中的气体和油中溶解气体的色谱分析结果；

f. 必要的电气试验结果；

g. 变压器其他继电保护装置动作情况。

（3）变压器跳闸和灭火

① 变压器跳闸后，应立即查明原因。如综合判断证明变压器跳闸不是由内部故障所引起，可重新投入运行。若变压器有内部故障的征象时，应作进一步检查。

② 变压器跳闸后，应立即停油泵。

③ 变压器着火时，应立即断开电源，停运冷却器，并迅速采取灭火措施，防止火势蔓延。

 **任务实施**

电力变压器的日常点检具体点检内容及方法见表2-5-2、表2-5-3。

表 2-5-2　设备点检标准

设备(装置)名称		油浸式变压器		点检周期标记	D—天　W—周M—月　Y—年	点检状态标记	○— 运行中点检△—停止中点检		
序号	点检部位、项目	点检内容	标准	点检周期	点检方法	点检状态及分工		容易劣化部位	备注
						运行	点检	装备	
1	变压器本体及附属设备	外观检查	无渗漏油、无异味、无变形、无破损、无异常响声或放电声、无电晕、无异物	D	目视、耳听、手摸	○			
		箱体(外壳、温度)	螺栓紧固、无渗漏油、无锈蚀、温度不应大于70℃	W/Y	目视、仪器		△		
		阀门、法兰及油管路各部密封点	油循环管路阀门在全开位置,螺栓紧固、无渗漏油	W/Y	目视	○		√	
		呼吸器	正常动作,硅胶无变色、油位正常(在刻度线范围内)(油封)	W	目视	○			
		高压、中性点套管油位计	油色透明,油位正常(油表高度的 3/4～1/4)	D/W	目视		△		
		高压、中性点套管外绝缘	外绝缘无污秽、无龟裂、无破损、无爬电痕迹	W/Y	目视		△		
		高压、中性点套管引线	引出线完好,接线紧固	W/Y	目视		△		
			无过热(温度小于90℃)	Y/3M	目视、仪器		△		
		中性点架空线	连接可靠	Y	目视		△		
			无过热(温度小于90℃)	Y/3M	目视、仪器		△		
		低压套管窥视孔	窥视孔玻璃上未结露	W	目视	○			
		低压套管排水管	开门检查,应无油、水流出	W	目视	○			
		油枕	油色透明,油位指示正常(油表高度的 3/4～1/4)无渗漏油	W/YD	目视目视	○/△			
2	变压器本体及附属设备	温度表(绕阻温、油温1、油温2)	表针指示应不大于85℃,表盖密封良好	D/4Y	仪器		△		
		瓦斯继电器(校验、外观)集气盒	定值正确、指示准确无渗漏	YD	仪器目视	○/△			
		压力释放阀	定值正确完好无喷油	4Y	目视		△		
		无载调压分接开关	位置指示正确、无渗漏	D/Y	目视、仪器		△		
		接地线(运行铁芯接地电流)	接地良好,无锈蚀	W	目视、仪器	○/△		√	

续表

序号	点检部位、项目	点检内容	标准	点检周期	点检方法	点检状态及分工			容易劣化部位	备注
						运行	点检	装备		
3	冷却器	外观	无渗漏、无堵塞	W	目视		○			
	冷却风机	风扇	无摩擦声、叶片无松动	D/Y	目视、耳听	△			√	
		电机(温度、声音)	温度:≤90℃;声音:无杂音;其他:无异常(油温大于60℃时,应有三组冷却器运行)	W	目视、鼻闻、仪器	○			√	
		绝缘电阻	≥0.5MΩ	Y	仪器		△			
	潜油泵	电机	无渗漏;振动:≤0.1mm;温度:≤90℃;声音:无杂音	W	目视、耳听、仪器	○			√	
		绝缘电阻	≥0.5MΩ	Y	仪器		△			
		油流指示器	油流指示正确	D	目视、		○			
		密封及运行情况	无异味,密封良好,无过热	W	目视仪器	○			√	
4	冷却器总控制箱	指示灯	完好、指示正常	W	目视、仪器	○				
		操作把手	位置正确,接线良好	W	目视、仪器	△/△			√	
		接触器	无异声	W	目视、仪器	○/△				
		继电器	应正常	W	目视、仪器	○/△			√	
		负荷开关	应正常	W/Y	目视、仪器	○/△				
		端子排	接线紧固,无过热	W	目视	○/△				
		密封情况	密封良好	Y	目视、仪器	○/△			√	
	冷却器分控制箱	热继电器及端子	无过热、无异味、界线可靠	W	目视	○/△				
		密封情况	密封良好	Y	目视					
	本体上端子箱	密封情况	密封良好	W	目视	○			√	
5	设备外壳	漆层	漆膜无龟裂、起泡、剥落	M	目视	○				
6	低压侧封闭母线	密封情况	密封良好	M	目视	○				
7	其他	集气盒	无气体	W	目视	○			√	
		基础	无下陷	W	目视	○				

表 2-5-3　设备点检标准

设备(装置)名称		干式变压器		点检周期标记	D—天　W—周M—月　Y—年	点检状态标记	○—运行中点检△—停止中点检			
序号	点检部位、项目	点检内容	标准	点检周期	点检方法	点检状态及分工			容易劣化部位	备注
						运行	点检	装备		
1	外部	1. 外观	箱体无变形、线圈和铁芯未过热、无异味	W	目视、手摸、鼻闻	○				
		2. 温度	不大于90℃	W	目视	○				
		3. 声音	均匀嗡嗡声	W	耳听	○				
		4. 高压侧电缆	无破损、未过热	W	目视、仪器	○				
		5. 负荷	未过负荷	W	目视、仪器	○				
2	内部	1. 线圈	无变色、无变形、绝缘、直阻合格	Y	目视、仪器		△			
		2. 接线端子	接线牢固、整齐	Y	目视/工具		△			
		3. 绝缘子	无变色、无断裂	Y	目视、仪器		△			
		4. 引线、接地线	无过热、无松脱	Y	目视/工具		△			
		5. 铁芯	无过热	W/Y	目视		△			

续表

序号	点检部位、项目	点检内容	标准	点检周期	点检方法	点检状态及分工			容易劣化部位	备注
						运行	点检	装备		
2	内部	6. 铁芯夹件	无过热、无松动	W/Y	目视/工具		△			
		7. 测温元件及温度表	指示正确	W/Y	目视		○			

任务 2　高压开关柜的维护与检修

职业鉴定能力

1. 具备高压开关柜状态监测、分析能力。
2. 具有一定故障检测与维护能力。

核心概念

高压开关柜用于电力系统发电、输电、配电、电能转换和消耗中起通断、控制或保护等作用。

任务目标

1. 会对高压开关柜进行维护、调试与保养。
2. 能掌握高压开关柜常见故障诊断及排除方法。

素质目标

1. 培养敬业精神和提高安全意识。
2. 培养电气工程及相关领域工程的实践能力。
3. 逐步培养追求卓越的工匠精神和民族自豪感。

任务引入

高压开关柜若要保持长期的良好工作性能，它的使用和维护尤其重要，正确地使用和维护高压开关柜，是保证电力系统正常工作的条件。为了考察小王近期点检岗位适应情况，师傅给小王布置了如下任务：

（1）油断路器运行检查。

（2）油断路器维修。

（3）真空开关及配电柜点检标准。

 知识链接

1. 高压开关柜的类型

高压开关柜是指由高压断路器、负荷开关、接触器、高压熔断器、隔离开关、接地开关、互感器和所用电变压器，以及控制、测量、保护、调节装置、内部连接件、辅件、外壳和支持件等组成的成套配电装置。这种装置的内部空间以空气或复合绝缘材料作为介质，用作接收和分配电能。高压开关柜的种类较多，结构差异较大，主要用于 3～35kV 电压级。

2. KYN28-12 型高压开关柜

（1）结构

KYN28-12 型高压开关柜为金属封闭铠装型移开式户内开关柜，柜体用敷铝锌钢板弯制组合而成，全封闭型结构，柜内用薄钢板隔开四个室，螺栓连接，上部为母线室，中部为手车室，下部为电缆室，仪表及继电器安装在柜体上部前面的仪表室内，具有架空进出线及左右联络的功能，见图 2-5-3。

手车由角钢和钢板焊接而成，分为断路器手车、电压互感器避雷器手车、电容器避雷器手车、所用变压器手车、隔离手车及接地手车等。手车上的面板就是柜门，门上部有观察窗及照明灯，并具有把手车锁定在工作位置、试验位置及断开位置的功能。

柜后上、下门装有联锁，只有在停电后手车抽出，接地开关接地后，才能打开后下门，再打开后上门。通电前，只有先关上后上门，再关上后下门，接地开关才能分闸，使手车能插入工作位置，防止误入带电间隔。

KYN28A-12 型手车式开关柜是由柜体和中置式可抽出部分（即手车）两大部分组成。开关柜由母线室、断路器手车室、电缆室和继电器仪表室组成。手车室及手车是开关柜的主体部分，采用中置式形式，小车体积小，检修维护方便。

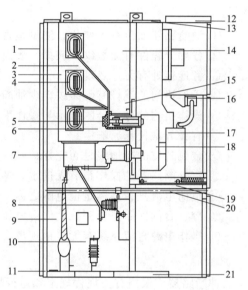

图 2-5-3　KYN28A-12 型高压开关柜结构示意图

1—外壳；2—分支母线；3—母线套管；4—主母线；5—静触头；6—静触头盒；7—电流互感器；8—接地刀闸；9—电缆；10—避雷器；11—接地主母线；12—控制小母线室；13—泄压装置；14—装卸式隔板；15—隔板（活门）；16—二次插头；17—断路器手车；18—加热装置；19—可抽出式水平隔板；20—接地刀闸操作机构；21—底板

手车在柜体内有断开位置、试验位置和工作位置三个状态。开关设备内装有安全可靠的联锁装置，完全满足五防的要求。母线室封闭在开关室后上部，不易落入灰尘和引起短路，出现电弧时，能有效将事故限制在隔室内而不向其他柜蔓延。开关设备采用中置式，电缆室内空间较大。电流互感器、接地开关装在隔室后壁上，避雷器装设在隔室后下部。继电器仪表室内装有继电保护元件、仪表、带电检查指示器，以及特殊要求的二次设备。

（2）KYN28A-12型中置式出线柜送电操作顺序

① 关闭所有柜门及后封板，并锁好。

② 将接地开关操作手柄插入中门右下侧六角孔内，逆时针旋转，使接地开关处于分闸位置，取出操作手柄，操作孔处联锁板自动弹回，遮住操作孔，柜下门闭锁。

③ 推上装运小车并使其定位，把断路器手车推入柜内并使其在试验位置定位，断路器到达试验位置后，放开推拉把手。把手应自动复位，手动插上航空插头，关上手车室门并锁好，观察上柜门各仪表、信号指示灯是否正常。

④ 将断路器手车摇柄插入操作孔，顺时针转动摇柄，约20圈，在摇柄明显受阻并伴有"咔嗒"声时取下摇柄，此时手车处于工作位置，航空插头被锁定，断路器手车主回路接通，查看相关信号。

⑤ 操作仪表门上合/分转换开关使断路器合闸送电，同时仪表门上红色合闸指示灯亮，绿色分闸指示灯灭。查看带电显示及其他相关信号，一切正常，送电成功。

 任务实施

1. 油断路器运行检查

① 油断路器油色有无变化，油量是否适当，有无渗漏油现象；

② 各部分瓷件有无裂纹、破损，表面有无脏污和放电现象；

③ 各连接处有无过热现象；

④ 操作机构的连杆有无裂纹，少油断路器的软连接铜片有无断裂；

⑤ 操作机构的分、合闸指示与操作手柄的位置，指示灯显示是否与实际运行位置相符；

⑥ 有无异常气味、响声；

⑦ 金属外皮的接地线是否完好；

⑧ 室外断路器的操作箱有无进水，冬季保温设施是否正常；

⑨ 负荷电流是否在额定值范围之内；

⑩ 分、合闸回路是否完好，电源电压是否在允许范围内；

⑪ 操作电源直流系统有无接地现象。

2. 油断路器维修

油断路器应根据有关规程规定和运行情况进行大、小修。

（1）小修的项目

① 清扫检查断路器主体；

② 检查绝缘瓷件有无裂纹、破损、放电；

③ 清扫检查操作机构的连件、拐臂、轴销；

④ 检查油面是否正常，缺油时应及时加油；

⑤ 检查并紧固导电杆连接处；

⑥ 检修接地装置；

⑦ 根据有关规定，进行预防性试验。

（2）大修的项目

① 检查主触头有无损伤，如有放电伤痕应立即处理，必要时更换相关部件；

② 更换断路器油；

③ 解体后检查各部件，如有损伤应及时更换；

④ 根据断路器技术要求，调整触头弹簧、触头开距；

⑤ 检修操作机构；

⑥ 检修安装构架；

⑦ 检修后按规定作大修试验，并进行合闸试验和传动试验，检查各部分动作是否灵活。

3. 真空开关及配电柜点检标准（见表 2-5-4）

表 2-5-4　设备点检标准

设备(装置)名称	10～35kV 真空开关及配电柜		点检周期标记	D—天　W—周M—月　Y—年	点检状态标记	○— 运行中点检△—停止中点检		
序号	点检部位、项目	点检内容	标准	点检周期	点检方法	点检状态及分工		容易劣化部位	备注
						运行	点检	装备		
1	开关柜外部	声音	无放电声或其他异常声音	D	耳听	○				
		气味	无异味	D	鼻闻	○				
		密封情况	密封良好	W	目视仪器	○				
		开关位置指示	指示正确	D	目视	○				
		电流	在额定范围内，且摆动幅度不大于 1%～2%	D	目视	○				
2	开关柜内部	各部温度	不大于 90℃	W	仪器	○				
		本体是否变色	未变色	Y	目视		△			
		负荷处出线小室内接线状况	接触良好、未过热	Y	目视		△			
		电缆接线状况	接线紧固、未过热	W/M	目视	○			√	
		机械闭锁装置	可靠闭锁	Y	目视		△			
		接线	横平竖直、螺栓紧固	Y	目视		△			
		卫生状况	清洁	Y	目视		△			
		电缆防火	封堵良好	Y	目视		△			
		开关蓄能指示	指示正确	Y	目视		△			
		隔离触头及触头座	无变形、烧灼痕迹	Y	目视		△			
		二次插头	插针完好	Y	目视		△			
		分、合闸线圈	未变色、绝缘、直阻应合格	Y	目视、仪器		△			
		真空灭弧室	真空度合格，外观完好	Y	目视仪器		△			
		操作机构	外观完好，储能、分合操作灵活	Y	目视		△		√	
		开关蓄能马达	绝缘良好、接线牢固、转动灵活	Y	目视仪器		△		√	

任务 3　维护电线电缆

 职业鉴定能力

1. 具备输电线路状态监测、分析能力。

2. 具有一定故障检测与维护能力。

核心概念

电力线路作为电网输电环节极为重要的组成部分，担负着输送和分配电能的重要任务。发电站与变电站、变电站与变电站之间以及变电站与配电网之间的联系都离不开输电线路。在如今大电网联网的背景下，输电线路更是起着连接各区域电网的作用。因此输电线路故障直接关系着电网的安全运行。

任务目标

1. 会对电线电缆进行维护、调试与保养。
2. 能掌握电线电缆常见故障诊断及排除方法。

素质目标

1. 培养敬业精神和提高安全意识。
2. 培养电气工程及相关领域工程的实践能力。
3. 逐步培养追求卓越的工匠精神和民族自豪感。

 任务引入

电线电缆线路若要保持长期的良好工作性能，它的使用和维护尤其重要，正确地使用和维护电线电缆线路，是保证电力系统正常工作的条件。

小王今天的任务是：架空线路运行维护、电缆线路运行维护、电力线路点检。

 知识链接

1. 架空线路

架空线路具有成本低、投资少、安装容易、维护和检修方便、易于发现和排除故障等优点，因此架空线路过去在工厂中应用比较普遍。但是架空线路直接受大气影响，易受雷击、冰雪、风暴和污秽空气的危害，且要占用一定的地面和空间，有碍交通和观瞻，因此现代化工厂有逐渐减少架空线路、改用电缆线路的趋向。

架空线路由导线、电杆、绝缘子和线路金具等主要元件组成，结构如图 2-5-4 所示。为了防雷，有的架空线路上还装设有接闪线（又称避雷线或架空地线）。为了加强电杆的稳固性，有的电杆还安装有拉线或板桩。

敷设架空线路，要严格遵守有关技术规程的规定。整个施工过程中，要重视安全教育，采取有效的安全措施，特别是立杆、组装和架线时，更要注意人身安全，防止发生事故。竣工以后，要按照规定的手续和要求进行检查和验收，确保工程质量。

2. 电缆线路

电缆线路由电力电缆和电缆头组成。电力电缆同架空线路一样，主要用于传输和分配电能。电缆线路与架空线路相比，虽然成本高、投资大、维修不便，但是电缆线路具有运行可靠、不受外界影响、不需架设电杆、不占地面、不碍观瞻等优点，特别是在有腐蚀性气体和易燃易爆场所、不宜架设架空线路时，只能敷设电缆线路。在现代化工厂和城市中，电缆线路得到了越来越广泛的应用。电缆的敷设方式有以下几种。

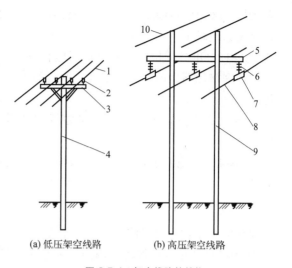

(a) 低压架空线路　　(b) 高压架空线路

图 2-5-4　**架空线路的结构**

1—低压导线；2—针式绝缘子；3,5—横担；
4—低压电杆；6—绝缘子串；7—线夹；8—高压
导线；9—高压电杆；10—避雷线

（1）埋地敷设

将电缆直接埋设在地下的敷设方法称为埋地敷设。埋地敷设的电缆必须使用铠装及防腐层保护的电缆，裸装电缆不允许埋地敷设。一般电缆沟深度不超过 0.9m，埋地敷设还需要铺砂及在上面盖砖或保护板。

（2）电缆沿支架敷设

电缆沿支架敷设一般在车间、厂房和电缆沟内，在安装的支架上用卡子将电缆固定。电力电缆支架之间的水平距离为 1m，控制电缆为 0.8m。电力电缆和控制电缆一般可以同沟敷设，电缆垂直敷设一般为卡设，电力电缆卡距为 1.5m，控制电缆为 1.8m。

（3）电缆穿保护管敷设

将保护管预先敷设好，再将电缆穿入管内，管道内径不应小于电缆外径的 1.5 倍。一般用钢管作为保护管。单芯电缆不允许穿钢管敷设。

（4）电缆桥架上敷设

电缆桥架是架设电缆的一种构架，通过电缆桥架把电缆从配电室或控制室送到用电设备。电缆桥架的优点是制作工厂化、系列化，质量容易控制，安装方便，安装后的电缆桥架及支架整齐美观。

 任务实施

1. 架空线路运行维护

（1）架空线路巡检

线路巡视是为了经常掌握线路的运行状况，及时发现设备缺陷和隐患，为线路检修提供内容，以保证线路正常、可靠、安全运行。线路巡视检查的方法有下列几种：定期巡视；特殊巡视；夜间巡视；故障巡视；登杆塔巡查。

（2）架空线路检修

架空线路长期露天运行，受环境和气候影响会发生断线、污染等故障。为确保线路长期

安全运行，必须坚持经常性的巡视和检查，以便及时消除设备隐患。主要包括以下部分：电杆、导线、绝缘子。

① 电杆。电杆的检修主要是加固电杆基础，扶直倾斜的电杆，修补有裂纹露钢筋的水泥杆，处理接触不良的接头和松弛、脱落的绑线，紧固电杆各部分的连接螺母，更换或加固腐朽的木杆及横担。

② 导线。检修导线主要是调整导线的弧垂，修补或更换损伤的导线，调整交叉跨越距离。

③ 绝缘子。绝缘子要清扫，并及时更换破损、有放电痕迹的劣质或损坏的绝缘子、金具或横担。

2. 电缆线路运行维护

保证电缆正常运行要注意以下几个方面。

① 塑料电缆不允许浸水。因为塑料电缆一旦被水浸泡后，容易发生绝缘老化现象。

② 要经常测量电缆的负荷电流，防止电缆过负荷运行。

③ 防止受外力损坏。

④ 防止电缆头套管出现污损。

电缆的防火措施及其注意事项。

① 电缆应该远离爆炸性气体释放源，而且电缆不得平行敷设于热力管道上部。

② 易燃气体密度比空气大时，电缆应在较高处架空敷设，且对非铠装电缆采取穿管或置于托盘、槽盒内等机械性保护。

③ 易燃气体比空气轻时，电缆应敷设在较低处的管、沟内，沟内非铠装电缆应埋砂。

④ 电缆沿输送易燃气体的管道敷设时，应配置在危险程度较低的管道一侧，且应符合下列规定：

a. 易燃气体密度比空气大时，电缆宜在管道上方。

b. 易燃气体密度比空气小时，电缆宜在管道下方。

⑤ 电缆沟的结构应考虑到防火和防水。电缆沟从厂区进入厂房处应设置防火隔板。为了顺畅排水，电缆沟的纵向排水坡度不得小于 0.5%，而且不能排向厂房内侧。

⑥ 直埋敷设于非冻土地区的电缆，其外皮至地下构筑物基础的距离不得小于 0.3m；至地面的距离不得小于 0.7m；当位于车行道或耕地的下方时，应适当加深，且不得小于 1m。电缆直埋于冻土地区时，宜埋入冻土层以下。直埋敷设的电缆，严禁位于地下管道的正上方或下方。在有化学腐蚀性的土壤中，电缆不宜直埋敷设。

电缆的金属外皮、金属电缆头及保护钢管和金属支架等，均应可靠接地。

3. 电力线路点检内容（见表 2-5-5~表 2-5-7）

表 2-5-5　设备点检标准（一）

设备（装置）名称	构架、架空瓷瓶及架空导线			点检周期标记	D—天　W—周M—月　Y—年	点检状态标记	○—运行中点检△—停止中点检	
序号	点检部位、项目	点检内容	标准	点检周期	点检方法	点检状态及分工		备注
						运行	点检	装备	容易劣化部位	
1	瓷瓶	表面	表面无污秽、无破损、无爬电痕迹、绝缘合格	W/Y	目视、仪器		○/△		√	
	金具	表面	无龟裂、球头销子完好	Y	目视		○/△		√	

续表

序号	点检部位、项目	点检内容	标准	点检周期	点检方法	点检状态及分工 运行	点检	装备	容易劣化部位	备注
2	构架	外观	无锈蚀	W	目视		○			
3	导线	接线	连接良好,接头无过热	Y/3M	目视、热像仪		○/△			
4	避雷针	外观	无锈蚀、无歪斜	W	目视		○/△			
		接地线	无锈蚀、接地可靠	W/Y	目视、仪器		○/△			

表 2-5-6 **设备点检标准(二)**

设备(装置)名称	10kV、0.4kV 母线			点检周期标记	D—天　W—周 M—月　Y—年	点检状态标记	○— 运行中点检 △—停止中点检			
序号	点检部位、项目	点检内容	标准	点检周期	点检方法	点检状态及分工 运行	点检	装备	容易劣化部位	备注
1	母线	导线	无变形、无过热	Y	目视		△			
		绝缘子	无损坏、无过热、无破裂	Y	目视		△			
		包扎部分	无过热、无龟裂	Y	目视		△			
		连接螺栓	无过热、螺栓紧固	Y/M	目视、工具		△			
		一次触头	无过热	Y/M	目视		△			
		相色标记	正确	Y	目视		△			
2	CT	接线端子	正确、无过热、无烧焦痕迹	Y	目视		△			
		接地装置	无松脱、无变色	Y	目视		△			
3	挡板	挡板	完好、无变形	Y	目视		△			

表 2-5-7 **设备点检标准(三)**

设备(装置)名称	电缆			点检周期标记	D—天　W—周 M—月　Y—年	点检状态标记	○— 运行中点检 △—停止中点检			
序号	点检部位、项目	点检内容	标准	点检周期	点检方法	点检状态及分工 运行	点检	装备	容易劣化部位	备注
1	电缆	防火	电缆封堵符合要求	W	目视	○				
		电缆温度	不大于 800℃	W/M	目视、仪器	○				
		电缆夹层	无异味、无过热	W	目视	○				
			电缆摆放整齐	W	目视	○				
			电缆敷设符合防火规定	W	目视	○				
		高温场所	电缆与高温管道、设备的垂直交叉净空距离小于0.5m,平行距离小于1m时,应加防辐射热屏蔽板,靠近易燃系统的电缆托架应加盖板	W	目视	○				
		电缆头	无过热、无腐蚀、无异味	W	目视、鼻闻	○		√		

任务 4　认识低压开关柜

 职业鉴定能力

　　观察、分析低压一次设备运行状态,具备一定进行日常点检与维护的能力。

核心概念

　　低压一次设备是指供电系统中电压等级为 1000V 及以下的电气设备，供电系统中常用的低压一次设备有低压熔断器、低压刀开关、低压断路器等。

任务目标

　　1. 会对低压一次设备进行维护、调试与保养。
　　2. 能掌握低压一次设备常见故障诊断及排除方法。

素质目标

　　1. 培养敬业精神和提高安全意识。
　　2. 培养电气工程及相关领域工程的实践能力。
　　3. 逐步培养追求卓越的工匠精神和民族自豪感。

任务引入

　　作为电气工作人员，应能对一次设备进行操作、维护与编写点检标准。师傅给小王布置了一个任务：编制低压配电柜的点检标准。

知识链接

　　低压开关柜由一个或多个低压开关电器和相应的控制、保护、测量、信号、调节装置，以及所有内部的电气、机械的相互连接和结构部件组成的成套配电装置，称为低压开关柜。广泛用于发电厂、变电所、工矿企业以及各类电力用户的低压配电系统中，作为动力、照明、配电和电动机控制中心、无功补偿等的电能转换、分配、控制、保护和监测之用。主要应用于 1000V 以下的屋内成套配电装置。

任务实施

　　低压配电柜的点检标准见表 2-5-8。

表 2-5-8 **设备点检标准**

序号	点检部位、项目	点检内容	标准	点检周期	点检方法	运行	点检	装备	容易劣化部位	备注
	设备(装置)名称	380V 配电柜(包括 MCC 柜)		点检周期标记	D—天 W—周 M—月 Y—年	点检状态标记			○— 运行中点检 △—停止中点检	
						点检状态及分工				
1	外部	声音	无放电或其他异常声音	W	耳听					
		气味	无异味	W	鼻闻					
		密封情况	密封良好	W	目视					
		指示灯	指示正常	W	目视					
		各表计、信号	指示正常	W	目视					
2	内部	各部温度	不大于 90℃	W	仪器	○				
		设备是否变色	未变色	W	目视					
		负荷处出线小室内接线状况	接触良好、未过热	W/M	目视				√	
		电缆状况	无破损、未过热	W/M	目视				√	
		接线	横平竖直、螺栓紧固			○/△				
		卫生状况	清洁							
		电缆防火	封堵良好	W	目视					
		变频器	运行正常、接线牢固	W	目视	○				

任务 5 检修防雷与保护设施

职业鉴定能力

了解防雷与保护的相关设施。

核心概念

雷电是一种常见的大气放电现象，是带有电荷的"雷云"对大地或物体之间产生急剧放电的一种自然现象。云层放电时，由于云中的电流很强，通道上的空气瞬间烧得灼热，温度可达6000～20000℃，以致发出耀眼的强光，形成闪电。闪电通道上的高温又使得空气急剧膨胀，同时使空气中的水滴也汽化膨胀，由此产生冲击波，这种强烈的冲击波活动就是雷声。

任务目标

1. 掌握过电压的形式及雷电的相关概念。
2. 防雷装置的检查。

 素质目标

1. 培养敬业精神和提高安全意识。
2. 培养电气工程及相关领域工程的实践能力。
3. 逐步培养追求卓越的工匠精神和民族自豪感。

 任务引入

据我国几个大城市统计，供电系统中由于雷电波侵入而造成的雷害事故占所有雷害事故的 50%～70%，比例很大，因此对雷电波侵入的防护应足够重视。为此师傅给小王布置了如下任务：

（1）防雷装置的检查。
（2）防雷接地电阻的摇测。
（3）巡视项目及内容。
（4）设备停运的检查、维护。
（5）避雷器的点检标准。

知识链接

1. 过电压的形式

过电压是指在电气线路上或电气设备上出现的超过正常工作电压的对绝缘很有危害的异常电压。

2. 雷电过电压有两种基本形式

① 直接雷击。它是雷电直接对电气设备或输电线路放电，从而产生破坏性极大的热效应和机械效应，称为直击雷过电压。

② 间接雷击。它是雷电没有直接击中电力系统中的任何部分，而是由雷电对线路、设备或其他物体的静电感应或电磁感应所产生的过电压。这种雷电过电压也称为感应雷过电压。

雷电过电压除上述两种雷击形式外，还有一种是由架空线路或金属管道遭受直接雷击或间接雷击而引起的过电压波，沿着架空线路或金属管道侵入变配电所或其他建筑物。这种雷电过电压形式，称为高电位侵入或雷电波侵入。

3. 防雷设备

（1）接闪器

接闪器就是专门用来接受直接雷击（雷闪）的金属物体。接闪器有多种类型，有避雷针、避雷线、避雷带和避雷网。

① 避雷针（接闪杆）。避雷针的功能实质上是引雷，由原来可能向被保护物体发展的方向，吸引到避雷针本身，然后经与避雷针相连的接地引下线和接地装置，将雷电流泻放到大

地中去，使被保护物体免受雷击。

② 避雷线（接闪线）。避雷线的功能和原理与避雷针基本相同。

③ 避雷带（接闪带）和避雷网（接闪网）。避雷带和避雷网主要用来保护建筑物特别是高层建筑物，使之免遭直接雷击和雷电感应。

（2）避雷器

避雷器包括电涌保护器，用来防止雷电过电压沿线路侵入变配电所或其他建筑物内，以免其危及被保护设备的绝缘，或用来防止雷电电磁脉冲对电子信息系统的电磁干扰。

避雷器应与被保护设备并联，且安装在被保护设备的电源侧，如图 2-5-5 所示。当线路上出现危及设备绝缘的雷电过电压时，避雷器的火花间隙就被击穿，或由高阻抗变为低阻抗，使雷电过电压通过接地引下线对大地放电，从而保护了设备的绝缘，或消除了雷电电磁干扰。

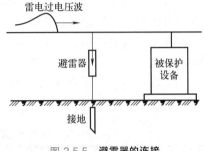

图 2-5-5 **避雷器的连接**

避雷器的类型，有阀式避雷器、排气式避雷器、保护间隙、金属氧化物避雷器和电涌保护器等。

① 阀式避雷器。阀式避雷器，文字符号为 FV，又称为阀型避雷器，主要由火花间隙和阀片组成，装在密封的瓷套管内。火花间隙用铜片冲制而成。正常情况下，火花间隙能阻断工频电流通过，但在雷电过电压作用下，火花间隙被击穿放电。阀片是用陶料粘固的电工用金刚砂（碳化硅）颗粒制成的。

② 排气式避雷器。排气式避雷器通称管型避雷器，由产气管、内部间隙和外部间隙三部分组成。

排气式避雷器具有简单经济、残压很小的优点，但它动作时有电弧和气体从管中喷出，因此它只能用于室外架空场所，主要用在架空线路上。

③ 保护间隙。保护间隙又称角型避雷器。它简单经济，维护方便，但维护性能较差，灭弧能力小，容易造成接地或短路故障，使线路停电。

④ 金属氧化物避雷器。金属氧化物避雷器按有无火花间隙分两种类型。最常见的一种是无火花间隙只有压敏电阻片的避雷器。另一种是有火花间隙且有金属氧化物电阻片的避雷器，它是普通阀式避雷器的更新换代产品。金属氧化物避雷器具有无间隙、无续流、体积小和质量轻等优点。

⑤ 电涌保护器。电涌保护器又称为浪涌保护器，是用于低压配电系统中电子信号设备上的一种雷电电磁脉冲（浪涌电压）保护设备。

4. 电气装置的防雷

（1）架空线路的防雷措施

① 架设避雷线。这是防雷的有效措施，但造价高，因此只在 66kV 及以上的架空线路上才全线架设。35kV 的架空线路上，一般只在进出变配电所的一段线路上装设。而 10kV 及以下的架空线路上一般不装设。

② 提高线路本身的绝缘水平。在架空线路上，可采用木横担、瓷横担或高一级电压的绝缘子，以提高线路的防雷水平。这是 10kV 及以下架空线路防雷的基本措施之一。

③ 装设避雷器或保护间隙。对于架空线路中个别绝缘薄弱地点（如跨越杆、分支杆或木杆线路中个别金属杆等处）可以装设避雷器或保护间隙防雷。对于中性点不接地系统的

3～10kV 架空线路，可在其三角形排列的顶线绝缘子上装设保护间隙。

（2）变配电所的防雷措施

① 装设避雷针。室外配电装置应装设避雷针来防护直击雷。如果变配电所处在附近更高的建筑物上防雷设施的保护范围之内或变配电所本身为车间内型变电所，则可不必再考虑直击雷的防护。

② 装设避雷线。处于峡谷地区的变配电所，可利用避雷线来防护直击雷。在 35kV 及以上的变配电所架空进线上，架设 1～2km 的避雷线，以消除一段进线上的雷击闪络，避免其引起的雷电侵入波对变配电所电气装置的危害。

③ 装设避雷器。用来防止雷电侵入波对变配电所电气装置特别是对主变压器的危害。在每路进线终端和每段母线上，均装设阀式避雷器。如果进线是具有一段引入电缆的架空线路，则在架空线路终端的电缆头处装设阀式避雷器或排气式避雷器，其接地端与电缆头相连后接地。

为了有效地保护主变压器，阀式避雷器应尽量靠近主变压器安装。避雷器至 3～10kV 主变压器的最大电气距离见表 2-5-9。

表 2-5-9　阀式避雷器至 3～10kV 主变压器的最大电气距离

雷雨季节经常运行的进线线路数	1	2	3	≥4
避雷器至变压器的最大电气距离/m	15	23	27	30

（3）高压电动机的防雷措施

高压电动机的定子绕组是采用固体介质绝缘的，其冲击耐压试验值大约只有相同电压等级的油浸式电力变压器的 1/3，加之长期运行，固体介质还要受潮、腐蚀和老化，会进一步降低其耐压水平。因此高压电动机对雷电波侵入的防护，不能采用普通的 FS 型或 FZ 型阀式避雷器，而应采用专用于保护旋转电机用的 FCD 型磁吹阀式避雷器，或采用有串联间隙的金属氧化物避雷器。对于定子绕组中性点能引出的高压电动机，可在中性点装设磁吹阀式避雷器或金属氧化物避雷器。为降低沿线路侵入的雷电波波头陡度，减轻其对电动机绕组绝缘的危害，可在电动机进线上加一段 100～150m 的引入电缆，并在电缆前的电缆头处安装一组普通阀式或排气式避雷器，而在电动机电源端（母线上）安装一组并联有电容器的 FCD 型磁吹阀式避雷器。

 任务实施

1. 防雷装置的检查

防雷装置的检查包括外观巡视检查和测量两个方面，一般可用接地摇表来测量各类建筑物的防雷接地电阻是否符合要求。接地电阻的测量每三年进行一次，外观检查主要包括对接闪器、引下线等各部分的连接是否可靠，有没有受机械损伤、腐蚀、锈蚀等情况，支撑是否牢固。

2. 防雷接地电阻的摇测

① 首先检查所有接线正确无误，仪表的连线和地极 E、电流表 C 连接牢固。

② 把仪表放在水平位置后，将检流计的机械零位调整到零。

③ 把倍率开关放到最大的位置，再加快摇柄的速度，让它达到 150r/min。如果检流计的指针对着某一个方向偏转，旋动刻度盘的指针会恢复到零点，那么这个时候刻度盘上面的

数值乘以倍率挡就是电阻值了。

④ 如果刻度盘的数值小于 1 的时候，检流器还没有取得平衡，我们可以把倍率的开关调到小一挡的位置，一直到调节平衡为止。

3. 巡视项目及内容

① 瓷套表面积污程度及是否出现放电现象，瓷套、法兰是否出现裂纹、破损；

② 避雷器内部是否存在异常声响；

③ 与避雷器、计数器连接的导线及接地引下线有无烧伤痕迹或断股现象；

④ 避雷器放电计数器指示数是否有变化，计数器内部是否有积水；

⑤ 带有泄漏电流在线监测装置的避雷器泄漏电流有无明显变化等。

4. 设备停运的检查、维护

① 检查瓷套、基座及法兰是否出现裂纹，瓷套表面是否有放电烧伤痕迹；

② 密封结构金属件是否良好；

③ 避雷器、计数器的引线及接地端子上以及密封结构金属件上是否有不正常变色和熔孔；

④ 与避雷器连接的导线及接地引下线有无烧伤痕迹或断股现象，避雷器接地端子是否牢固，是否可靠接地，接地引下线是否锈蚀；

⑤ 各连接部位是否有松动现象，金具和螺栓是否锈蚀。表计内部是否有积水，数值是否正确；

⑥ 带串联间隙的金属氧化物避雷器放电间隙是否良好。

5. 避雷器的点检标准（见表 2-5-10）

表 2-5-10　**设备点检标准**

设备(装置)名称	避雷器		点检周期标记	D—天　W—周 M—月　Y—年	点检状态标记	○— 运行中点检 △—停止中点检		
序号	点检部位、项目	点检内容	标准	点检周期	点检方法	点检状态及分工		容易劣化部位	备注
						运行	点检	装备		
1	避雷器	瓷瓶	表面无污秽、无破损、无爬电痕迹	W	目视	○/△		√	
		各部螺栓	无明显松动	W/Y	目视、工具	○/△			
		动作次数	不应超过标准值	W	目视	○/△			
		泄漏电流	500kV 避雷器小于 5mA； 220kV 避雷器小于 3mA	W	目视	○/△			
		接地线	连接可靠	W	目视、工具	○/△			

任务 6　维护滤波补偿装置

 职业鉴定能力

了解补偿装置的相关知识。

核心概念

工厂中由于有大量的感应电动机、电焊机、电弧炉及气体放电灯等感性负荷，还有感性的电力变压器，从而使工厂的功率因数降低。如果在充分发挥设备潜力、改善设备运行性能、提高其自然功率因数的情况下，尚达不到规定的工厂功率因数要求时，则需要考虑增设无功功率补偿装置。

任务目标

1. 知道无功补偿的方式。
2. 了解并联的电容器结构。
3. 熟悉电容器故障表现方式及分析。

素质目标

1. 培养敬业精神和提高安全意识。
2. 培养电气工程及相关领域工程的实践能力。
3. 逐步培养追求卓越的工匠精神和民族自豪感。

任务引入

功率因数未达到规定的，应增设无功补偿装置，通常采用并联电容器进行补偿。

随着电力电子技术的广泛应用，现代工矿企业的非线性负荷产生的高次谐波进入电力系统，引起供电电压波形畸变，使电力设备损耗增加、温度升高、绝缘老化、缩短设备寿命，对通信系统产生干扰，对电子式保护装置产生误动，加大计量误差，影响设备正常运行。同时高次谐波还可能因电容器组的配置不合理而造成系统谐波放大，甚至产生并联谐振，损坏供用电设备，或者放大进入电容器组的谐波电流，使电容器组过载而发生故障。

师傅给小王的任务是：熟悉电容器故障表现方式及分析。

知识链接

工业企业供电系统中的这些感性设备不仅需要从电力系统吸收有功功率，还要吸收无功功率以产生正常所必需的交变磁场。然而在输送有功功率一定的情况下，无功功率增大，将带来许多不良的后果：引起线路电流增大，使供电网络中的功率损耗和电能损耗增大；使供电网络的电压损失增大，影响负荷端的电压质量；使供配电设备的容量不能得到充分利用，降低了供电能力；使发电机的输出能力下降，发电设备效率降低，发电成本提高。

1. 工厂的功率因数

功率因数是供用电系统的一项重要的技术经济指标，它反映了供用电系统中无功功率消耗量在系统总容量中所占的比重，反映了供用电系统的供电能力。

提高功率因数的方法有很多，一般可分为两大类，即提高自然功率因数的方法和人工补偿无功功率提高功率因数的方法。但自然功率因数的提高往往有限，一般还需采用人工补偿装置来提高功率因数。目前，人工补偿提高功率因数一般有 4 种方法：并联电力电容器组、采用同步调相机、采用可控硅静止无功补偿器和采用进相机改善功率因数。

功率因数未达到规定的，应增设无功补偿装置，通常采用并联电容器进行补偿。

2. 并联电容器的结构（图 2-5-6）

单相并联电容器主要由芯子、外壳和出线结构等部分组成。并联电容器可以提供感性负载所消耗的无功功率，降低线路损耗，提升系统功率因数。

多元件并联可以通过分流获得较大容量，并联的电容元件越多，总电容越大。

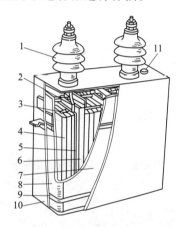

图 2-5-6　**并联电容器的结构**

1—出线套管；2—出线连接片；3—连接
片；4—元件；5—出线连接片固定板；
6—组间绝缘；7—包封件；8—夹板；
9—紧箍；10—外壳；11—封口盖

 **任务实施**

1. 电容器故障表现方式

① 渗油现象：电容器密封件破坏，空气和水分进入油箱。

② 爆炸现象：内部矿物油产生气体迅速膨胀或电极间游离放电造成击穿短路引起的爆炸。

③ 鼓肚现象。

④ 噪声现象。

2. 电容器故障分析

（1）过电压、谐波电流的影响

电容器由于谐波电流过载引起熔丝熔断；谐波增加了电容器介质损耗造成额外发热；造成谐振过电压现象而过载，使得电容器端电压增大而导致绝缘损坏。

（2）绝缘不良的影响

主要是由电力电容器绝缘介质内部局部放电引起，使得其寿命随电场的增加而呈指数式下降。

项目6 认识电力传动系统

任务 1 电机控制与点检

 职业鉴定能力

对电机进行常规点检与维护。

 核心概念

电机控制即控制电机转速达到生产需要，有变压调速和变频调速等。

 任务目标

1. 会对电机控制系统进行维护、调试与保养。
2. 能掌握电机控制系统常见故障诊断及排除方法。

素质目标

1. 培养职业岗位适应能力，挖掘职业潜力。
2. 培养克服困难、坚韧不拔的意志力。
3. 培养科技自信、文化自信、民族自信的理念。

 任务引入

电机及相关设备若要保持长期的良好工作性能，它的使用和维护尤其重要，正确地使用和维护电机控制系统，是保证设备正常工作的条件。

无缝钢管定径前台横移链电机，型号：YZP280S1-6,功率：55kW,额定电压：380V,额定转速：985r/min，其点检任务是什么？

 知识链接

电动机启动是指由静止状态到正常运行状态的过程。启动过程中主要考虑的问题是，启动电流不可太大，转矩符合负载的要求，能耗尽量小，设备尽量少且成本低，操作维护简单等。笼型异步电动机的启动方法分为全压直接启动、降压启动以及利用变频器启动。其中降压启动又分为定子串电阻或电抗器、星-三角、延边三角形、自耦变压器、软启动器启动。绕线式异步电动机的启动方法有转子串分级电阻启动，转子串频敏变阻器启动等。

调速是指在负载一定的情况下，通过改变电动机参数达到改变速度的目的。异步电动机的调速方法有：变极调速（多速电机）、变频调速（变频器）和转子串电阻调速（绕线电动机）。

1. 点巡检查

点巡检查要按要求逐项检查，点检记录本的填写要真实、认真、仔细，切实反映电机的运行情况，为设备的检修和维护工作提供可靠的依据。

（1）点巡检查注意事项

① 防护罩是否完整、安全、可靠；

② 通风散热是否良好；

③ 检查电机温度、声音、振动，检查磨机滑环是否冒火或变色，电机接线盒是否松动、电缆保护管是否牢固、线路与机架有无摩擦，电机、线路有无异物压卡或滴到酸碱、雨水、油等，设备正常运转时，滚动轴承温度不超过85℃，电机温度不超过95℃；

④ 检查电机轴承是否有异常响声、发热、漏油；

⑤ 检查电流、电压指示值是否稳定和正常，检查指示灯是否正常，检查无功补偿效果；

⑥ 设备正常运行时，检查电缆线头、接触器、空开出线头是否发热或变色；

⑦ 电机外观检查是否有裂纹；

⑧ 电机附件运行是否良好、安全；

⑨ 地脚螺栓是否紧固；

⑩ 电机接地装置是否完整、可靠；电机上或周围有无影响电机安全运行的异物、不利因素等存在。

（2）巡检方法

① 用手感觉电缆、电机外壳的温度，首先用右手背指甲，手背；

② 看电测仪表指示值判断运行参数，看记录检查运行情况，看接头处的颜色判断温度；

③ 用木柄工具听电机及轴承的运行声音，用手感受电机的振动；

④ 用红外测温仪测量电缆头、开关接触头、变压器线头、母线等带电部位的运行温度；

⑤ 问前班运行人员的介绍，问当班操作工的反映；

⑥ 每季组织一次夜晚线路巡检，可以发现线路接头是否存在松动现象。

2. 电动机电气常见故障的分析和处理

（1）电机接通后，电动机不能启动，但有嗡嗡声

可能原因：

① 被拖动机械卡住；

② 绕线式电动机转子回路开路成断线；

③ 电源没有全部接通成单相启动；

④ 电动机过载；

⑤ 定子内部首端位置接错，或有断线、短路。

处理方法：①检查电源线、电动机引出线、熔断器、开关的各对触点，找出断路位置，予以排除；②卸载后空载或半载启动；③检查被拖动机械，排除故障；④检查电刷、滑环和启动电阻各个接触器的接合情况；⑤重新判定三相的首尾端，并检查三相绕组是否有断线和短路。

（2）电动机启动困难，加额定负载后，转速较低

可能原因：

① 电源电压较低；

② 原为角接误接成星接；

③ 笼型转子的笼条端脱焊、松动或断裂。

处理方法：①提高电压；②检查铭牌接线方法，改正定子绕组接线方式；③检查并对症处理。

（3）电动机启动后发热超过温升标准或冒烟

可能原因：

① 电源电压过低，造成电动机在额定负载下温升过高；

② 电动机通风不良或环境湿度过高；

③ 电动机过载或单相运行；

④ 电动机启动频繁或正反转次数过多；

⑤ 定子和转子相擦。

处理方法：①测量空载和负载电压；②检查电动机风扇及清理通风道，加强通风降低环温；③用钳型电流表检查各相电流后，对症处理；④减少电动机正反转次数，或更换适应于频繁启动及正反转的电动机；⑤检查后对症处理。

（4）绝缘电阻低

可能原因：

① 绕组受潮或淋水滴入电动机内部；

② 绕组上有粉尘、油污；

③ 定子绕组绝缘老化。

处理方法：①将定子、转子绕组加热烘干处理；②用汽油擦洗绕组端部并烘干；③检查并恢复引出线绝缘或更换接线盒绝缘线板；④一般情况下需要更换全部绕组。

（5）电动机外壳带电

可能原因：

① 电动机引出线的绝缘或接线盒绝缘板老化；

② 绕组端部接触电动机机壳；

③ 电动机外壳没有可靠接地。

处理方法：①恢复电动机引出线的绝缘或更换接线盒绝缘板；②如卸下端盖后接地现象即消失，可在绕组端部加绝缘后再装端盖；③按接地要求将电动机外壳进行可靠接地。

（6）电动机运行时声音不正常

可能原因：

① 定子绕组连接错误，局部短路或接地，造成三相电流不平衡而引起噪声；

② 轴承内部有异物或严重缺润滑油。

处理方法：①分别检查，对症下药；②清洗轴承后更换新润滑油为轴承室的 $1/2\sim1/3$。

（7）电动机振动

可能原因：

① 电动机安装基础不平；

② 电动机转子不平衡；

③ 带轮或联轴器不平衡；

④ 转轴轴头弯曲或带轮偏心；

⑤ 电动机风扇不平衡。

处理方法：①将电动机底座垫平，找水平后固牢；②转子校静平衡或动平衡；③进行带轮或联轴器校平衡；④校直转轴，将带轮找正后镶套重车；⑤对风扇校正。

3. 电动机机械常见故障的分析和处理

（1）定、转子铁芯故障检修

定、转子都是由相互绝缘的硅钢片叠成，是电动机的磁路部分。定、转子铁芯的损坏和变形主要由以下几个方面造成。

① 轴承过度磨损或装配不良，造成定、转子相擦，使铁芯表面损伤，进而造成硅钢片间短路，电动机铁损增加，使电动机温升过高，这时应用细锉等工具去除毛刺，消除硅钢片短接，清除干净后涂上绝缘漆，并加热烘干。

② 拆除旧绕组时用力过大，使倒槽歪斜向外张开。此时应用小嘴钳、木榔头等工具予以修整，使齿槽复位，并在不好复位的有缝隙的硅钢片间加入青壳纸、胶木板等硬质绝缘材料。

③ 因受潮等原因造成铁芯表面锈蚀，此时需用砂纸打磨干净，清理后涂上绝缘漆。

④ 因绕组接地产生高热烧毁铁芯或齿部。可用凿子或刮刀等工具将熔积物剔除干净，涂上绝缘漆烘干。

⑤ 铁芯与机座间结合松动，可拧紧原有定位螺钉。若定位螺钉失效，可在机座上重钻定位孔并攻螺纹，旋紧定位螺钉。

（2）轴承故障检修

转轴通过轴承支撑转动，是负载最重的部分，又是容易磨损的部件。

① 故障检查。

运行中检查：滚动轴承缺油时，会听到骨碌骨碌的声音，若听到不连续的梗梗声，可能是轴承钢圈破裂。轴承内混有砂土等杂物或轴承零件有轻度磨损时，会产生轻微的杂音。

拆卸后检查：先察看轴承滚动体、内外钢圈是否有破损、锈蚀、疤痕等，然后用手捏住轴承内圈，并使轴承摆平，另一只手用力推外钢圈，如果轴承良好，外钢圈应转动平稳，转动中无振动和明显的卡滞现象，停转后外钢圈没有倒退现象，否则说明轴承已不能再用了。左手卡住外圈，右手捏住内钢圈，用力向各个方向推动，如果推动时感到很松，就是磨损严重。

② 故障修理。轴承外表面上的锈斑可用 00 号砂纸擦除，然后放入汽油中清洗；或轴承有裂纹、内外圈碎裂或轴承过度磨损时，应更换新轴承。更换新轴承时，要选用与原来型号相同的轴承。

（3）转轴故障检修

① 轴弯曲。若弯曲不大，可通过磨光轴径、滑环的方法进行修复；若弯曲超过0.2mm，可将轴放于压力机下，在弯曲处加压矫正，矫正后的轴表面用车床切削磨光；如弯曲过大则需另换新轴。

② 轴颈磨损。轴颈磨损不大时，可在轴颈上镀一层铬，再磨削至需要尺寸；磨损较多时，可在轴颈上进行堆焊，再到车床上切削磨光；如果轴颈磨损过大时，也可在轴颈上车削2～3mm，再车一套筒趁热套在轴颈上，然后车削到所需尺寸。

③ 轴裂纹或断裂。轴的横向裂纹深度不超过轴直径的10%～15%，纵向裂纹不超过轴长的10%时，可用堆焊法补救，然后再精车至所需尺寸。若轴的裂纹较严重，就需要更换新轴。

（4）机壳和端盖的检修

机壳和端盖若有裂纹应进行堆焊修复，若遇到轴承镗孔间隙过大，造成轴承端盖配合过松，一般可用冲子将轴承孔壁均匀打出毛刺，然后再将轴承打入端盖，对于功率较大的电动机，也可采用镶补或电镀的方法最后加工出轴承所需要的尺寸。

（5）电机装配和拆装的检修

电机绕组接错故障检修方法如下。

① 滚珠法。如滚珠沿定子内圆周表面旋转滚动，说明正确，否则绕组有接错现象。

② 指南针法。如果绕组没有接错，则在一相绕组中，指南针经过相邻的极（相）组时，所指的极性应相反，在三相绕组中相邻的不同相的极（相）组也相反；如极性方向不变时，说明有一极（相）组反接；若指向不定，则相组内有反接的线圈。

③ 万用表电压法。如果两次测量电压表均无指示，或一次有读数、一次没有读数，说明绕组有接反处。

④ 其他方法，还有干电池法、毫安表剩磁法、电动机转向法等。

✪ 任务实施

无缝钢管定径前台横移链电机，型号：YZP280S1-6，功率：55kW，额定电压：380V，额定转速：985r/min，其点检任务是：

① 机体振动（振动速度：2.8mm/s，噪声小）。

② 机体温度（外表面：测温仪＜60℃）。

③ 电机地脚（螺栓无松动、标记位置未变化）。

④ 电机接手（无异响、无明显串动，螺栓无松动）。

⑤ 电机轴承（轴承压盖表面温度：测温仪＜60℃）。

⑥ 风机电机机体（无明显振动，噪声小）。

⑦ 编码器接手（无尖锐响声、无明显串动、弹簧片无断裂）。

⑧ 编码器固定螺栓及线路（螺栓无松动、标记位置未变化，线路无明显松动）。

⑨ 接地刷无松动、刷辫无干扰。

⑩ 设备运行电流曲线是否平稳。

⑪ 抱闸动作正常，闸皮磨损正常，无漏油。

⑫ DT50支架是否稳定。

⑬ DT50信号否正常。

⑭ 热检支架是否稳定。

任务 2　认识电力电子器件

 职业鉴定能力

了解电力电子器件性能，鉴定器件好坏的能力

 核心概念

电力电子器件又称功率半导体器件，主要用于电力设备的电能变换和控制电路方面，属于大功率的电子器件。

 任务目标

1. 了解常用电力电子器件种类、性能及其应用场合。
2. 能掌握电力电子器件常见故障诊断及排除方法。

 素质目标

1. 培养职业岗位适应能力，挖掘职业潜力。
2. 培养克服困难、坚韧不拔的意志力。
3. 培养科技自信、文化自信、民族自信的理念。

 任务引入

电机及相关设备若要保持长期的良好工作性能，它的使用和维护尤其重要，正确地使用和维护电力控制系统，是保证设备正常工作的条件。例如：当设备出现缺相时，可能是其中一路电力电子器件没有导通。

如何辨别各种电力电子器件好坏及其性能呢？师傅给小王布置了一个任务：电力电子器件出现问题，如何找出原因并排除。

 知识链接

1. 电力二极管（Power Diode，PD）

电力二极管（Power Diode，PD），也称为半导体整流器（Semiconductor Rectifier，

SR），具有单向导电性，正向电流可以流过，称为二极管的导通状态；反向电流不可以流过，称为二极管的截止（或关断）状态。它本身没有导通、关断控制能力，而要根据电路条件决定导通、关断状态，属于不可控电力电子器件。

利用二极管的单向导电性，可以将交流电变为直流电——整流。整流电路常用的有单相半波、单相全波、三相半波和三相全波整流电路几种。不同整流电路整流后的波形都存在脉动现象，只是脉动程度有所不同。滤波电路可以减小脉动程度，常见的有 C（电容）、RC（阻容）、LC（电感电容）滤波电路。

2. 晶闸管（Thyristor）

晶闸管（Thyristor）是硅晶体闸流管的简称，俗称可控硅整流管（Silicon Controlled Rectifier），简称 SCR。由于它的电流容量大、电压耐量高（目前生产水平：1500A/8000V），已被广泛应用于相控整流、逆变、交流调压、直流变换等领域，成为特大功率、低频（200Hz以下）装置中的主要器件。晶闸管包括普通晶闸管（SCR）、快速晶闸管（FST）、双向晶闸管（TRIAC）、逆导晶闸管（RCT）、可关断晶闸管（GTO）和光控晶闸管等。

目前国内外生产的晶闸管，其外形封装形式可分为小电流塑封式、小电流螺旋式、大电流螺旋式和大电流平板式（额定电流在 200A 以上）。晶闸管有三个电极，它们是阳极 A、阴极 K 和门极 G。

3. 绝缘栅双极型晶体管 IGBT

IGBT 应用于直流电压为 600V 及以上的变流系统如交流电机、变频器、开关电源、照明电路、牵引传动等领域。IGBT 模块是由 IGBT（绝缘栅双极型晶体管芯片）与 FWD（续流二极管芯片）通过特定的电路桥接封装而成的模块化半导体产品；封装后的 IGBT 模块直接应用于变频器、UPS 不间断电源等设备上。

它有三个电极，分别是集电极 C、发射极 E 和栅极 G，图 2-6-1 是 IGBT 的等效电路及符号。

变频器（Variable-frequency Drive，VFD）是应用变频技术与微电子技术，通过改变电源频率来控制交流电动机转速的电力控制设备。变频器主要由整流（交流变直流）、滤波、逆变（直流变交流）、制动单元、驱动单元、

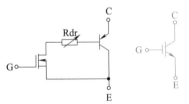

图 2-6-1　**IGBT 等效电路及符号**

检测单元及微处理单元等组成。变频器靠内部 IGBT 的开断来调整输出电源的电压和频率，以满足异步（同步）电动机调速所需要的电源。分为电压型三相桥式变频器电路和电流型三相桥式变频器电路。

任务实施

电力电子器件出现问题，找出原因并排除。

① 电力电子器件损坏引起断路。

② 电路连接接点虚接不牢靠。

③ 选择电力电子器件参数与变换电路不匹配。

④ 输出电能未达到用电设备要求，滤波器选择不合适。

⑤ 功率二极管测试。

用指针式万用表的 1kΩ 挡测二极管时，将黑表笔接 A，红表笔接 K，应显示小的阻值。

因万用表内部 1.5V 电池电压的正极连黑表笔，负极连红表笔，所以此时，二极管导通。反之，应显示大的阻值，表示二极管反向不通。

用数字式万用表的二极管挡测二极管时，将红表笔接 A，黑表笔接 K，应有数值显示。因数字万用表的红表笔连内部电池正极，黑表笔连负极，此时，二极管导通了，反之，应无数值显示，表示二极管反向不通。

以上测量方法，既可以判断二极管的好坏，又可以判断其极性。

⑥ 晶闸管测试。通过万用表检测晶闸管各个引脚正、负电阻判断极性。晶闸管各个引脚的阻值都较大，当检测出唯一一个小阻值时，此时黑表笔接的是控制极（G），红表笔接的是阴极（K），另一个引脚为阳极（A）。

通过万用表检测晶闸管好坏，阳极与阴极、阳极与控制极之间正、反阻值应该都很大，阴极与控制极正向电阻应远远小于反向电阻。否则，晶闸管损坏。

⑦ IGBT 测试。IGBT 管的好坏可用指针万用表的 $R \times 1k$ 挡来检测，或用数字万用表的"欧姆"挡来测量 PN 结正向压降进行判断。

检测前先将 IGBT 管三只引脚短路放电，避免影响检测的准确度；然后用指针万用表的两只表笔正反测 G、e 两极及 G、c 两极的电阻，对于正常的 IGBT 管，上述所测值均为无穷大。

最后用指针万用表的红笔接 c 极，黑笔接 e 极，若所测值在 3.5kΩ 左右，则所测管为含阻尼二极管的 IGBT 管，若所测值在 50kΩ 左右，则所测 IGBT 管内不含阻尼二极管。对于数字万用表，正常情况下，IGBT 管的 e、c 极间正向压降约为 0.5V。

如果测得 IGBT 管三个引脚间电阻均很小，则说明该管已击穿损坏；若测得 IGBT 管三个引脚间电阻均为无穷大，说明该管已开路损坏。

任务 3　交直流传动控制装置使用与维护

职业鉴定能力

对交直流传动控制装置进行常规点检与维护。

核心概念

交直流传动控制指由交流电机或直流电机作动力的相关控制设备。

任务目标

1. 会对交直流传动控制装置进行维护、调试与保养。
2. 能掌握交直流传动控制装置常见故障诊断、故障排除、预先诊断的方法。

 素质目标

1. 培养职业岗位适应能力，挖掘职业潜力。
2. 培养克服困难、坚韧不拔的意志力。
3. 培养科技自信、文化自信、民族自信的理念。

任务引入

电机及相关设备若要保持长期的良好工作性能，日常的使用、维护和点检尤为重要，正确地进行周期性、规范性的点检，是保证设备正常工作的前提条件。为了让点检员小王尽快掌握电机及相关设备的使用与维护，师傅给点检员小王布置了如下任务：

（1）变频器设备的使用操作。
（2）软启动器使用操作。
（3）穿孔下电机拆装及防水制作施工方案记录。

任务准备

变频器常见故障：
（1）过流。
（2）过压。
（3）欠压。
（4）过热。
（5）输出不平衡。
（6）过载。
（7）开关电源损坏。
（8）SC 故障。
（9）接地故障。

知识链接

使用软启动器启动电动机时，其输出电压逐渐增加，电动机逐渐加速，直到内部晶闸管全导通，电动机工作在额定电压上，实现了平滑启动，降低了启动电流，避免了启动过程中的过流跳闸现象。待电机达到额定转速时，启动过程结束，此时可用接触器将软启动器旁路，电动机直接接入电源长期运行，以降低晶闸管的热损耗，延长软启动器的使用寿命，提高其工作效率，又使电网避免了谐波污染。

软启动器同时还提供软停车功能，软停车与软启动过程相反，先切断旁路接触器，然后逐渐减小晶闸管导通角，使三相供电电压逐渐减小，电机转速由大逐渐减小到零，直至停

车，避免了自由停车引起的转矩冲击。

任务实施

1. 变频器设备的使用操作

掌握变频器工作原理，了解器件特性，熟悉变频器参数含义并按照控制要求设定参数。

2. 软启动器使用操作

软启动器实际上是一种三相调压器，将其接入电源和电动机定子之间，主电路如图2-6-2所示。

3. 穿孔电机拆装及防水制作施工方案记录

　　① 拆装顶头更换箱 2h。

　　② 拆上层盖板 2h。

　　③ 同时拆电机地脚螺栓、电机大小线，电机大线接线盒也要拆。

　　④ 拆接手螺栓。

　　⑤ 吊出电机，需 4 条吊带，4 个 25t 吊环，注意吊出角度理论计算为 17°。

　　⑥ 防水盖板拆除 4h。

　　⑦ 吊出电机及水冷箱 3h。

　　⑧ 电机落入 4h。

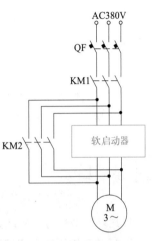

图 2-6-2　**软启动器主电路**

　　⑨ 电机接线找正 5h，前期电机小轴提前找正 3 道误差以内，电机 46t 不含水冷箱，吊装 17°没有具体实验数据。

　　⑩ 防水盖板回装，主次梁焊接 4h，铺平板（4~6mm 厚钢板，1m×6m　3 张半，要铺平），接口要平整（接口不好导致渗水），接口用丁基胶带厚 1.5mm，宽 10cm，长 5m，然后再做防水层 30m^2，要求 24h 干燥能达到最好。

　　⑪ 上层盖板及顶头更换箱走梯安装需 4h，接线需 3h。

任务 4　电气传动保护装置的点检

职业鉴定能力

对电气传动保护装置进行常规点检与维护。

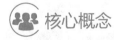
核心概念

电气传动系统多功能保护器作为集低压三相异步电动机的监测、控制和保护于一体的新一代智能型多功能化的综合保护装置，可有效保护包括供电回路、电动机及负载在内的整个传动系统。具有很高的性价比。功能如下：

1. 保护：功率过载欠载、过电流、缺相、失速、堵转、电流不平衡、欠电压、过压、欠压接地故障、短路（根据不同型号功能有所不同）。

2. 辅助功能：实时时钟、故障记忆、预报警、累计运行时间、3~10次故障记录、自动启动限制、模拟输出。

3. 高性能数字微型处理器。

4. 产品控制面板断开的情况下，也能正常保护。

5. 实时处理/高精度。

6. 通信：Modbus/RS-485。

 ## 任务目标

1. 会对电气传动保护装置进行维护、调试与保养和日常点检。

2. 能掌握电气传动保护装置常见故障诊断及排除方法。

 ## 素质目标

1. 培养职业岗位适应能力，挖掘职业潜力。

2. 培养克服困难、坚韧不拔的意志力。

3. 培养科技自信、文化自信、民族自信的理念。

 ## 任务引入

电气传动保护装置若要保持长期的良好工作性能，它的使用和维护尤其重要，正确地使用和维护电气传动保护装置，是保证设备正常工作的条件。

发生工作不正常现象时，首先要通过测量来判断故障类型，根据各种常见故障现象以及对应的处理方法进行维修或调换部件。为了让新入职点检员小王能更好地胜任本岗位工作，师傅给小王布置了如下任务：

（1）熔断器点检。

（2）熔断器的常见故障及处理方法。

（3）热继电器点检。

（4）热继电器的常见故障及处理方法。

 ## 知识链接

1. 电气设备的状态维护

维护供配电设备机械部件，调整开关触头状态；维护继电保护性能；保养大型电机，调整对中，维护制动及电机润滑、风水冷系统；维护充电设备；维护设备外观及安装环境；维护组成模块；校核保护环节动作值；维护操作画面并更改运行参数；调整传感器、检测设备位置，维护设置性能参数；诊断网络故障及维护现场操作设备；维护遥感遥测设备。

2. 熔断器

熔断器是一种结构简单、价格低廉、动作可靠、使用维护方便的保护电器。它在低压配电网络和电力拖动系统中主要用作短路保护及严重过载保护。使用时串联在被保护的电路中。正常情况下，熔体相当于一根导线，当电路发生短路或严重过载，通过熔断器熔体的电流达到或超过某一规定值时，以其自身产生的热量使熔体熔断，从而自动分断电路，起到保护作用。

（1）熔断器的安装

① 熔断器应完整无损，安装时应保证熔体的夹头以及夹头和夹座接触良好，并且有额定电压、额定电流值标志。

② 插入式熔断器应垂直安装，螺旋式熔断器的电源线应接在瓷底座的下接线座上，负载线应接在螺纹壳的上接线座上。

③ 熔断器内要安装合格的熔丝，不能用多根小规格熔丝并联代替一根大规格熔丝。

④ 安装熔断器时，各级熔丝应相互配合，并做到下一级熔丝规格比上一级规格小。

⑤ 安装熔丝时，熔丝应在螺栓上沿顺时针方向缠绕，压在垫圈下，拧紧螺钉的力应适当，以保证接触良好，同时注意不能损伤熔丝，以免减小熔丝的截面积，产生局部发热而产生误动作。

⑥ 熔断器兼作隔离器件使用时应安装在控制开关的电源进线端；若仅作短路保护用，应装在控制开关的出线端。

（2）熔断器的使用

① 更换熔丝或熔管时，必须切断电源。尤其不允许带负荷操作，以免发生电弧灼伤。

② 对 RM10 系列熔断器，在切断过三次相当于分断能力的电流后，必须更换熔断管，以保证能可靠地切断所规定分断能力的电流。

3. 热继电器

热继电器是利用流过继电器的电流所产生的热效应而反时限动作的继电器。热继电器主要用于电动机的过载保护、断相保护、电流不平衡运行的保护及其他电气设备发热状态的控制。图 2-6-3 为部分热继电器的外形图。

图 2-6-3　部分热继电器的外形图

（1）热继电器的维护和使用

① 热继电器必须按照产品说明书中规定的方式安装。安装处的环境温度应与电动机所

处环境温度基本相同。当与其他电器安装在一起时，应注意将热继电器安装在其他电器的下方，以免其动作特性受到其他电器发热的影响。

② 热继电器安装时应清除触头表面尘污，以免因接触电阻过大或电路不通而影响热继电器的动作性能。

③ 使用中的热继电器应定期通电校验。此外，当发生短路事故后，应检查热元件是否已发生永久变形。若已变形，则需要通电校验。因热元件变形或其他原因致使动作不准确时，只能调整其可调整部件，而绝不能弯折热元件。

④ 热继电器在出厂时均调整为手动复位方式，如果需要自动复位，只要将复位螺钉顺时针方向旋 3～4 圈，并稍微拧紧即可。

⑤ 热继电器的使用中应定期用布擦净尘埃和污垢，若发现双金属片上有锈斑，应用清洁棉布蘸汽油轻轻擦除，切忌用砂纸打磨。

（2） 热继电器整定电流的调整

热继电器的整定电流值一般为负载正常工作时通过热继电器的电流的 1～1.05 倍。这个电流可能是线电流，也可能是相电流。整定电流是指长期通过发热元件而不致使热继电器动作的最大电流。当发热元件中通过的电流超过整定电流值的 20% 时，热继电器应在 20min 内动作。热继电器的整定电流大小可通过整定电流旋钮来改变，图 2-6-4 为热继电器电流整定。选用和整定热继电器时一定要使整定电流值与电动机的额定电流一致。

电流整定旋钮

图 2-6-4　热继电器电流整定

⚙ 任务实施

发生工作不正常现象时，首先要通过测量来判断故障类型，根据各种常见故障现象以及对应的处理方法进行维修或调换部件。如果损坏严重，已不可修复，则需要记下原品牌、型号、整定电流、安装尺寸等数据，以便购买符合要求的新热继电器进行更换。

1. 熔断器点检

① 熔体是否完好；

② 熔断器是否有油污。

2. 熔断器的常见故障及处理方法（表 2-6-1）

表 2-6-1　熔断器的常见故障及处理方法

故障现象	可能原因	处理方法
电路接通瞬间,熔丝熔断	熔丝电流等级选择过小	更换熔丝
	负载侧短路或接地	排除负载故障
	熔丝安装时受机械损伤	更换熔丝
熔丝未见熔断,但电路不通	熔丝或接线座接触不良	重新连接

3. 热继电器点检

① 热继电器表面是否有油污；

② 主电路是否连通；

③ 控制回路是否连通；

④ 热元件是否烧断。

4. 热继电器的常见故障及处理方法（见表 2-6-2）

表 2-6-2　热继电器的常见故障及处理方法

故障现象	故障原因	维修方法
热元件烧断	负载侧短路,电流过大	排除故障,更换热继电器
	操作频率过高	更换合适参数的热继电器
热继电器不动作	热继电器的额定电流值选用不合适	按保护容量合理选用
	整定值偏大	合理调整整定值
	动作触头接触不良	消除触头接触不良因素
	热元件烧断或脱掉	更换热继电器
	动作机构卡阻	消除卡阻因素
	导板脱出	重新放入并测试
热继电器动作不稳定、时快时慢	热继电器内部机构某些部件松动	将这些部件加以紧固
	在检修中弯折了双金属片	用两倍电流预试几次或将双金属片拆下来热处理（一般约 240℃）以去除内应力
	通电电流波动太大,或接线螺钉松动	检查电源电压或拧紧接线螺钉
热继电器动作太快	整定值偏小	合理调整整定值
	电动机启动时间过长	按启动时间要求,选择具有合适的可返回时间的热继电器或在启动过程中将热继电器短接
	连接导线太细	选用标准导线
	操作频率过高	更换合适的型号
	使用场合有强烈冲击和振动	选用带防振动冲击的或采取防振动措施
	可逆转换频繁	改用其他保护方式
	安装热继电器处与电动机处环境温差太大	按两地温差情况配置适当的热继电器
主电路不通	热元件烧断	更换热元件或热继电器
	接线螺钉松动或脱落	紧固接线螺钉
控制电路不通	触头烧坏或动触头片弹性消失	更换触头或簧片
	可调整式旋钮转到不合适的位置	调整旋钮或螺钉
	热继电动作后未复位	按动复位按钮

项目7 仪表点检与检测技术

任务 1　现场仪器仪表的点检

 职业鉴定能力

1. 具备正确识别和分析仪器仪表故障的能力。
2. 具备能够维护仪器仪表性能状态的能力。

 核心概念

仪器仪表可以感受和测量到人的感觉器官所不能感受到的物理量，自动化仪器仪表之于当今工业发展已经成为一种刚性需求，在机械设备、电子设备、监控系统中发挥的作用与日俱增。仪器仪表一般指用来测量、观察、计算各种物理量、物质成分、物性参数等的器具或设备。

任务目标

1. 掌握几种常用的仪器仪表的检测原理。
2. 掌握常用仪表出现的常见故障及分析方法。

素质目标

1. 打造较强的仪器仪表使用和维护的操作能力。
2. 养成一丝不苟的工匠精神。
3. 培养严谨的工作作风和民族自豪感。

任务引入

作为中枢系统的仪器仪表，能够实时监测整个系统的运行情况，如果设备出现故障，仪器仪表可以迅速检测到，提醒技术或维护人员进行决策和判断，在监测的同时还能够为调整设备的主要参数做出参考，因此保证仪器仪表的工况，正常投入运行十分必要。现场测量仪表，一般分为压力、温度、流量、液位四类。现场仪表故障率比显示仪表相对要高，是检查故障部位的重点。

点检任务：

（1）压力仪表的点检及常见故障分析。

（2）温度仪表的点检及常见故障分析。

（3）流量仪表的点检及常见故障分析。

（4）液位仪表的点检及常见故障分析。

知识链接

仪表按被测变量不同可分为：压力检测仪表、温度检测仪表、流量检测仪表、物位检测仪表、成分分析仪表。

仪表主要依靠被测变量不同来分类，要熟悉工业领域广泛应用的仪器仪表分类及测温原理。

1. 压力仪表

压力仪表有机械式压力表、电接点压力表、压力变送器/差压变送器、压力开关。

（1）机械式压力表

压力表是指以弹性元件（波登管、膜盒、波纹管）作为表内的敏感元件，通过弹性元件的弹性形变，带动表内的转换机构将压力形变传导至指针，指针转动来测量并指示压力。在工业过程控制与技术测量过程中，由于机械式压力表的弹性敏感元件具有很高的机械强度以及生产方便等特性，适用测量无爆炸、不结晶、不凝固、对铜和铜合金无腐蚀作用的液体、气体或蒸汽的压力及真空，如图 2-7-1 所示。

图 2-7-1　现场压力表

（2）电接点压力表

电接点压力表主要用于完成对流体介质压力的测量。当有流体压力存在时，在压力作用下，弹簧管末端会产生一定长度的形变，该形变经齿轮传动机构放大并将其显示在刻度盘上。同时，当刻度盘上的指针触碰到预设值的上下限时，就会触动保护装置，完成自动断开

图 2-7-2　**电接点压力表**

或发出报警音的目的。电接点压力表主要由指示系统、测量系统、保护系统、磁助电接点装置、调整装置、外壳、接线盒等部分构成，如图 2-7-2 所示。电接点压力表具有精度高，运行稳定；设定范围宽，安装简便；体积小，重量轻，性价比高等特点，广泛应用于化工、石油、冶金、机械等领域测量腐蚀性强、黏度大、易结晶介质的压力。

（3）压力变送器

压力变送器是一种将压力变量转换为可传送的标准输出信号的仪表，而且输出信号与压力变量之间有一定的连续函数关系（通常为线性函数）。

电容式压力变送器如图 2-7-3 所示。采用结构简单、坚固耐用且极稳定的可变电容形式，可变电容由压力腔上的膜片和固定在其上的绝缘电极所组成。当感受到压力变化时，膜片产生微微的翘曲变形，从而改变了两极的间距。采用独特的检测电路测电容的微小变化，并进行线性处理和温度补偿，传感器即可输出与被测压力成正比的直流电压或电流信号。精巧的结构、高性能的材料及先进的检测电路的完美结合，赋予了电容式压力变送器以很高的性能。

图 2-7-3　**电容式压力变送器**

（4）压力开关

压力开关是一种简单的压力控制装置，压力开关有机械式、电子式两大类。

机械压力开关，为纯机械形变导致微动开关动作。在外力作用下，压力开关内部弹性元件产生位移，推动开关元件，当被测压力超过额定值时会改变开关元件通、断状态，压力开关可发出警报或控制信号，如图 2-7-4（a）所示。

电子压力开关主要采用压力传感器进行压力采样。通过压力传感器直接将压力转换为电量（电压或电流），再通过信号调理电路对传感器信号进行放大和处理，最后通过比较电路，使器件在设定压力限值上输出一个逻辑电平，这个逻辑状态可输入控制器，用来控制电开关。用户可以通过设定电平转换门限来决定压力开关的动作压力值。电子式压力开关如图 2-7-4（b）所示，显示屏直观，精度高，使用寿命长，控制方便，但价格较高，需要供电。

(a) 机械式压力开关　　　(b) 电子式压力开关

图 2-7-4　**压力开关**

2. 温度仪表

常用温度仪表有双金属温度计、热电阻温度计、热电偶温度计、温度变送器、红外测温仪等。

（1）双金属温度计

由于两种金属的热膨胀系数不同，双金属片在温度改变时，两面的热胀冷缩程度不同，因此在不同的温度下，其弯曲程度发生改变。利用这一原理制成的温度计叫作双金属温度计，如图 2-7-5 所示。双金属温度计主要用于测量中低温度场所中的气体和液体温度。

图 2-7-5　**双金属温度计**

（2）热电阻温度计

热电阻温度计利用热电阻作为测温元件，是基于金属导体的电阻值随温度的增加而增加这一特性来进行温度测量的。

热电阻温度计由热电阻和显示仪表组成，如图 2-7-6 所示。其间用导线相连，热电阻将电阻体的电阻信号直接转换为 4～20mA DC 的标准信号，然后将电阻变化信息传输给显示仪表，以反映出被测温度。热电阻大都由纯金属材料制成，目前应用最多的是铂和铜，热电阻温度计是中低温区最常用的一种温度检测器。

图 2-7-6　**各类热电阻温度计**

（3）热电偶温度计

热电偶是中高温区最常用的一种温度检测元件，它是由两种不同材料的导体 A 和 B 焊接而成，构成一个闭合回路，当导体 A 和 B 的两个接点之间存在温差时，两者之间便会产生电动势，从而在回路中形成电流。其结构简单、测量范围宽、使用方便、测温准确可靠，信号便于远传、自动记录和集中控制，因而在工业生产中应用极为普遍。热电偶温度计主要特点是测量精度高，性能稳定，可用于测量各种温度物体，测量范围极大，如图 2-7-7 所示。

（4）温度变送器

温度变送器是将温度变量转换为可传送的标准化输出信号的仪表，主要用于工业过程温度参数的测量和控制。

温度变送器主要采用热电偶或者热电阻作为测温元件，将检测出的温度信号经过变送、稳压、放大、转换、保护等信号调理电路处理后，转变为与温度成线性关系的标准仪表信

图 2-7-7　各类热电偶温度计

号，如 4～20mA DC 的电流信号，或者 1～5V DC 的电压信号，将信号输入仪表，显示温度。

温度变送器主要适用于化工、电力、冶金等工业领域现场过程温度参数的测量和控制，温度变送器有一体化温度变送器，也有导轨式温度变送器等，如图 2-7-8 所示。

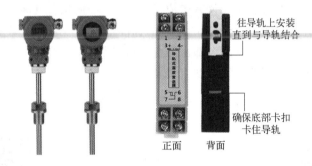

（a）防爆一体化数显温度变送器　　（b）导轨式温度变送器

图 2-7-8　温度变送器

（5）红外测温仪

红外测温仪可采用非接触测量方式进行测温。在自然界中，一切温度高于绝对零度的物体都在不停地向周围空间发出红外辐射能量，能量的大小与它的表面温度有着十分密切的关系，因此通过测量物体自身辐射的红外能量便能准确地测定它的表面温度，这就是红外辐射测温的原理。

红外能量聚焦在光电探测器上并转变为相应的电信号，该信号经过信号调理电路，校正后转变为被测目标的温度值。比起接触式测温方法，红外测温有着响应时间快、非接触、使用安全及使用寿命长等优点。在红外测温时应考虑所在的环境条件，如温度、污染灯干扰等因素，手持式红外测温仪如图 2-7-9 所示。

图 2-7-9　各类红外测温仪

3. 流量仪表

常用的流量仪表有涡轮流量计、质量流量计、涡街流量计、超声波流量计等。

（1）涡轮流量计

涡轮流量计是一种新型智能化仪表，可以测量各种液体介质的体积、瞬时流量和体积总量，具有机构紧凑、读数直观、可靠等特点，如图 2-7-10 所示。

当被测流体流过涡轮流量计时，在流体作用下，叶轮受力旋转，其转速与管道平均流速成正比，同时，转动的叶轮周期地改变磁电转换器的磁阻值，检测线圈中的磁通随之发生周期性变化，产生周期性的感应电势，即电脉冲信号，经放大器放大后，送至显示仪表显示。

涡轮流量计广泛应用于测量石油、有机液体、无机液体、液化气、天然气、煤气等流体的流量，是最为通用的一种流量计。

图 2-7-10　涡轮流量计

（2）质量流量计

在工业生产中，流量的质量往往会受到被测介质的压力、温度、黏度等许多参数变化的影响，会给流量测量带来较大的误差。因此，为了对流体进行准确计量，需要测量流体的质量流量。质量流量计就是用来测量流体质量的流量计。

流体在旋转的管内流动时会对管壁产生一个力，使内部两根振管扭转振动，将产生相位不同的两组信号，这两个信号差与流经传感器的流体质量流量成比例关系，从而算出流经振管的质量流量。不同的介质流经传感器时，振管的主振频率不同，安装在传感器振管上的铂电阻可间接测量介质的温度。质量流量计是一个较为准确、快速、可靠、高效、稳定、灵活的流量测量仪表，在石油加工、化工等领域将得到更加广泛的应用，如图 2-7-11 所示。

图 2-7-11　质量流量计

（3）涡街流量计

涡街流量计也称之为卡门涡街流量计，它的工作原理是在流体中安放一个非流线型漩涡发生体，使流体在发生体两侧交替地分离，释放出两串规则的交错排列的漩涡，这种漩涡称为卡门漩涡，且在一定范围内漩涡分离频率与流量成正比的，如图 2-7-12 所示。

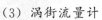

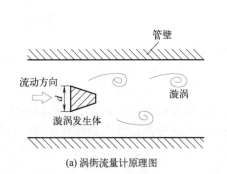

(a) 涡街流量计原理图　　　(b) 涡街流量计外观

图 2-7-12　涡街流量计

其特点是压力损失小，量程范围大，精度高，在测量工况体积流量时几乎不受流体密度、压力、温度、黏度等参数的影响。无可动机械零件，因此可靠性高，维护量小。

（4）超声波流量计

超声流量计是指一种基于超声波在流动介质中传播速度等于被测介质的平均流速与声波在静止介质中速度的矢量和的原理开发的流量计，主要由换能器和转换器组成，超声波流量计依据测量原理常见的有两类：时间差计量、多普勒原理计量。根据实际应用的需要，超声波流量计又可分为外夹式、管段式、插进式。外夹式超声波流量计是生产最早、用户最熟悉且应用最广泛的超声波流量计，安装换能器无需管道断流，即贴即用，它充分体现了超声波流量计安装简单、使用方便的特点，如图 2-7-13 所示。

管段式超声波流量计把换能器和丈量管组合成一体，解决了外贴式流量计在测量中因管道材质疏松或锈蚀严重导致超声波信号衰减严重的问题，而且测量精度也比其他超声波流量计要高，但要求切开管道安装换能器，如图 2-7-14 所示。

(a) 壁挂式超声波流量计　　(b) 外夹式超声波探头

图 2-7-13　**外夹式超声波流量计**

图 2-7-14　**管段式超声波流量计**

插进式超声波流量计的特点介于上述二者中间。在安装上可以不断流，利用专门工具在有水的管道上打孔，把换能器插进管道内，即可完成安装。由于换能器在管道内，其信号的发射、接收只经过被测介质，而不经过管壁和衬里，所以其测量不受管质和管衬材料限制，如图 2-7-15 所示。

4. 液位物位仪表

液位物位仪表常用的有玻璃板液位计、磁翻板液位计、双法兰液位计、电浮筒液位计、超声波液位计、雷达液位计等。

（1）玻璃板液位计

玻璃板液位计根据连通器原理，通过透明玻璃直接显示容器内液位实际高度，适用于直接指示各种塔、罐、槽、箱等容器内介质的液位，具有结构简单、直观可靠等优点，同

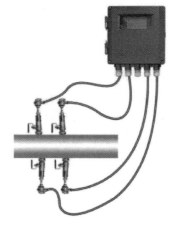

图 2-7-15　**插进式超声波流量计**

时在仪表上下阀门内装有安全钢球，当玻璃意外破损时，钢球能在容器内压力的作用下，自动关闭液流通道，以防止液位继续外流。玻璃板液位计较为脆弱且容器中的介质必须对内部材料不起腐蚀作用，如图 2-7-16 所示。

（2）磁翻板液位计

磁翻板液位计根据浮力和磁性耦合原理研制而成，它弥补了玻璃板（管）液位计指示清

晰度差、易破裂等缺陷，当被测容器中的液位升降时，液位计中的磁性浮子也随之升降，浮子内的永磁体通过磁耦合传递到磁翻柱，驱动红、白翻柱翻转，红白交界处的刻度即为容器内部液位的实际高度，从而实现液位的清晰指示，如图 2-7-17 所示。磁翻板液位计可直接用来观察各种容器内介质的液位高度，可用于各种塔、罐、槽型容器和锅炉等设备的介质液位检测。

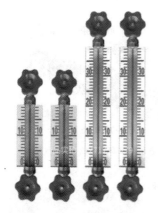

图 2-7-16　玻璃板液位计

图 2-7-17　磁翻板液位计

（3）双法兰液位计

双法兰液位计，实质上是一种差压变送器，利用对测量介质的两点之间由于存在液位高度所产生的压差进行测量的变送器仪表。当两侧压力不一致时，致使测量膜片产生位移，位移量和压力差成正比，故两侧电容量不等，通过振荡和解调环节，转换成与压力成正比的电信号。双法兰液位传感器可用于恶劣的环境中液位的测量，在选择安装场所时，要小心地减少传感器所受到的温度梯度、温度波动、振动的冲击，如图 2-7-18 所示。

图 2-7-18　双法兰液位计

（4）电浮筒液位计

电浮筒是根据阿基米德原理工作的，当液位变化时，浮筒所受浮力变化，通过支点，使扭力管受力作用后产生扭变，检测元件检测出后，变送器功能模块电路将测量信号经缓冲、放大和电压/电流变换后，输出 4～20mA 标准直流信号，信号与作用在浮筒上的浮力成正比例变化关系。

电浮筒液位计具有精度高、可靠性好、调整方便、测量范围广、经久耐用等优点，带有液晶数字显示屏，标准的二线制 4～20mA 输出，无需专用二次仪表，并可与计算机连接。适合工艺流程中敞口或带压容器内的液位、界位、密度的连续测量，广泛应用于石油、化工、电力、食品、水利、冶金、热力、水泥和污水处理等行业，如图 2-7-19 所示。

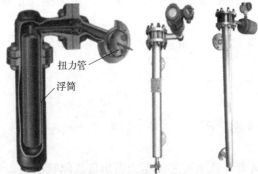

扭力管

浮筒

图 2-7-19　电浮筒液位计

（5）超声波液位计

超声波液位计为非接触式测量，安装方便，是由微处理器控制的数字物位仪表。在测量中脉冲超声波由传感器（换能器）发出，声波经物体表面反射后被同一传感器接收，转换成电信号，由声波的发射和接收之间的时间来计算传感器到被测物体的距离。由于采用非接触的测量，被测介质几乎不受限制，可广泛用于各种液体和固体物料高度的测量，如图 2-7-20 所示。

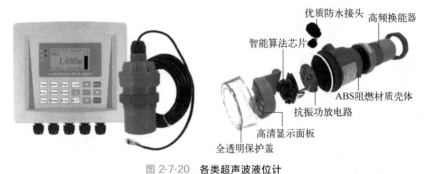

图 2-7-20　各类超声波液位计

（6）雷达液位计

雷达液位计基于时间行程原理，探头发出雷达波以光速运行，当遇到物料表面时雷达波反射回来，被仪表内的接收器接收，光波运行时间通过电子部件被转换成物位信号，从而可以确保在极短时间内稳定和精确地测量。雷达液位计适用于对液体、浆料及颗粒料的物位进行非接触式连续测量，也适用于温度、压力变化大，存在惰性气体挥发的场合，如图 2-7-21 所示。

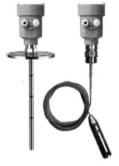

图 2-7-21　雷达液位计

任务实施

1. 压力仪表的点检及常见故障分析

（1）压力仪表日常巡检维护注意事项

① 打扫压力表及压力变送器现场，保证其表头根部阀及相关部件无油污。

② 检查变送器外观，包括铭牌、标志、外壳等应整洁，零件完整无缺，铭牌与标志齐全清楚，外壳旋紧盖好，确认标签清晰、完整。

③ 检查现场压力表及压力变送器根部阀为打开状态，压力表上部开关处在打开位置。

④ 检查变送器内部，内部应清洁，电路板及端子固定螺栓齐全牢固，表内接线正确，编号齐全清楚，引出线无破损或划痕。

⑤ 检查仪表外观良好，无破损，接头螺纹有无滑扣、错扣，紧固螺母有无滑丝现象。

⑥ 检查仪表零点和显示值的准确性、真实性。

⑦ 检查易堵介质的导压管是否畅通，定期进行吹扫。

⑧ 长期停用变送器时，应关闭根部阀。

⑨ 按变送器校准周期定期进行校准、排污或放空。

（2）现场压力表常见故障分析

现场使用的压力仪表可分为就地和远传两大类，就地安装的压力表出现故障较明显，通过观察大多能发现问题所在，对症更换或修理即可。

① 压力表无指示或不变化。可能是取样阀或导压管堵塞，新安装及不定期排污的压力表常会出现这一故障。振动及压力波动大的场合，如水泵出口压力表，常会把压力表的指针振松，而造成工艺压力变化而仪表不变化的故障。

② 去除压力后指针不回零。产生的原因可能有：指针松动；游丝有问题（如游丝力矩不足、游丝变形等）；扇形齿轮磨损；压力表接头内有污物堵塞。测量介质如是液体，压力表的位置又低于测压点，则导压管内的液体或冷凝液重量产生的静压力，造成压力表的指针不回零位。

③ 压力表指针有跳动或停滞现象。压力表反应迟钝不灵敏，可能的原因有指针松动，指针与表玻璃或刻度盘相碰存在摩擦，再就是扇形齿轮与中心轴摩擦，或者太脏有污物。导压管堵塞也会使仪表反应迟钝。

（3）压力变送器/差压变送器常见故障分析

① 输出信号为零。当压力变送器出现压力为零的现象时，可以从以下几个方面进行处理：首先检查管道内是否存在压力，仪表是否正常供电，之后检查是否存在电源极性接反的现象，最后检查电子线路板、感压膜头、变送器电源电压等。

② 加压力无反应。若加压力无反应则要检查取压管的阀门是否正常，变送器保护功能跳线开关是否正常，取压管是否堵塞，检查变送器零点和量程，更换传感膜头等。

③ 压力变量读数偏差。压力变送器出现压力读数明显偏高或偏低的现象时，首先检查取压管路是否存在泄漏现象，再检查取压管上的阀门，对传感器进行微调，若还存在问题，更换新的传感膜头。

④ 压力变量读数不稳定。该问题可通过隔离外界干扰源后，检查变送器引压系统中导压管是否泄漏、管道是否堵塞、引压管是否畅通、敏感元件是否出现变形等方法来排查。

2. 温度仪表的点检及常见故障检查处理方法

现介绍温度仪表点检要点和热电偶、热电阻、温度变送器常见故障分析方法。

（1）温度计和温度变送器日常巡检维护注意事项

① 打扫仪表卫生，保持温度表及其附件的清洁。

② 检查温度表外观，包括铭牌、标志、外壳等；外观应整洁，零件完整无缺，铭牌与标志齐全清楚，面板方向正确；确认仪表标签是否清晰、是否过期。

③ 检查温度表接头处有无泄漏，螺纹有无滑扣、错扣，紧固螺母有无滑丝现象。

④ 检查温度计安装是否牢固。

⑤ 检查温变外壳密封，电源信号线入口连接是否可靠，导线连接是否紧固。

⑥ 检查现场温度计与温变显示的温度是否一致。

（2）热电偶常见故障分析

① 热电偶常见故障有热电势比实际值大，热电势误差大，热电势比实际值小，热电势不稳定等现象。

② 热电势比实际值大的故障是不多见的，除有直流干扰外，大多是由热电偶与补偿导线、热电偶与显示仪表不匹配造成的。

③ 热电势误差大，通常是热电偶变质的原因，而热电偶变质大多是由保护套管有慢性泄漏或腐蚀性气体进入保护管内导致的偶丝腐蚀造成，保护套管严重泄漏时会造成热电偶的损坏。

（3）热电阻常见故障分析

热电阻常见故障有热电阻断路或短路。由于热电阻所用电阻丝很细，所以断路故障居多，断路和短路都是比较容易判断的。

① 热电阻及连接导线断路时显示仪表的温度指示偏大。这时可先在显示仪表的输入端子处测量电阻值来判断故障，检查时要把热电阻与显示仪表的连接导线拆除，否则测得的电阻值含有显示仪表的内阻会造成误判。如果测得的电阻值为无穷大，说明从仪表至热电阻的连线或热电阻有断路故障，然后到现场，把热电阻的两个接线端子短路，如果显示仪表指示小，则可肯定是热电阻断路。如果显示仪表仍然指示大，则连接导线有断路处，再分段检查找出断路处。

② 热电阻局部短路时，显示仪表的指示值偏低。可用数字万用表或直流电阻电桥测量热电阻的电阻值来判断，检查在热电阻接线盒的端子处进行，如果测得的电阻值明显低于实际温度时的电阻值，则可判断是热电阻局部短路。还有一种是严重短路，即显示仪表指示小，可将连接导线从电阻体的端子处拆开，观察显示仪表是否指示大，如果指示大说明热电阻有短路故障，如仍然指示小，则可肯定连接导线有短路；用万用表测量电阻就可找出短路点。

③ 对于有短路故障的热电阻可以试着修理，只要不影响电阻丝的粗细和长短，找到短路点进行绝缘处理，一般都可以修复再用。对于内部断路则只有更换。

④ 显示仪表指示波动，要通过观察来判断是正常的温度变化引起的，还是非正常的温度波动；波动很明显且没有规律，就有可能是热电阻或导线连接处有接触不良现象，尤其是现场条件差或使用年久时，由于氧化、锈蚀常会发生接触不良的故障。通过测量检查发现故障点，上紧螺钉、打磨氧化锈蚀点就可修复。

⑤ 显示仪表指示值比实际值低或示值不稳定。查看保护管内是否有水，热电阻受潮则烘干热电阻，清除水及灰尘。查看接线柱有灰尘，端子接触不良，则找出接触不良点，上紧螺钉。

（4）温度变送器常见故障分析

温度变送器的输出信号为4～20mA，其故障现象有无电流输出，零点有偏差，输出电流偏高、偏低，输出电流波动等。因此，在检查故障时，应该以检查外部为主，如以下三类：

① 无电流输出，应检查供电电源是否正常，接线有没有断路；经检查都正常时，可通过更换变送器来确定故障。

② 输出电流有偏差，应先检查测量元件，如热电偶、热电阻是否有误差，可用标准表测量、检查和判断。还应检查接线端子接触是否良好，是否受潮。

③ 输出电流波动，大多是由于线路接触不良及有干扰，这都可以通过检查线路接触情况，以及测量线路上干扰电压来确定故障原因。

3. 流量仪表的点检及常见故障分析

（1）流量仪表日常巡检维护注意事项

① 每周进行一次卫生清扫，保持流量计及其附件的清洁。

② 检查流量计外观，包括铭牌、标志、外壳等；外观应整洁，零件完整无缺，铭牌与标志齐全清楚，外壳旋紧盖好；仪表标签清晰、日期完整准确。

③ 检查变送器零部件完整无缺，检查流量计内部，包括电路板、接线端子、表内接线、

线号、引出线等；内部应清洁，电路板及端子固定螺栓齐全牢固，表内接线正确，编号齐全清楚，引出线无破损或划痕。

④ 检查流量计电气接口螺纹有无滑扣、错扣，紧固螺母有无滑丝现象；检查流量计上下法兰连接处有无泄漏。

⑤ 检查仪表零点和显示值的准确性，确保变送器零点和显示值准确、真实。

⑥ 检查流量计有无卡阻，在冬季需要伴热保温的流量计，应检查流量计伴热保温良好，以免介质冻堵流量计管线或变送器测量元件被冻坏。

（2）涡轮流量计常见故障分析

① 流体正常流动时流量计无显示。可用万用表检查电源线、熔丝等是否有断路或接触不良，线圈有无断线或焊点脱焊，传感器流通通道内部是否有故障。

② 流量计显示逐渐下降。检查过滤器是否堵塞；仪表管段上的阀门阀芯松动，开度减少；叶轮受杂物阻碍或轴承间隙进入异物，造成阻力增加。

③ 流体不流动，流量显示不为零。检查传输线屏蔽是否接地不良；加固管线，或加装支架防止管道振动；检修截止阀是否关闭不严。逐项检查显示仪内部线路板或电子元件是否变质损坏。

④ 显示仪示值与经验评估值差异显著。传感器流通通道内部故障；管道流动不通畅；显示仪内部故障；传感器中永磁材料失磁；传感器流过的实际流量已超出规定范围。

（3）质量流量计常见故障分析

① 瞬时流量恒示最大值。检查电缆线是否断开或传感器损坏，变送器内的保险管是否烧坏；传感器测量管堵塞等。

② 流量增加时，流量计指示负向增加。传感器流向与外壳指示流向相反，检查信号线是否接反。改变安装方向，改变信号线接线。

③ 流体流动时，流量显示正负跳动，跳动范围较大且有时维持负最大值：可能管路发生振动；可能流体有气液两相组分，或者变送器周围有强磁场或射频干扰。

（4）涡街流量计常见故障分析

① 管道流量仪表无显示无输出。检查供电电源，电压是否未接通，连接电缆可能断线。

② 仪表有显示无输出。可能流量过低，没有进入测量范围。放大板某级有故障、探头体有损伤，管道堵塞。

③ 流量输出不稳定。有较强电干扰信号，仪表未接地，流量与干扰信号叠加；直管段不够或者管道内径与仪表内径不一致，管道振动的影响；流量低于下限或者超过上限；流体中存在气穴现象等。

（5）超声波流量计常见故障分析

① 流速显示数据剧烈变化。传感器安装在管道振动大的地方或安装在调节阀、泵、缩流孔的下游。

② 传感器正常，但流速低或没有流速。管道内有堵塞物未清除干净；管道面凹凸不平或安装在焊接缝处；传感器与管道耦合不好，耦合面有缝隙或气泡；传感器安装在套管上，则会削弱超声波信号。

③ 流量计突然不再测量流量。被测介质发生变化；被测介质由于温度过高产生汽化；被测介质温度超过传感器的极限温度；传感器的耦合剂老化或消耗了；由于出现高频干扰使仪表超过自身滤波值。

4. 液位仪表的点检及常见故障分析

（1）液位仪表日常巡检维护注意事项

液位仪表有玻璃管液位计和带变送器液位计，其保养维护应注意：

① 现场卫生清洁干净，保持液位计及其附件的清洁。

② 外观检查，玻璃面板是否老化，刻度是否清晰，包括铭牌、标志、外壳等；外观应整洁，刻度盘与指针清晰，零件完整无缺，紧固螺栓有无松动。

③ 检查上下部阀有无泄漏，排污阀是否排污通畅。

④ 定期清洗玻璃管内外壁污垢，以保持液位显示清楚。清洗时应做到，先封闭与容器连接的上、下阀门，打开排污阀，放净玻璃管内残液，使用适当清洗剂或采用长杆毛刷拉擦方法，清除管内壁污垢。

⑤ 变送器液位计应检查液位计内部电路板及端子固定螺栓齐全牢固，表内接线正确，编号齐全清楚，引出线无破损或划痕。

⑥ 检查液位计电气接口螺纹有无滑扣、错扣，紧固螺母有无滑丝现象。

⑦ 检查液位计上下法兰连接处无泄漏。

⑧ 检查仪表零点和显示值的准确性，变送器零点和显示值应准确、真实。

⑨ 在冬季，需要伴热保温的液位计，应检查液位计伴热保温良好，以免介质冻堵流量计管线或变送器测量元件被冻坏。

（2）磁翻板液位计常见故障分析

① 面板无显示。检查浮子是否损坏、是否消磁，检查面板翻柱是否消磁。

② 远传输出不稳定。检查线路电压是否有间歇短路、开路或多点接地。

③ 磁翻板液位计安装必须垂直，应避开或远离物料介质进出口处，避免物料流体局部区域的急速变化，影响液位测量的准确性。

（3）浮筒式液位计常见故障分析

① 浮子未吊好。导致浮子与筒壁相摩擦，因摩擦力抵消部分液面浮力，指示值不准。

② 输出值不变。浮筒内介质几乎处于相对静止的状态，导致许多杂质沉淀在浮筒里，污泥把浮子卡住，即使液位变化，浮子也无法动作，就会出现输出值不变的情况。

③ 液位显示超满量程。浮子的挂扣脱落，由于脱扣，浮子沉到浮筒底部，扭力管无挂重，相当于液位满量程时的情况。把浮子挂扣挂好后会正常运行。

④ 无输出。放大器板损坏，浮子经过扭力管传过来的液位位移信号通过放大器，无法变成数字信号输出。

（4）超声波液位计常见故障分析

① 无信号或者数据波动厉害。现场容器里面有搅拌器，水面不平静，液体波动比较大，影响超声波液位计的测量。可选用更大量程的超声波液位计。

② 超声波液位计一直显示在搜索，处于"丢波"状态。液体表面有泡沫，跟泡沫的覆盖面积有关。

③ 超声波液位计数据无规律跳动。工业现场很多电动机、变频器等有电磁干扰，会影响探头接收到的回波信号。

更多仪器仪表的检验标准可参考《仪器仪表国内外最新标准及其工程应用技术全书》中各类仪器仪表检验与规范标准。

任务 2　常用传感器点检

职业鉴定能力

具备正确识别和维护传感器性能状态的能力。

核心概念

传感器是一种检测装置，能感受到被测量的信息，并能将感受到的信息，按一定规律变换成为电信号或其他所需形式的信息输出，以满足信息的传输、处理、存储、显示、记录和控制等要求。

任务目标

掌握传感器的基本知识，能够保证传感器正常运行。

素质目标

1. 打造较强的仪器仪表使用和维护的操作能力。
2. 养成一丝不苟的工匠精神。
3. 培养严谨的工作作风和民族自豪感。

任务引入

传感器可以测量人体无法感知的量，测量范围宽、精确度高、可靠性好，能感受被测量并将它转换成可用信号输出，在工业检测、自动控制系统上有广泛应用。传感器种类繁多，这里介绍冶金机电设备中常用的几种类型。包括热敏传感器、接近传感器、光电编码、限位开关等。

点检任务：常用传感器的点检。

知识链接

1. 热敏传感器

热敏传感器是将温度变化转换为电量变化的器件，可分为有源和无源两大类。它是利用某些材料或元件的性能随温度变化的特性来进行测量的。热敏传感器主要有热电阻传感器、热电偶传感器、双金属温度计等。

（1）热电阻传感器

热电阻温度传感器分为金属热电阻传感器和半导体热敏电阻传感器两大类，用于制造热电阻的材料应具有尽可能大和稳定的电阻温度系数和电阻率，物理化学性能稳定，最常用的热电阻材料有铂热电阻和铜热电阻。热电阻传感器由热电阻、连接导线及温度变送器组成，可以将温度转换为标准电流信号输出。它广泛用于测量中低温范围内的温度。防爆型热电阻传感器如图 2-7-22 所示。

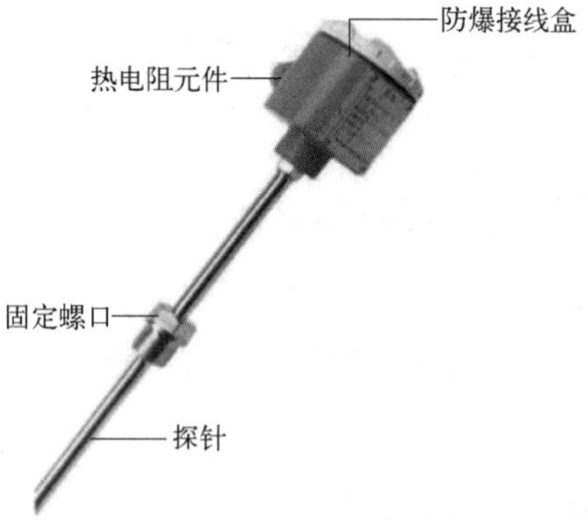

防爆接线盒

热电阻元件

固定螺口

探针

图 2-7-22　**防爆型热电阻传感器**

（2）热电偶传感器

热电偶能够将热能直接转换为电信号，热电偶传感器是工业中使用最为普遍的接触式测温装置。它具有性能稳定、测温范围大、可以远距离传输、结构简单、使用方便等特点，并且输出直流电压信号，使得显示、记录和传输都很容易，如图 2-7-23 所示。

（3）双金属温度计

双金属温度计把两种线胀系数不同的金属组合在一起，一端固定，当温度变化时，两种金属热膨胀不同，带动指针偏转以指示温度，如图 2-7-24 所示。测温范围为 $-80 \sim 500℃$，它适用于工业上精度要求不高时的温度测量。双金属片作为一种感温元件也可用于温度自动控制。

图 2-7-23　**热电偶传感器**

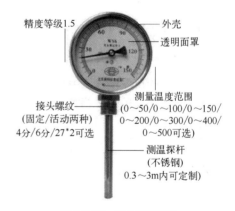

精度等级1.5

外壳

透明面罩

接头螺纹
（固定/活动两种）
4分/6分/27*2可选

测量温度范围
（0～50/0～100/0～150/
0～200/0～300/0～400/
0～500可选）

测温探杆
（不锈钢）
0.3～3m内可定制

图 2-7-24　**双金属温度计**

2. 接近传感器

接近传感器，是代替限位开关等接触式检测方式，以无需接触检测对象进行检测为目的的传感器的总称。能检测对象的移动信息和存在信息并将其转换为电气信号。接近传感器主要有电感式接近传感器、电容式接近传感器、光电式接近传感器、超声波传感器等，如图 2-7-25 所示。

3. 光电编码器

光电编码器是一种通过光电转换将输出轴上的机械几何位移转换成脉冲或数字量的传感器。光电编码器是由光源、光码盘和光敏元件组成，如图 2-7-26 所示。为判断旋转方向，码盘还可提供相位相差 90° 的两路脉冲信号。光电编码器可分为增量式编码器和绝对式编码器。

图 2-7-25　各类接近传感器

4. 限位开关

限位开关也叫行程开关、位置开关，是利用生产机械运动部件的按压或碰撞使其触头动作从而实现控制电路的接通或分断，使运动机械按一定位置或行程自动停止、反向运动、变速运动或自动往返运动等，各类限位开关如图 2-7-27 所示。

图 2-7-26　光电编码器

图 2-7-27　各类限位开关

 任务实施

1. 热敏传感器的定期维护

① 检查传感器安装环境是否干净、整洁，进行油污、粉尘的清扫。

② 安装位置是否有移位，对位不准确。

③ 检查接线盒外观是否完整，盒内接线是否紧固。

2. 接近传感器的定期维护

① 检测物体及接近传感器的安装位置有无偏离、松弛、歪斜。

② 布线、连线部有无松弛、接触不良、断线。

③ 是否有金属粉尘等的黏附、堆积。

④ 使用温度条件、环境条件是否有异常。

3. 光电编码器的定期维护

① 光电编码器是精密的测量元件，本身密封很好，但使用环境要注意防振和防污。

② 检查是否有振动造成内部紧固件松动脱落，造成短路。

③ 检查编码器的连接是否松动，要及时调整固定。

4. 限位开关的定期维护

① 检测开关的安装位置有无偏离、松弛、歪斜，及时紧固。
② 检查触点是否有杂物，造成触点不能动作或回弹。
③ 检查接线盒内部接线是否松动、断路。

任务 3　检测技术的运用

职业鉴定能力

掌握各类检测技术的测量方法与数据处理。

核心概念

检测技术是利用各种物理、化学效应，选择合适的方法与装置，将生产过程等各方面的有关信息通过检查与测量的方法，赋予定性或定量结果的过程称为检测技术。

任务目标

1. 了解检测技术的基本概念。
2. 掌握测量方法、误差处理等。

素质目标

1. 打造较强的仪器仪表使用和维护的操作能力。
2. 养成一丝不苟的工匠精神。
3. 培养严谨的工作作风和民族自豪感。

任务引入

检测是意义更为广泛的测量，包含测量、信号转换、传输、处理等综合性技术。检测技术是产品检验和质量控制的重要手段，广泛应用在生产、科研、试验及服务等各个领域，是自动化系统不可缺少的组成部分。人们对检测系统的测量精度要求也越来越高。

点检任务：检测中系统误差的处理方法。

 知识链接

1. 检测技术的分类

① 按测量手法：直接测量、间接测量。

② 按测量值的获得方式：偏移法测量、零位法测量、差分式测量。

③ 按传感器与被测对象是否直接接触：接触式测量、非接触式测量。

④ 根据对象变化的特点：静态测量、动态测量。

2. 影响检测技术的干扰

① 机械干扰。机械干扰是指机械振动或冲击使检测装置振动，影响检测参数。

② 湿度及化学干扰。当环境湿度增加，会形成水膜，渗入设备内部，造成漏电、击穿或短路。同时还会加速器件金属材料的腐蚀。

③ 热干扰。设备和器件长期在高温下工作，或者环境温度发生变化，会引起寿命和耐压等级的降低。

④ 电磁干扰。电磁干扰有自然干扰和人为干扰。自然干扰包括空间射电、辐射噪声、大气层噪声等。人为干扰包括大功率高频干扰、电磁波干扰等。

3. 常用的干扰抑制措施

① 静电屏蔽。带孔屏蔽板、屏蔽罩、屏蔽窗等。

② 电磁屏蔽。金属电磁屏蔽层。

③ 接地技术。可靠的接地线作为电信号基准电位，保证电路工作稳定，抑制干扰。

4. 检测技术误差的分类

（1）系统误差

系统误差是指在相同测量条件下多次测量同一物理量，其误差大小和符号保持恒定或按某一确定规律变化，此类误差称为系统误差。系统误差表征测量的准确度。

（2）随机误差

随机误差是指在相同测量条件下多次测量同一物理量，其误差没有固定的大小和符号，呈无规律的随机性，此类误差称为随机误差。通常用精密度表征随机误差的大小。

（3）粗大误差

粗大误差是指明显偏离约定真值的误差称为粗大误差。它主要是由测量人员的失误所致，如测错、读错或记错等原因造成。含有粗大误差的数值称为坏值，应予以剔除。

系统误差与随机误差可同时出现，系统误差可采取有效措施将其削弱或减小到可忽略的程度。随机误差不可削弱，但可通过多次测量取平均值的办法，减小其对测量结果的影响。

任务实施

1. 设备状态检测工作要点

① 确定实施状态检测的设备。

② 选定状态检测参数，如温度、速度等。

③ 确定测点位置和测定方向等。

④ 确定检测时长。

⑤ 确定判别标准，如绝对标准、相对标准或类比标准等。

⑥ 确定测试方法，如离线、在线等。

⑦ 设备优劣趋势分析。

2. 检测中系统误差的处理方法

① 对度量器及测量仪器进行校正。

② 测量前检查好仪表零位以及采取屏蔽措施来消除外部磁场、电场等各种外界因素的干扰，消除误差的根源。

③ 采用特殊的测量方法。

a. 替代法：在保持仪表读数状态不变的条件下，用等值的已知量去替代被测量，这样测量结果就和测量仪表的误差及外界条件的影响无关，从而消除系统误差。

b. 正负消去法：如果第一次测量时误差为正，第二次测量时误差为负，则可对同一量反复测量两次，然后取两次测量的平均值，便可消除这种系统误差。

c. 换位法：当系统误差恒定不变时，在两次测量中使它从相反的方向影响测量结果。然后取其平均值，从而消除这种系统误差。

任务 4   工业网络通信维护

职业鉴定能力

具备工业网络通信设备的维护保养能力。

核心概念

工业网络是计算机技术和通信技术相结合，安装在工业生产环境中的一种通信系统，广泛应用于工业自动化领域中，将工业数据安全准确地传送到上层网络中，是未来现代控制技术的发展方向。

任务目标

1. 了解工业网络通信的基础知识。
2. 具备维护保养工业网络通信状态的能力。

素质目标

1. 打造较强的仪器仪表使用和维护的操作能力。

2. 养成一丝不苟的工匠精神。

3. 培养严谨的工作作风和民族自豪感。

 任务引入

随着网络技术的发展，传统的工业领域正经历一场前所未有的变革，开始向网络化方向发展，工业网络是网络技术在工业控制领域中的具体应用，它是一种把工厂中各个生产流程和自动化控制系统通过各种通信设备组织为一个整体的通信网络。

点检任务：

（1）双绞线工业网络传输线路的维护工作。

（2）光纤工业网络传输线路的维护工作。

 知识链接

1. 工业网络通信协议分类

工业网络是计算机、通信和控制发展汇集成的结合点，是信息技术、数字化、智能化网络发展到现场的结果，在工业控制网络中，可以有各种不同结构、遵守不同通信协议的通信系统存在，其中主流的网络协议有以下几种。

（1）RS-232、RS-485 通信

RS-232 是一种串行物理接口标准。RS 是英文"推荐标准"的缩写，232 为标识号，其通信能力弱、传输速度慢、传输距离有限。RS-485 标准是在 RS-232 的基础上发展来的，增加了多点、双向通信能力，RS-485 的数据最高传输速率为 10Mbit/s，理论最大传输距离 3000m，抗干扰能力强。

（2）Modbus 通信

Modbus 通信采用主从式通信结构，可以使一个主站对应多个从站进行双向通信，协议是公开的，使它成为了一种通用的工业标准。PLC、DCS、智能仪表等都可使用 Modbus 协议作为通信标准。同时此协议支持传统的 RS-232、RS-422、RS-485 和以太网设备。

（3）HART 通信

HART 是一种可寻址远程传感器高速通道的开放通信协议，用于现场智能仪表和控制室设备之间。它支持 4～20mA 模拟信号加数字控制信号，支持双绞线全数字通信，HART 通常有三种应用方式：最普通的是用手持通信终端与现场智能仪表通信；或者带 HART 通信功能的控制室仪表，可与多台 HART 仪表进行组态通信；或与计算机或 DCS 操作站进行通信。

（4）PROFIBUS 通信

PROFIBUS 是一种国际化、开放式、不依赖于设备生产商的现场总线标准。传输速度可在 9.6Kbit/s～12Mbit/s 范围内选择，是一种用于工厂自动化车间级监控和现场设备层数据通信与控制的现场总线技术。它为实现工厂综合自动化和现场设备智能化提供了可行的解决方案。PROFIBUS 通信广泛适用于制造业自动化、流程工业自动化和楼宇、交通电力等其他领域自动化。

（5）PROFINET 通信

PROFINET 通信将原有的 PROFIBUS 与互联网技术结合，形成了新一代基于工业以太网技术的自动化总线标准。PROFINET 为自动化通信领域提供了一个完整的网络解决方案，包含了实时以太网、运动控制、分布式自动化、故障安全以及网络安全等当前自动化领域的热点，并且通过集成 PROFINET 接口，分布式现场设备可以直接连接到 PROFINET 上。对于现有的现场总线通信，也可以通过代理服务器实现与 PROFINET 的透明连接，保护现有投资。根据响应时间的不同，PROFINET 支持下列三种通信方式 TCP/IP 标准通信、实时（RT）通信、同步实时（IRT）通信等。

2. 工业网络传输介质

网络的传输介质分为有线传输介质和无线传输介质两种，工业控制通常采用的是有线传输介质。

（1）双绞线

双绞线由两根具有绝缘层的导线制成，封装在一个绝缘外套中，为降低信号的干扰程度，电缆中两根绝缘导线按一定密度绞合在一起，因此把它称为双绞线。双绞线可分为非屏蔽双绞线和屏蔽双绞线，分别如图 2-7-28、图 2-7-29 所示。

图 2-7-28　非屏蔽双绞线及接头

（2）同轴电缆

同轴电缆由一根空心的外圆柱导体和一根位于中心轴线的内导线组成，内导线和圆柱导体及外界之间用绝缘材料隔开，如图 2-7-30 所示。

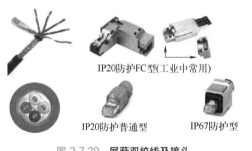

图 2-7-29　屏蔽双绞线及接头

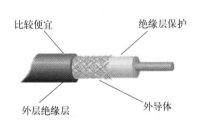

图 2-7-30　同轴电缆

（3）光纤

光纤是由一组光导纤维组成的用来传播光束的传输介质，如图 2-7-31 所示。由光发送

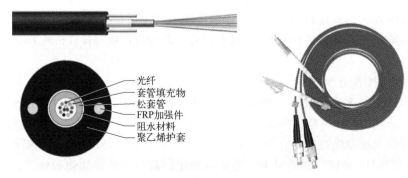

图 2-7-31　光纤

机产生光束，将电信号变为光信号，在另一端接收光纤上传来的光信号，并把它变为电信号，经解码后再处理。光纤分玻璃光纤、塑料光纤等，前者价格更高，性能更好。

任务实施

1. 双绞线工业网络传输线路的维护工作

① 按照网络维护规程制订维护计划，确定线路检查的周期。

② 根据网络拓扑图确定维护路线和维护具体点。

③ 对机柜内外综合布线系统上的灰尘进行清除。

④ 定期检查电缆桥架的平整度，避免电缆受到任何挤压、碾、砸、割或过力拉伸，如果发生变形、支架螺栓脱落等情况应立即修复。

⑤ 检查机房内双绞线上、面板上、配线架上的标签，将脱落的标签补全，将粘连不牢的标签固定好，更换有损伤的标签。

⑥ 按照维护线路进行维护后，如果未发现网络故障和故障隐患，应填写维护日志并进行存档，如果发现网络故障或者故障隐患就需要进行故障排除。

注意事项：进行线路维护主要是检查双绞线的连接接口状态、接口的完好性等，这些接口包括用户端的模块接口、网络中心的网络设备的连接接口、楼层网络交换设备的连接接口等。

2. 光纤工业网络传输线路的维护工作

① 按照维护规程确定针对光纤线路的维护周期。

② 根据网络拓扑图确定维护路线和具体维护点。

③ 对机柜内外综合布线系统上的灰尘进行清除。

④ 要检查光纤固定得是否牢靠，光纤所承受的拉力是否正常，光纤外表皮是否存在损伤，防雷设施是否正常，光纤的告警设施是否明显等。

⑤ 检查机房内光纤电缆上、面板上、配线架上的标签，将脱落的标签补全，将粘连不牢的标签固定好，更换有损伤的标签。

⑥ 按照维护线路进行维护后，如果未发现网络故障和故障隐患，应填写维护日志并进行存档，如果发现网络故障或者故障隐患就需要进行故障排除。

注意事项：光纤对连接的要求比较高，光纤在自然环境中受到风、冰雪、热、水等各种环境因素及人为因素的影响会导致光缆及连接点性能劣化、断裂，应格外注意，尤其在特殊天气后应加强排查。

任务 5　遥控遥感设备点检

职业鉴定能力

1. 分析遥控性能状态，具备一定的日常点检维护的能力。
2. 具备一定的故障分析及处理能力。

核心概念

　　遥感泛指通过遥感器这类对电磁波敏感的仪器，在远离目标和非接触目标物体条件下探测目标地物，获取其反射、辐射或散射的电磁波信息，对其进行处理、分析与应用的一门科学和技术。

任务目标

　　1. 掌握遥感的原理与方法，了解遥感技术。
　　2. 能够对常用遥感仪表进行维护、保养。

素质目标

　　1. 打造较强的仪器仪表使用和维护的操作能力。
　　2. 养成一丝不苟的工匠精神。
　　3. 培养严谨的工作作风和民族自豪感。

任务引入

　　遥感首先获取目标电磁辐射信息，再将收集到的辐射能转换成化学能或电能，经过信号处理，最终输出获得数据。目前遥感中常用的传感器大致上可分为光学摄影类型的传感器、扫描成像类型的传感器、雷达成像类型的传感器、非图像类型的传感器几类。

　　扫描成像类传感器在工业现场较为常见，可利用固定的探测元件，通过遥感平台的运动对目标地物进行扫描以得到目标地物电磁辐射特性信息，形成一定谱段的图像。

　　点检任务：遥感设备的日常点检维护。

知识链接

　　电子耦合器件（Charge Couple Device，CCD）常作为图像传感器的探测元件，是一种非常有效的非接触尺寸测量方法，它受光或电流作用产生电荷，经外部控制可产生电荷移动，从而将影像转变为数字信号。一块 CCD 上包含的像素数越多，提供的画面分辨率就越高。由于 CCD 图像传感器具有高分辨率、感受波谱范围宽、灵敏度高、体积小、重量轻、能耗小、寿命长、可靠性高等一系列优点，常用在冶金行业工业产品的外观检测中，如尺寸的精确测量、形变测量、机械磨损度测量、三维表面测量等，例如钢板测宽仪、钢板表面验伤检测仪。

1. 测宽仪

　　在线测宽仪是宽度在线检测设备，为非接触在线实时测量，通过多台面阵 CCD 摄像机获取整块钢板的图像，并经过高速图像采集卡将图像数字化后输入计算机中，计算机对钢板的数字图像进行预处理、边缘提取、自动识别后，计算出钢板的长度和宽度，如图 2-7-32 所示。它对板材的材质、温度等无要求，可对热轧钢板、冷轧钢板、PVC 板等各种板材类产品进行测量，在线检测与离线检测均可。

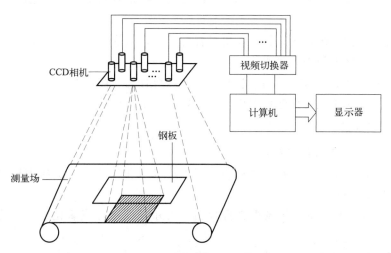

图 2-7-32　在线测宽仪工作原理图

2. 表面验伤检测仪

基于视觉与图像处理技术的表面验伤检测仪，采用图像采集设备和图像处理方法，用高速的 CCD 线阵扫描摄像头对板材表面进行实时拍照，照片经数字化处理后送入计算机进行图像处理，通过参数计算对板材的图片提取特征，用以检测表面缺陷信息，然后进行分类定级，如图 2-7-33 所示。表面验伤检测仪可以识别金属板材、卷材、带材表面的缺陷，如常见的裂痕、划痕、折痕、黏结、辊印等，广泛应用于钢铁、有色金属的生产，有助于减少漏检发生率，提高产品的质量。

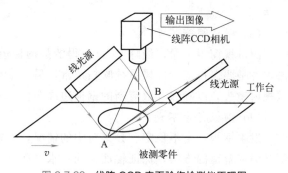

图 2-7-33　线阵 CCD 表面验伤检测仪原理图

任务实施

1. 测宽仪的日常点检维护

① 测宽仪设备在标定之后，使用过程中不得在检测箱架上用力敲打或使其强烈振动，避免有任何的碰撞和移动。

② 检查镜头玻璃是否清洁，定期用清洁的毛刷或纱布蘸酒精对光路上的玻璃进行清洗，保持测量窗口干净。

③ 经常检查吹扫系统是否正常，风机是否有异响，风管有无漏风，以保证光路的畅通。

④ 查看测量光路上是否有障碍物。

⑤ 经常对数字显示屏除尘，保持清洁。

⑥ 认真检查仪表柜上的按钮位置以及指示灯状态是否正常。

2. 表面检测仪的日常点检维护

① 表面检测仪设备在标定之后，检查是否有任何的移位。

② 检查镜头玻璃是否清洁，定期用清洁的毛刷或纱布蘸酒精对光路上的玻璃进行清洗，保持测量窗口干净。

③ 经常检查吹扫系统是否正常，风机是否有异响，风管有无漏风，以保证光路的畅通。

④ 查看测量光路上是否有障碍物。

⑤ 光源及光源玻璃是否有油污和积水。光源灯泡有无损坏，电源线有无老化、断开。

⑥ 认真检查仪表柜上的按钮位置以及指示灯状态是否正常。

3. 遥感设备常见故障及处理

（1）钢板表面水迹或氧化铁皮

测宽仪是光学测量设备，被测钢板表面有水迹或氧化铁皮，会造成钢板宽度测量值偏大，达不到精确测量的目的。

解决方法：可以安装高压鼓风机进行吹扫，去除表面水迹或氧化铁皮，达到高精度的测量。

（2）测量光路上有水蒸气或灰尘

测量光路上有水蒸气或灰尘，CCD 摄像机获得的是钢板边缘的模糊信号，导致测量不准确。解决方法：可以在测头的发射和接收部位，各设置一个吹扫气口。测量时将压缩空气引入吹扫气口，空气从透光部位吹出，可防止污物进入气口污染镜头，使测量通道保持干净。

（3）测量视窗不干净

测量视窗不干净，线阵 CCD 获得的是钢板边缘的模糊信号，导致测量不准确。解决办法：一是要保持测量供风系统吹扫正常，另一个是应定期用干净的镜头布或其他柔软布料擦拭视窗镜头，以确保获取清晰的钢板边缘图像。

（4）钢板行走不稳定

发生钢板行走不稳定、频繁对中的情况，采取机械检查输送辊道安装是否水平，或及时更换磨损辊道的方法，保证辊面在同一水平面。

（5）非环境影响因素

对于非环境因素，解决办法是定期标定测宽仪，定期校准，更换测量范围时或不准确时，采用标准量块进行校准。

项目8　自动控制系统的维护

任务 1　PLC 系统的维护

 职业鉴定能力

具备一定的可编程序控制器 PLC 的保养维护和故障检测能力。

核心概念

可编程序控制器（Programmable Logic Controller，PLC），是以微处理器为基础，综合了计算机技术、自动控制技术以及通信技术而发展起来的一种新型、通用的自动控制装置。

任务目标

1. 会对 PLC 进行维护与保养。
2. 能掌握 PLC 常见故障诊断及排除方法。

素质目标

1. 形成善于思考、按标作业的职业素养。
2. 培养严谨务实、精益求精的工匠精神。
3. 提升 PLC 保养维护及故障检测的能力。

任务引入

PLC 是现代工业自动化三大支柱（PLC、机器人、CAD/CAM）之一，PLC 具有灵活性高、通用性可靠性高、抗干扰能力强、安装调试工作量少，编程简单、功能强大、轻量化、易于实现机电一体化等特点。目前，PLC 已广泛应用于钢铁、石油、化工、电力、机械制造、汽车、轻纺、交通运输、环保等各个行业。

点检任务：PLC 的日常维护与保养。

 知识链接

1. PLC 的分类

PLC 按结构形式一般可分为整体式 PLC、模块式 PLC 两种。

（1）整体式 PLC

整体式 PLC 是将电源、CPU、I/O 接口等部件都集中装在一个机箱内，形成一个整体的 PLC 类型，具有结构紧凑、体积小、价格低等特点。小型 PLC 常采用这种结构。

（2）模块式 PLC

模块式 PLC 是将 PLC 各组成部分分别做成若干个单独的模块，如 CPU 模块、I/O 模块、电源模块（有的含在 CPU 模块中）以及各种特殊功能模块等，用户可以根据需要选用模块，硬件选择余地较大，维修时更换模块也很方便。大、中型 PLC 常采用这种结构。

2. PLC 的基本工作原理

PLC 采用循环扫描的工作方式。CPU 从第一条指令开始按指令步序号作周期性的循环扫描，如果无跳转指令，则从第一条指令开始逐条顺序执行用户程序，直至遇到结束符后又返回第一条指令，不断循环，每一个循环称为一个扫描周期，如图 2-8-1 所示。扫描周期的长短主要取决于程序的长短。但对于控制时间要求较严格、响应速度要求较快的系统，就需要精心编制程序，必要时采用一些特殊功能，以减少因扫描周期造成的响应滞后。

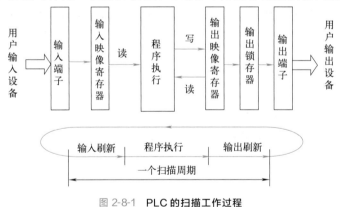

图 2-8-1　**PLC 的扫描工作过程**

3. PLC 的编程语言

PLC 采用梯形图语言、指令助记符语言、逻辑功能图、控制系统流程图语言、布尔代数语言等，其中梯形图、指令助记符语言最为常用。PLC 的设计和生产至今尚无国际统一标准，因此不同厂家所用的编程语言和符号也不尽相同，但它们的梯形图语言的基本结构和功能是大同小异的，很容易掌握。

4. 常见的 PLC

（1）西门子 PLC

西门子 PLC 在自动控制领域中的应用非常广泛，在冶金、化工、印刷等生产领域都有

身影，市场份额占有率非常高。西门子 PLC 的 S7 系列产品主要有 S7-200、S7-300、S7-400、S7-1200、S7-1500 等产品，如图 2-8-2 所示。

S7-200系列CPU   S7-300 系列PLC   S7-400系列PLC

S7-1200 系列CPU   S7 1500 系列PLC

图 2-8-2 西门子 PLC

（2）三菱 PLC

三菱 PLC 系列主要有：FX 系列、A 系列、Q 系列。FX 系列 PLC 是由三菱公司近年来推出的高性能小型可编程控制器，以逐步替代三菱公司原系列 PLC 产品。其又连续推出了将众多功能凝集在超小型机壳内的 FX0S、FX0N 系列 PLC，具有较高的性价比，应用广泛，如图 2-8-3 所示。

三菱FX系列PLC   三菱Q系列PLC

图 2-8-3 三菱 PLC

（3）施耐德 PLC

Twido，小型 PLC，可完成一般的自动化任务，比西门子 S7-200 性能稍弱。M258、M340，中型 PLC，跟西门子 S7-300 性能接近；Quantumn，大型 PLC，跟西门子 S7-400 性能接近，如图 2-8-4 所示。

5. 以西门子 1200 系列 PLC 为例讲解基本操作

（1）硬件组态

设备组态就是在设备和网络编辑器中生成一个与实际的硬件系统对应的虚拟系统，包括系统中的各种控制设备，如 PLC、HMI、变频器等，选取的各模块其型号、订货号和版本都需与实际设备保持一致。

① 添加设备。双击项目树中的"添加新设备"，单击出现的对话框中的"控制器"按钮，双击要添加的 CPU，添加一个 PLC，如图 2-8-5 所示。

施耐德Twido PLC

施耐德M258 PLC

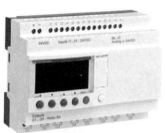

施耐德Quantumn PLC

图 2-8-4　施耐德 PLC

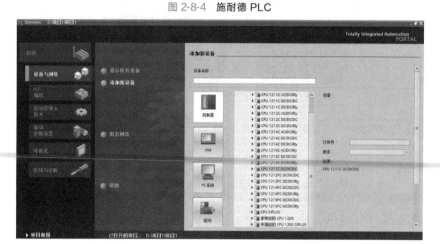

图 2-8-5　添加设备

② 设备组态。在项目视图界面，单击"项目树"一栏下"PLC_1"文件夹前的三角图标，展开该条目下的折叠选项，点选第一个"设备组态"选项，打开设备视图，检查实际硬件各参数并正确填写，确定组态软件中选择和设置的参数与实际的硬件系统相对应，如图2-8-6 所示。

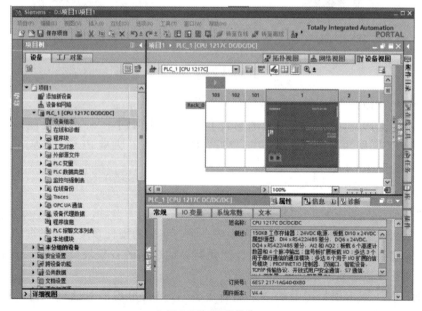

图 2-8-6　设备组态

（2）编译及下载项目

单击菜单栏"编辑"中的"编译"选项，或快捷工具栏中的"编译"按钮进行程序的编译，如图 2-8-7 所示。

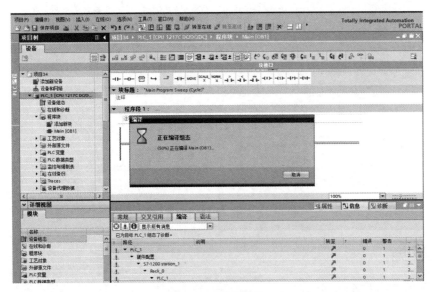

图 2-8-7　编译项目

编译后，检查是否有错误信息，无误后即可下载项目硬件及软件。

单击菜单栏中的"下载到设备"，若编程计算机和 PLC 通信正常，选择可访问的设备 PLC，进行程序下载，如图 2-8-8 所示。

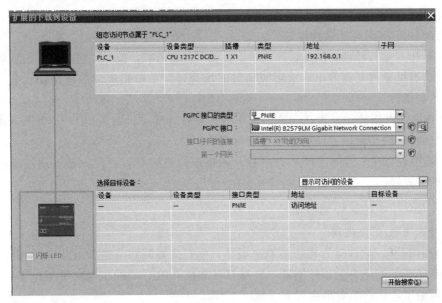

图 2-8-8　项目下载

（3）通信网络设置

西门子 1200PLC 采用 PROFINET 接口通信方式，为保证正常通信，需对 PLC 进行以太网地址设置，如图 2-8-9 所示。

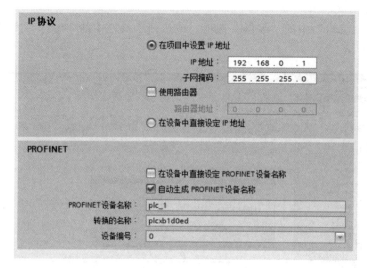

图 2-8-9　**通信网络设置**

1. PLC 的日常维护保养

① 检查 PLC 的工作环境，看周围环境温度和湿度是否超出允许范围。如超出，应采取降温和降湿措施。

② 检查 PLC 通风散热情况，必须保证 PLC 机架之间的净空距离，进、出线布线不应妨碍 PLC 的散热。若装有散热风机，则同时检查风机是否正常运行，充分散热。

③ 做好清洁吹扫除尘工作。

④ 检查 PLC 周围有无杂物堆放。

⑤ 检查 PLC 运行环境周围是否存在强电磁场干扰。若有，应加以消除或采取隔离措施。

⑥ PLC 有可能遭受到静电、放射源辐射的场合，应采取相应的静电防护、放射源的屏蔽以及抗干扰措施。

⑦ 检查电源电压波动是否在允许的范围。若不符合要求，则采用 UPS 稳压电源。

⑧ PLC 各模块与背板之间的连接是否可靠。

⑨ 电缆接头与端子排的连接是否可靠，各接地线连接是否可靠。若发现松动的地方应及时重新加固连接。

2. PLC 常见故障诊断及排除方法

（1）外围电气元件故障

PLC 硬件损坏或软件运行出错的概率极低，检查故障时重点应放在 PLC 的外围电气元件，输入电路有各类开关量和模拟量，检查其可靠性。PLC 的输出电路有继电器、晶闸管、晶体管三种输出，选择不对也会导致系统不工作。

（2）端子接线接触不良

PLC 工作一定时间后随着设备动作振动加剧及机械寿命等原因，造成接线头或元器件接线柱产生松动而引起接触不良。这类故障的排除方法是使用万用表，借助控制系统原理图进行故障诊断维修。

（3）PLC 受到干扰引起的故障

PLC 受到的干扰是随机的，只能针对不同情况加以抑制。

① 电源与接地保护。将 PLC 的电源与动力设备电源分开配线，能抑制电源线干扰。

为抑制电源及输入端、输出端的干扰，应给 PLC 接专用地线，对供电系统中的强电设备，其外壳、柜体、框架、机座及操作手柄等金属构件必须保护接地。

② 接线注意事项。

a. 只有屏蔽的模拟量输入信号线才能与数字量信号线装在同一线槽内。

b. 直流电压数字量信号线和模拟量信号线不能与交流电压线在同一线槽内。

c. 只有屏蔽的 220V 电源线才能与信号线装在同一线槽内。

d. 电气柜电缆插头的屏蔽一定要可靠接地。

e. 若信号线电缆与电源电缆共同装在一线槽内，建议保证间隔 10cm 以上。

③ 屏蔽处理。在 PLC 外壳底板上加装一块等位屏蔽板，一般使用镀锌板。使用铜导线与底板保持一点保护接地，截面积应不少于 10mm^2，以构成等位屏蔽体，有效地消除外部电磁场的干扰。

（4）PLC 周期性死机

故障特征是 PLC 每运行若干时间就出现死机或者程序混乱，或者出现不同的中断故障显示，重新启动后又一切正常。根据经验判断，最常见原因是 PLC 机体长时间的积灰。

解决方法：应定期对 PLC 机架插槽接口处进行吹扫。吹扫时可先用压缩空气或软毛刷将控制板上、各插槽中的灰尘吹扫净，再用 95% 酒精擦净插槽及控制板插头。

任务 2　DCS 系统的维护

职业鉴定能力

1. 具备 DCS 系统各部分状态监测、分析能力。
2. 具有一定的故障检测与维护能力。

核心概念

DCS 是分布式控制系统的英文缩写（Distributed Control System），又名集散控制系统，是集计算机技术、控制技术、通信技术和显示技术为一体的综合性控制系统。

任务目标

1. 能够对 DCS 系统各部分进行维护、调试与保养。
2. 能掌握 DCS 系统常见故障诊断及排除方法。

素质目标

1. 形成善于思考、按标作业的职业素养。
2. 培养严谨务实、精益求精的工匠精神。
3. 提升 DCS 保养维护及故障检测的能力。

任务引入

DCS 集散控制系统是相对于集中式控制系统而言的一种新型计算机控制系统，DCS 的集中指监视、操作、管理集中，DCS 的分散指对工艺过程控制分散、危险的分散。克服了常规仪表和集中式仪表的缺点，结合两者的优点，以其可靠性、灵活性、人机界面友好等特点，在电力、冶金、石化等各行各业都获得了极其广泛的应用。

点检任务：DCS 系统各部分的状态监测、保养与维护。

知识链接

DCS 系统从结构上划分，包括设备控制级、操作级和管理级，设备控制级主要有 I/O 控制站和数据采集站，是系统控制功能的主要实施部分；操作级包括操作员站和工程师站，完成系统的操作和组态；管理级主要是指工厂管理信息系统，作为 DCS 更高层次的应用。各层通过通信系统连接，如图 2-8-10 所示。其分散控制和集中管理体现在，系统内任一组发生故障，不会影响系统其他站点的工作状态。

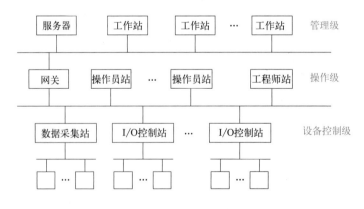

图 2-8-10　**DCS 系统结构**

（1）现场控制站

现场控制站通过现场仪表直接与生产过程相连接，采集过程变量信息，并进行转换和运算等处理，产生控制信号以驱动现场的执行机构，实现对生产过程的控制。现场控制站可控制多个回路，具有极强的运算和控制功能，能够自主地完成回路控制任务，实现反馈控制、逻辑控制、顺序控制和批量控制等功能。

（2）数据采集站

数据采集站通过现场仪表直接与生产过程相连接，对过程非控制变量进行数据采集和预处理，并对实时数据进一步加工。为操作站提供数据，实现对过程的监视和信息存储；为控制回路的运算提供辅助数据和信息。

（3）操作站

操作站是操作人员对生产过程进行显示、监视、操作控制和管理的主要设备。操作站提供了良好的人机交互界面，用以实现集中监视、操作和信息管理等功能。在有的小 DCS 中，操作站兼有工程师站的功能，在操作站上也可以进行系统组态和维护的部分或全部工作。

（4）工程师站

工程师站对 DCS 进行离线的组态工作和在线的系统监督、控制与维护。工程师能够借助于组态软件对系统进行离线组态，并在 DCS 在线运行时，可以实时地监视通信网络上各工作站的运行情况。

（5）监控计算机

监控计算机通过网络收集系统中各单元的数据信息，根据数学模型和优化控制指标进行后台计算、优化控制等，它还可用于全系统信息的综合管理。

（6）通信系统

通信系统连接 DCS 的各操作站、工程师站、监控计算机、控制站、数据采集站等部分，传递各工作站之间的数据、指令及其他信息，使整个系统协调一致地工作，从而实现数据和信息资源的共享。

❁ 任务实施

1. DCS 系统的日常维护

DCS 系统的日常维护主要包含了控制室、操作员站、控制站、通信网络等部分。

① 现场与控制室合理隔离，注意防尘，定时清扫，保持清洁，粉尘会对元件运行及散热产生不良影响。

② 保证空调设备稳定运行，注意观察环境温度、湿度，如其急剧变化会导致系统设备上结出凝露。

③ 尽量避免在控制室内使用无线电或移动通信设备，避免系统受电磁场和无线电频率干扰。

④ 不要移动运行中的操作站、显示器等，避免拉断或碰伤连接电缆和通信电缆等。

⑤ 检查主机、显示器、鼠标、键盘等硬件是否完好，实时监控工作是否正常。

⑥ 检查实时监控工作是否正常，包括数据刷新、各功能画面的操作是否正常，查看故障诊断画面，是否有故障提示。

⑦ 系统上电后，通信线接头不能与机柜等导电体相碰，互为冗余的通信线、通信接头不能碰在一起，以免烧坏通信网卡。

2. DCS 系统常见故障分析及处理

① 操作站故障。主要指计算机硬件故障，包括主机、显示器、鼠标和键盘等外围设备故障，采取替换法和排除法。

处理方法：a. 做好 DCS 系统软件和组态文件的备份。b. 观察 DCS 操作站显示故障信息或现象，初步判断故障所在。c. 关闭计算机和显示器电源，并拔掉电源或空气开关。d. 戴防静电手套，更换故障硬件。e. 打开电源，启动计算机，判断是否恢复正常。f. 如处理正常，DCS 操作站投用并观察 24 小时。

② 操作站软件故障。主要有操作系统软件故障和 DCS 系统软件故障。

处理方法：a. 做好 DCS 系统软件和组态文件的备份。b. 准备好操作系统软件，硬件驱动软件，DCS 系统软件。c. 重启计算机，看能不能恢复正常。d. 如没有恢复，根据需要重新安装相应的软件，必须按安装说明进行安装。e. 恢复组态文件到 DCS 操作站，并启动操作站，观察 24 小时。

③ 控制器故障。控制器是控制站的核心，若出现故障，将导致控制站不可用。

处理方法：a. 做好停车处理方案。b. 准备好要更换的控制器。c. 做好组态数据的备份。d. 戴好防静电手套。e. 更换上好的控制器。f. 上装组态好的数据。g. 做好主控制器与冗余控制器数据的同步。

④ I/O 卡件的故障。包括 I/O 处理卡和端子板故障。

处理方法：a. 联系工作人员把有关仪表切出去，改为现场手动控制。b. 查找是 I/O 处理卡故障、端子故障还是它们之间的连接排线故障。c. 准备好相应的配件。d. 戴好防静电手套。e. 更换卡件。f. 观察卡件运行情况。

⑤ 电源故障。电源为控制器和 I/O 卡件供电，一般带有冗余。

处理方法：a. 准备好备用电源。b. 如能断电处理，可关闭电源开关，如不能断电处理，必须要注意防止短路，同时要注意直流电正负对应，交流电要同相，否则就可能烧掉电源，造成设备损坏。c. 投用电源，用万用表检查电源的输出是否正常。

任务 3　电动执行元件的点检

 职业鉴定能力

具备分析执行元件状态与维护能力。

 核心概念

执行元件是自动控制系统中必不可少的驱动部件，可以将各种形式的能量转化为机械能，广泛应用于工业机器人、数控机床、各种自动化设备等。

任务目标

1. 能够对执行元件进行维护与保养。
2. 掌握执行元件常见故障诊断及排除方法。

素质目标

1. 形成善于思考、按标作业的职业素养。
2. 培养严谨务实、精益求精的工匠精神。
3. 提升执行元件保养维护及故障检测的能力。

任务引入

执行元件是自动化系统的重要组成部分，是根据来自控制器的控制信息完成对受控对象控制作用的元件，能将电能或流体能量转换成机械能或其他能量形式，是一种能量变换元件，直接作用于受控对象。在自动化系统中，执行元件根据输入能量的不同可分为电动、气动和液压三类。电动执行元件安装灵活，使用方便，在自动控制系统中应用最广；气动执行元件结构简单，重量轻，在机械工业生产自动线上应用较多；液压执行元件功率大，快速性好，广泛用于大功率的控制系统。在电气设备点检部分中只介绍电动执行元件。

点检任务：电动执行元件的日常保养与维护。

知识链接

电动执行元件可以将电能转换成机械能，并用电磁力驱动运行机构运动。常用的电磁式执行元件有继电器、电磁铁和电磁阀等。

1. 电磁式继电器

继电器是一种电子控制器件，通常应用于自动化的控制电路中，会根据特定的输入信号来控制接触器等电动执行元件，它实际上是用小电流去控制大电流运作的一种"自动开关"，在电路中起着自动调节、安全保护、转换电路等作用。

电磁式继电器一般由铁芯、线圈、衔铁、触点簧片等组成，如图 2-8-11 所示。在线圈两端加上电压，线圈中会流过一定的电流，从而产生电磁效应，衔铁会在电磁力的作用下吸向铁芯，带动衔铁上的动触点与静触点吸合。当线圈断电后，吸力消失，衔铁在弹簧力的作用下返回原来的位置，动触点与静触点断开。这样吸合、释放，达到了导通、切断电路的目的。

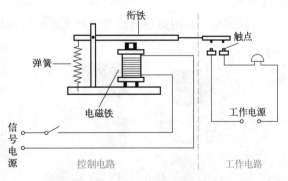

图 2-8-11 **电磁式继电器结构原理图**

电磁式继电器按继电器反映的参数可分为：中间继电器、电流继电器、电压继电器等，如图 2-8-12 所示。

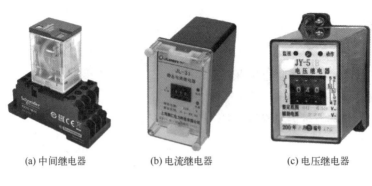

(a) 中间继电器　　　　　　　(b) 电流继电器　　　　　　　(c) 电压继电器

图 2-8-12　**各类电磁继电器**

2. 电磁铁

电磁铁是将电能转换为机械能的一种电磁元件，它利用载流铁芯线圈产生的电磁吸力来操纵机械装置，以完成预期动作。主要由线圈、铁芯及衔铁三部分组成，铁芯和衔铁一般用软磁材料制成，铁芯是静止的，线圈装在铁芯上。当线圈通电后，铁芯和衔铁被磁化，它们之间产生电磁吸力。当吸力大于弹簧的反作用力时，衔铁开始向着铁芯方向运动。当线圈中的电流小于某一定值或中断供电时，电磁吸力小于弹簧的反作用力，衔铁将在反作用力的作用下返回原来的释放位置。各类电磁铁如图 2-8-13 所示。

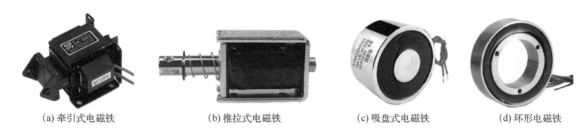

(a) 牵引式电磁铁　　　　　(b) 推拉式电磁铁　　　　　(c) 吸盘式电磁铁　　　　　(d) 环形电磁铁

图 2-8-13　**各类电磁铁**

3. 电磁阀

电磁阀是一种用电磁力控制流体介质的自动化基础元件，以节点的方式布置在各种管道网络中，由电磁力驱动，属于执行元件的一种，通过改变电磁阀内阀芯的位置来改变电磁阀内不同流道口之间的流道通断状态，以达到控制网络中流体的流向的目的。电磁阀可以配合不同的电路来实现预期的控制，电磁阀有很多种，从工作原理上可把电磁阀分为直动式、分步直动式和先导式电磁阀。根据受控介质形式、流量、压力、工作制式、工作频率、管道口径、电源类型、工作电压使用环境等因素选择合适的电磁阀。各类电磁阀如图 2-8-14 所示。

图 2-8-14　**各类电磁阀**

任务实施

1. 电动执行元件日常保养与维护

① 电源电压合适：注意保持电源电压在正常范围。

② 检查周围环境，定期清洗、扫除尘垢，清除介质杂质，保证不进水和其他物质。

③ 检查弹簧压力是否正常，温度、压力是否合理。

④ 检查电磁线圈的接线是否紧固、良好。

⑤ 检查附近是否有强电磁场等干扰因素。

2. 电动执行元件的常见故障分析及处理

（1）电磁元件通电后不工作

可能原因：①外部供电线路断线/接触不良。②线圈本身漆包线断线/焊锡不良不导通。③工作电压不对（实际电压小于电磁铁工作电压）。④可动组件存在被卡现象

处理方法：①使用万用表进行线路测量，如果接触不良，重新接好线圈。②更换新的线圈，焊锡不良则重新进行焊锡处理。③按照器件标定的额定电压，调整合适的电源电压。④清洁动作机构，清扫进入的杂质，适当调整被卡的零部件，消除摩擦力。

（2）线圈发热或烧坏

可能原因：①工作电压过高。②工作频率与要求不符合。③可动组件卡死。

处理方法：①按照器件标定的额定电压，调整合适的电源电压。②按照使用手册所提供的工作频率要求调整通断频率。③清洁动作机构，清扫进入的杂质，适当调整被卡的零部件，消除摩擦力。

（3）断电后不释放或释放缓慢

可能原因：①弹簧变形/弹簧力过小。②可动部分摩擦力大。③铁芯吸合面有油污及尘埃粘着。

处理方法：①更换弹簧。②重新调整可动组件，消除过大的摩擦力。③定期清洗吸合面、扫除尘垢。

（4）通电时有噪声

可能原因：①电压过低。②铁芯吸合面不平、歪斜。③铁芯吸合表面有异物或者油污。④铁芯磨损。

处理方法：①按照器件标定的额定电压，调整符合要求的工作电压。②及时更换新的铁芯。③定期清洗铁芯表面、扫除尘垢。④更换铁芯。

任务 4　智能控制仪表的点检

职业鉴定能力

具备分析智能控制仪表状态与维护能力。

核心概念

智能仪器就是具有人工智能化的测量仪器，受到了各领域的高度重视并得到了迅猛的发展。

任务目标

1. 能够对智能控制仪表进行维护与保养。
2. 掌握智能控制仪表常见故障诊断及排除方法。

素质目标

1. 形成善于思考、按标作业的职业素养。
2. 培养严谨务实、精益求精的工匠精神。
3. 提升智能仪表保养维护及故障检测的能力。

任务引入

随着微电子技术的不断发展，仪表设备逐渐趋近智能化，它以微处理器或单片机为核心，具有信息采集、显示、处理、传输以及优化检测与控制等多种功能，一定程度上简化了电路，提高了仪表的可靠性。目前智能仪表已成为仪器仪表发展的一个主导方向，并对自动控制、电子技术、国防工程、航天技术与科学试验等产生了极其深远的影响，得到了广泛的应用。

点检任务：智能仪表日常保养与维护。

知识链接

智能仪表主要包含硬件和软件两部分。

1. 硬件

主要包括主机电路、模拟量输入输出通道、人机接口和标准通信接口电路。

主机电路一般由微处理器、程序存储器以及输入输出 I/O 接口电路等组成，主要用于存储程序与数据，对数据进行运算和处理，并参与各种功能控制；模拟量输入输出通道主要由 A/D 转换器、D/A 转换器以及信号处理电路等组成，主要用于输入和输出模拟信号，实现模数与数模转换；人机接口主要由仪器面板上的键盘和显示器等组成，用来建立操作者与仪表之间的联系；标准通信接口电路可以将仪器与计算机连接起来，接收计算机的程序命令，一般情况下，智能仪器都配有 USB 等标准通信接口。智能仪器硬件结构如图 2-8-15 所示。

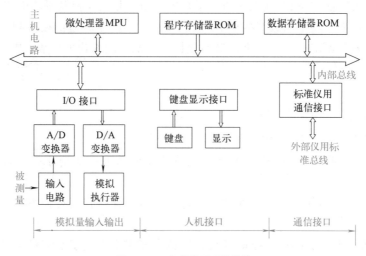

图 2-8-15　智能仪器硬件结构

2. 软件

软件主要包括监控程序、接口管理程序和数据处理程序。

监控程序面向仪器面板和显示器，主要功能是通过键盘操作，输入并存储所设置的功能、操作方式与工作参数；通过 I/O 接口电路进行数据采集，并对数据存储器所记录的数据和状态进行各种处理；以数字、字符、图形等形式显示各种状态信息以及测量数据的处理结果。接口管理程序主要面向通信接口，负责接收并分析来自通信接口的各种有关功能、操作方式与工作参数的操作码，并通过通信接口输出仪器的现行工作状态、测量数据的处理结果以及响应计算机的远程指令。数据处理程序主要完成数据的滤波、运算和分析等任务。

常见的智能控制仪表有智能数显温度控制仪表、智能数显压力控制仪表、智能数显三相电力监测仪表等，如图 2-8-16 所示。

(a) 智能数显温度控制仪表　(b) 智能数显单回路压力控制仪表　(c) 智能数显三相电力监测仪表

图 2-8-16　西门子多功能电力智能仪表

智能温度控制仪是集数显、调节、驱动于一体，采用先进的微电脑技术及芯片，性能可靠，抗干扰能力强，与各类传感器、变送器配合使用，可对参数进行巡回检测、报警控制、变送输出、数据采集及通信，广泛应用于石化、化工、冶金等行业的自动控制系统。

智能数显压力控制表是集压力测量、显示、输出和控制于一体的智能数显压力测控产品。该产品为全电子结构，采集的信号由高精度的 A/D 转换后，经微处理器运算处理，在现场显示，具有体积小、重量轻、耗电省、功能齐全、工作可靠、使用方便灵活等特点。

电力智能仪表是集测量记录、电能计量、遥信遥控、大屏幕 LCD 显示和网络通信功能于一体的电力仪表，能测量相/线电压值及平均电压值、相电流值及平均电流值、有功功率、无功功率、视在功率、功率因数等多项电网参数。支持 RS-485 通信端口和工业标准通信协议，可用于中压及低压配电系统、工业自动化控制系统、能源管理和楼宇电力监控等场合。

✿ 任务实施

1. 智能控制仪表的日常保养与维护

① 检查带有接地脚的三芯电源插头，是否牢牢接地。

② 定期对智能控制仪表的外壳进行除尘清洁，可用毛巾蘸清水擦拭，清洁时请关闭电源。

③ 定期吸除仪表内部灰尘并清洗传动部件。同时要保持仪表控制室环境条件符合技术指标要求。

④ 在雷雨天气时应关闭或拔掉电源线，以免高压雷击电网引起表的电源电压突然增高而烧毁表内电源。

⑤ 要严格按照规定的巡回检查路线定时检查仪表系统，仔细观察仪表及自控系统的工作情况。

2. 智能控制仪表的常见故障分析及处理

（1）通电后不显示

可能原因：辅助电源未加到仪表上，电源变压器或开关电源故障。

解决方法：①重点检查显示电路电源，使用万用表检查辅助电源接线，查看是否具有相应的工作电压。②若有相应电压，则仪表内部电源或线路出现故障，可联系厂家调换。

（2）数码管亮但显示为零

可能原因：没有输入信号，输入信号接线不正确。

解决方法：①按说明书查看输入信号的接线是否正确，并检查端子有无信号来源，无信号则自查上游。②有则初判表故障（可能为测量芯片管脚或数码管管脚虚焊），可联系厂家调换。

（3）通电后闪烁

可能原因：①信号不稳定。②周围有强磁场干扰源。③芯片虚焊等。

解决方法：①按国标要求，显示值允许有 2～3 字的跳动，但不允许间隔跳。②断开辅助电源，测试其是否超出工作电压范围。③测试输入信号是否超出额定值。④测试环境温度是否超出使用上限。⑤测试并解决问题后将辅助电源重新通电。

（4）通电后显示乱码

可能原因：周围有干扰源，或芯片虚焊或漏焊。

解决方法：①检查周围是否有干扰源，如大容量开关合闸时会造成对仪表的冲击，一般仪表会在 30s 内恢复正常。②若未能恢复，初判表故障（可能为芯片虚焊或漏焊），可联系厂家调换。

（5）模拟量输出不准

可能原因：模拟量输出量程、项目对应关系不对。

解决方法：①确认模拟量输出量程上下限对应关系。②确认模拟量输出对应的电参量是否正确。

任务 5　过程控制系统的维护

 职业鉴定能力

具备分析过程控制系统状态与维护的能力。

 核心概念

过程控制技术通常应用于各工业领域生产过程的自动化，采用数字或模拟控制方式对生产过程中的某一或某些物理参数，比如温度、流量、压力、液位等这样一些过程变量进行自动控制。

 任务目标

1. 能够对过程控制系统进行维护与保养。
2. 掌握过程控制系统常见故障诊断及排除方法。

 素质目标

1. 形成善于思考、按标作业的职业素养。
2. 培养严谨务实、精益求精的工匠精神。
3. 提升过程控制系统保养维护及故障检测的能力。

 任务引入

过程控制系统是指连续生产过程的自动控制。主要针对工业现场的生产过程进行控制，采用常规仪表或微机智能仪表，过程控制技术在石油、化工、电力、冶金、机械等许多重要国民经济领域中都有重要的应用。

点检任务：过程控制系统的日常点检维护。

 知识链接

1. 过程控制系统的组成

过程控制系统应该包括的主要部分有控制器、执行器、被控过程（或对象）、检测变送等环节，如图 2-8-17 所示。

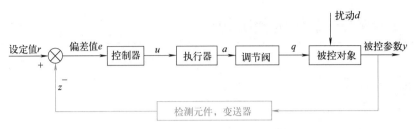

图 2-8-17　过程控制系统原理方框图

（1）被控对象

被控对象是指生产过程被控制的工艺设备或装置。控制参数 y 指被控过程内要求保持稳定的工艺参数，如温度、压力、流量、液位、成分等。

（2）传感器和变送器

按生产工艺要求，被控对象的有关控制参数应通过自动检测以获得可靠的信息。信息的获得依靠传感器或变送器来完成。被控的工艺参数一般为非电量物理量，通过传感器将其变成相对应的电信号，而变送器还会将此信号转换为标准信号。

（3）控制器

工艺要求规定的被控量的参数值称为设定值 r。在系统中，传感器或变送器的测量值 z 反馈到输入端和设定值 r 比较，从而得到了一个偏差值 e，当 $z>r$ 时称为负偏差，$z<r$ 时称为正偏差。控制器根据 e 的大小，根据控制器规定的控制算法进行运算，输出一个相对应的控制信号 u 去推动执行器。

（4）执行器

执行器接收控制器的控制信号 u，经过信号处理后推动调节阀。目前的执行器有气动执行器和电动执行器，如控制器是电动的，而执行器是气动的，则在控制器与执行器之间要有电气转换器。如用电动执行器，则控制器输出须经伺服放大器放大才能驱动执行器以推动调节阀。

（5）调节阀

控制器输出控制信号 u，经气动或电动执行器变换或放大处理后形成整定信号 a 用来驱动调节阀，改变输入对象的操纵量 q，使被控量受到控制。

2. 按系统结构分类

过程控制系统按系统结构可分为：

（1）反馈控制系统（闭环控制系统）

反馈控制系统也称为闭环控制系统，是指将被控变量作为输入引到控制器，形成闭环，此时系统不仅受到输入值的影响，同时又受到输出直接或间接影响。该类系统可以有若干个闭合的回路，是过程控制最基本的结构形式，如图 2-8-18 所示。

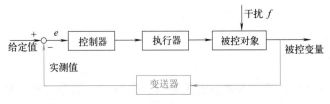

图 2-8-18　反馈控制系统框图

（2）前馈控制系统（开环控制系统）

控制系统没有被控变量负反馈，不将被控变量引入到控制器输入端，如图 2-8-19 所示。

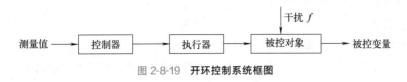

图 2-8-19　**开环控制系统框图**

（3）复合控制

前馈与反馈相结合，优势互补，如图 2-8-20 所示。

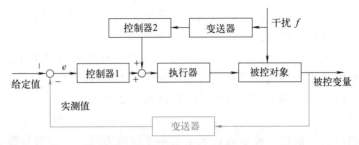

图 2-8-20　**前馈-反馈复合控制系统框图**

3. 过程控制系统的品质指标

过程控制系统在运行时有两种状态，一种称为稳态，系统的设定值保持不变，也没有受到外来的任何干扰，被调量保持不变，整个系统处于平衡稳定状态。另一种为动态，系统的设定值发生了变化，或系统受到了外来的干扰，原来的稳定遭到了破坏，系统的各部分将做出相应的调整，使被控量重新恢复到稳定。

过渡过程是指从前一个稳定状态到另一个稳定状态的过程，大多数系统经常处于动态过程中，评价一个系统的品质，更重要的是在动态过程中被调量随时间变化的情况。系统受到一个扰动以后能否在控制器的控制作用下再稳定下来，克服扰动回到设定值的准确性和快慢程度是评价系统的重要标志。通常可以用以下几个指标来衡量，如图 2-8-21 所示。

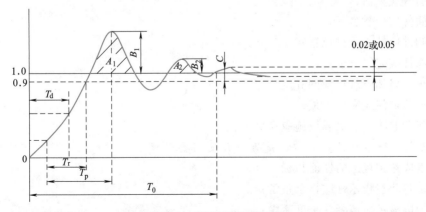

图 2-8-21　**过渡过程的品质指标**

（1）衰减比

衰减比 n，即 $n = B_1 / B_2$。由图 2-8-21 可以看出，第一、二两个周期的振幅 B_1 与 B_2

的比值充分反映了振荡衰减的程度。衰减比 n 表示曲线变化一个周期后的衰减快慢，一般用 $n:1$ 表示。衰减比需根据现场不同的对象来选取。衰减比也有用面积比表示的，如图 2-8-21 中阴影面积 A_1 与 A_2 之比。

（2）动态偏差

扰动发生后，被控量偏离稳定值或设定值的最大偏差称为动态偏差，也称为最大超调量，见图 2-8-21 中第一波峰 B_1。过渡过程到达此峰值的时刻称为峰值时间 T_p。如果动态偏差比较大，峰值时间又较长，这样的系统是不允许的。

（3）调整时间 T_0

系统受到扰动后平衡状态被破坏，经控制器作用后，被控量返回到允许的范围之内。通常在稳定值的 $\pm 5\%$（或 $\pm 2\%$）以内，达到新的平衡状态所经历的时间，称为调整时间 T_0，也称为过渡过程时间或稳定时间。

延迟时间：响应曲线第一次达到稳定值的 50% 的时间称为延迟时间 T_d。

上升时间：响应曲线第一次达到稳定值的时间称为上升时间 T_r。

峰值时间：响应曲线达到第一个峰值的时间称为峰值时间 T_p。

（4）静态偏差

经控制器控制以后，系统被控量将在规定的小范围内波动，被控量与最大稳定值或设定值之差称为静态偏差或残余偏差，简称余差，见图 2-8-21 中的 C，它是系统的一个静态指标，它的大小根据生产工艺过程的实际需要制订。从控制质量而言，余差越小越好，但余差过小，对系统要求就提高了，系统投资将增加。

✖ 任务实施

过程控制系统保养与维护如下。

（1）检查零部件是否完整，是否符合技术要求

① 硬件配置应符合设计要求；

② 铭牌、标志应清晰无误；

③ 紧固件不得松动，端子接线应牢固；

④ 可动件应灵活；

⑤ 接插件应接触良好；

⑥ 可调件应处于可调位置；

⑦ 零部件应完好齐全；

⑧ 散热风扇和空气过滤网齐全良好；

⑨ 机柜防护门应完好无损；

⑩ 所配置的防护、保温设施应完好无损。

（2）检查系统运行是否正常，是否符合使用要求

① 仪表应达到规定的性能指标；

② 系统各状态指示灯应指示正常；

③ 显示屏显示应清晰，亮度适中；

④ 散热风扇运转正常；

⑤ 状态画面显示各装置运行状态正常；

⑥ 调节质量应满足工艺要求；

⑦ 记录曲线应清晰、无断线；

⑧ 蜂鸣器响声正常；

⑨ 操作键盘灵活好用。

（3）检查设备及环境是否整洁

① 整机应清洁、无锈蚀；

② 刻度应清晰，字体应规范；

③ 线路敷设应整齐；

④ 线路标记应齐全、清晰、准确；

⑤ 控制室、机房的环境应满足要求；

⑥ 机房采光应符合要求。

（4）检查技术资料是否齐全、准确，符合管理要求

① 说明书、随机资料应齐全；

② 系统原理图、安装布置图、接线图应完整、准确；

③ 软件组态资料、程序清单应齐全、准确；

④ 系统软盘、应用软盘应留有备份；

⑤ 参数及其更改记录应齐全、准确；

⑥ 运行记录、故障处理记录、检修记录、零部件更换记录、软件修改记录应齐全、准确。

（5）过程控制系统维护注意事项

① 对电子插件操作前，应戴上防静电手环 30s 后方可作业；

② 对电子插件检修时，所用工具及仪器必须具有良好接地；

③ 备用电子插件必须放入防静电袋内保存；

④ 拔插电子插件前应停电；

⑤ 修改调节参数前，应将其切换至手动；

⑥ 对有锁紧机构的插件、开关、保险等在操作时必须先解除锁紧；

⑦ 打开机柜检修设备时，人体不要触及高压接头，以防电击；

⑧ 在线状态下进行软件维护时，必须严格按照有关技术要求进行，不得随意使用对其功能还不完全清楚的指令。

项目9　其他电气设备的维护

任务1　UPS系统的维护

职业鉴定能力

1. 具备分析 UPS 电源系统状态能力。
2. 具有一定的故障检测与维护能力。

核心概念

UPS（Uninterruptible Power Supply），是一种含有储能装置的不间断电源，主要用于部分对电源稳定性要求较高的设备。

任务目标

1. 会对 UPS 电源进行维护与保养。
2. 能掌握 UPS 常见故障诊断及排除方法。

素质目标

1. 提升电气设备故障检测与维护能力。
2. 养成与他人密切配合的团结协作精神。
3. 培养关心人民生命财产安全的家国情怀。

任务引入

UPS 即不间断电源，从严格意义上讲，它不是依靠能量形式的转换来提供电能，它只是提供一种两路电源之间无间断切换的机会。 UPS 系统，不仅在输入电源中断时可立即供应电力，在电源输入正常时，也可提供对质量不良的电源进行稳压、滤除噪声、防雷击等功能，在冶金等多个行业领域中除工业电网正常供电外，还需配备 UPS 供电系统，保障供电稳定和连续性。UPS 系统被广泛应用于计算机及网络系统、移动通信及各种自动生产流水线等多个应用领域。

点检任务：

（1）UPS 电源系统的日常保养与维护。

（2）蓄电池在使用和维护中的注意事项。

（3）UPS 电源系统使用注意事项。

知识链接

1. UPS 的作用

① 两路电源之间的无间断相互切换，如图 2-9-1 所示。

② 隔离作用：将瞬间间断、谐波、电压波动、频率波动以及电压噪声等电网骚扰阻挡在负载之前，既使负载对电网不产生骚扰，又使电网中的骚扰不影响负载，如图 2-9-2 所示。

图 2-9-1 UPS 系统　　　　　　　　图 2-9-2 UPS 隔离作用

③ 电压变换作用：输入电压等于或不等于输出电压，如 380V/380V，380V/220V，包括稳压作用。

④ 频率变换作用：输入频率等于或不等于输出频率，如 50Hz/50Hz，50Hz/60Hz，包括稳频作用。

⑤ 提供一定的后备时间：UPS 的电池贮存一定的能量，在电网停电或间断时继续供电一段时间来保护负载；后备时间为 10min、30min、60min 或更长。

2. UPS 的组成

UPS 主要由四部分组成：整流器、逆变器、电池、静态开关，如图 2-9-3 所示。

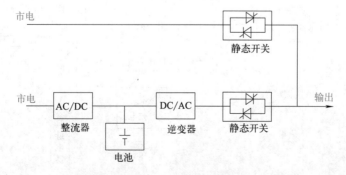

图 2-9-3 UPS 的组成框图

（1）整流器

由可控硅三相全控整流桥功率电路和相应的控制电路组成。它将电源输入的交流电变换成直流电，供给电池组充电及逆变器的输入。

（2）逆变器

由 IGBT 逆变功率电路和相应的控制电路组成。它将整流器输入及蓄电池的直流电变换为正弦交流电供给负载。

（3）蓄电池

将能量贮存在电池组中，当主电失电时向逆变器释放能量，对负载提供不间断的供电。

（4）静态旁路开关

由反并联的可控硅开关电路和控制单元组成。控制单元时刻监控负载端和静态旁路输入端的电压，当逆变故障时，则不间断地把负载转向静态旁路供电。一旦逆变器输出电压恢复正常，则自动地转换到逆变器供电。

3. 常见 UPS 类型介绍

（1）后备式 UPS

后备式指 UPS 中的逆变器只在市电中断或欠压失常状态下才工作，向负载供电，而平时逆变器不工作，处于备用状态。当市

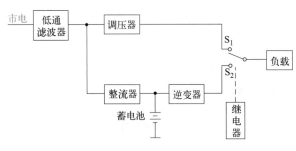

图 2-9-4　后备式 UPS 原理图

电供电中断时，UPS 将蓄电池贮存的电能通过逆变器变成交流电，输出给负载使用，在大部分时间，负载使用的是输入电源本身或经过简单处理的输入电源，如图 2-9-4 所示。后备式 UPS 电源的优点是：运行效率高、噪声低、价格相对便宜，主要适用于市电波动不大、对供电质量要求不高的场合。

（2）在线式 UPS

在线式 UPS 电源的供电质量优于后备式 UPS 电源，市电供电正常时，负载得到的是一路稳压精度很差的市电电源；市电不正常时，逆变器/充电器模块将从原来的充电工作方式转入逆变工作方式，这时由蓄电池提供直流能量，经逆变、正弦波脉宽调制向负载送出稳定的正弦波交变电源，如图 2-9-5 所示。由此可见，不管市电正常或中断，在线式 UPS 的逆变器总是在工作。

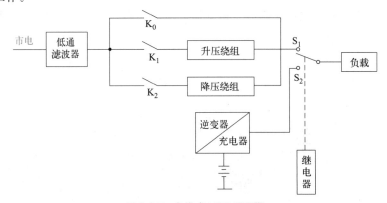

图 2-9-5　在线式 UPS 原理图

4. UPS 电源蓄电池充电方式

目前，UPS 电源的蓄电池充电方式主要有 6 种：恒流充电、恒压充电、快速充电、均衡充电、恒压限流充电、智能充电。

① 恒流充电。恒流充电是用分段恒流的方法进行充电。特别适用于小电流长时间充电，也有利于容量恢复较慢的蓄电池充电。因恒流充电的变型是分段恒流充电，所以充电时为避免充电后期电流过大，应及时调整充电电流，严格按照充电的范围来操作。

② 恒压充电。恒压充电是指每只单格蓄电池均以一恒定电压进行充电。初始充电电流相当大，随着充电的延续，充电电流逐渐减少，在充电终期只有很小的电流通过，充电时间短、能耗低。由于初始充电初电流过大，对放电深度过大的蓄电池充电时，会引起初始充电电流急剧上升，易造成被充蓄电池过流或充电设备损坏。

③ 快速充电。快速充电是指在短时间内以大电流充电的方法使蓄电池达到或接近充满状态的一种充电方式。快速充电也可称为迅速充电或应急充电，快速充电不产生大量的气泡又不发热从而可缩短充电时间。

④ 均衡充电。均衡充电是以小电流进行充电的过程。主要用来消除一组浮充电运行蓄电池在同样运行的条件下，由于某种原因造成的全组电池不均衡而形成的差别，以达到全组电池的均衡。此方法一般不能频繁使用，但当蓄电池出现下列情况之一时，必须进行均衡充电：a. 蓄电池组长时间电流放电，或长时间担负直流电荷后未及时充电。b. 蓄电池个别单格电压、电解液密度偏低，全组电池产生差别。c. 没有按规定周期实施充、放电。

⑤ 恒压限流充电。恒压限流充电主要是用来补救恒压充电时充电电流过大的缺点，通过充电电源和被充蓄电池之间串联一电阻来自动调节充电电流。当充电电流过大时，其限流电阻上的压降也大，从而减少了充电电压；当充电电压过小时，限流电阻上的压降也很小，充电设备输出的电压损失也小，这样就自动调节了充电电流，使之不超过某个限度。

⑥ 智能充电。智能充电是目前较先进的充电方法，原理是在整个充电过程中动态跟踪蓄电池可接受的充电电流。充电电源根据蓄电池的状态自动确定充电工艺参数，使充电电流自始至终保持在蓄电池可接受的充电电池曲线附近，保持蓄电池几乎在无气体析出的状态下充电，从而保护蓄电池。该方法适用于对各种状态、类型的蓄电池充电，安全、可靠、省时和节能。

5. UPS 电源蓄电池种类

UPS 电源常用的电池共有三种：开放型液体铅酸电池，镍铬电池，免维护蓄电池。

（1）开放型液体铅酸电池

此类电池按结构可分为 8～10 年、15～20 年寿命两种。由于此电池硫酸电解会产生腐蚀性气体，此类电池必须安装在通风并远离精密电子设备的房间，且电池房应铺设防腐蚀瓷砖。

由于蒸发的原因，开放电池需定期测量相对密度，加酸加水。此电池可忍受高温高压和深放电。电池房应禁烟并用开放型电池架。此电池充电后不能运输，因而必须在现场安装后充电，初充电一般需 55～90h。正常每节电压为 2V，初充电电压为 2.6～2.7V。

（2）镍铬电池

此类电池不同于铅酸电池，电解时产生氢和氧而不产生腐蚀性气体，因而可安装在电子设备的旁边。水的消耗很少，一般不需维护。正常寿命为 20～25 年。远比前面提到的电池昂贵，初始安装的费用约为铅酸电池的三倍。并不会因环境温度高而影响电池寿命，也不会因环境温度低而影响电池容量。一般每节电压为 1.2V，应用此类电池的 UPS 需设计较高的充电器电压。

（3）免维护蓄电池

免维护蓄电池又名阀控式密封铅酸蓄电池，免维护蓄电池电解液的消耗量非常小，在使用寿命内基本不需要补充蒸馏水。市场上的免维护蓄电池有两种：第一种购买时一次性加电解液，使用中不需要添加补充液；第二种电池出厂时加好电解液并封死，用户不能加补充液。

免维护蓄电池充电时产生的水分解量少，且外壳采用密封结构，释放出来的硫酸气体也很少，所以与传统蓄电池相比，具有不需添加任何液体、耐振、耐高温、体积小、电量储存时间长等特点，使用寿命一般为普通蓄电池的两倍。

大多数免维护蓄电池在盖上设有一个孔形液体密度计，它会根据电解液密度的变化而改变颜色，从而指示蓄电池的存放电状态和电解液液位的高度。

 任务实施

1. UPS 电源系统的日常维护

① UPS 电源在正常使用情况下，主机的维护工作很少，主要是防尘和定期除尘。特别是气候干燥的地区，空气中的灰粒较多，机内的风机会将灰尘带入机内沉积，引起主机控制紊乱造成主机工作失常，大量灰尘也会造成器件散热不好。一般每季度应彻底清洁一次。

② 储能电池组目前都采用了免维护电池，但只是免除了以往的测比、配比、定时添加蒸馏水的工作。所以不正常工作状态对电池造成的影响没有变，这部分的维护检修工作仍是非常重要的，UPS 电源系统的大量维修检修工作主要在电池部分。

a. 储能电池的工作全部是在浮充状态，在这种情况下至少应每年进行一次放电。放电前应先对电池组进行均衡充电，以达到全组电池的均衡。要清楚放电前电池组已存在的落后电池。放电过程中如有一只达到放电终止电压时，应停止放电，如要继续放电，应先消除落后电池后再放。

b. 核对性放电，不是首先追求放出容量的百分比，而是要关注、发现和处理落后电池，对落后电池处理后再作核对性放电实验。这样可防止事故，以免放电中落后电池恶化为反极电池。

c. 平时每组电池至少应有 8 只电池作标示电池，作为了解全电池组工作情况的参考，对标示电池应定期测量并做好记录。

d. 日常维护中需经常检查的项目有：清洁并检测电池两端电压、温度；连接处有无松动、腐蚀现象，检测连接条压降；电池外观是否完好，有无壳变形和渗漏；极柱、安全阀周围是否有酸雾逸出；主机设备是否正常。

③ 当 UPS 电池系统出现故障时，应先查明原因，分清故障出自负载还是 UPS 电源系统，是主机还是电池组。

④ 对主机出现击穿、断保险或烧毁器件的故障，一定要查明原因并排除故障后才能重新启动。

⑤ 当电池组中发现电压反极、压降大、压差大和酸雾泄漏现象的电池时，应及时采用相应的方法恢复和修复，对不能恢复和修复的要更换，但不能把不同容量、不同性能、不同厂家的电池连在一起，否则可能会对整组电池带来不利影响。

2. 电池在使用和维护中的注意事项

① 密封电池可允许的运行范围为 15～50℃，在 5～35℃之内使用可延长电池寿命。在 -15℃以下电池化学成分将发生变化而不能充电。在 20～25℃范围内使用将获得最高寿命，电池在低温运行时将获得长寿命但较低容量，在高温运行时将获得较高容量但短寿命。

② 电池寿命和温度的关系可参考如下规则，温度超过 25℃后，每高 8.3℃，电池寿命将减一半。

③ 免维护电池的设计浮充电压为 2.3V/节。12V 的电池的浮充电压为 13.8V。

④ 放电结束后电池若在 72h 内没有再次充电。硫酸盐将附着在极板上绝缘充电，而损坏电池。

⑤ 电池在浮充或均充时，电池内部产生的气体在负极板电解成水，从而保持电池的容量且不必外加水。但电池极板的腐蚀将减低电池容量。

⑥ 电池隔板寿命在环境温度为 30～40℃时仅为 5～6 个月。长时间存放的电池每 6 个月必须充电一次。电池必须存放在干燥凉爽的环境下。在 20℃的环境下免维护电池的自放电率为 3%～4%每个月，并随温度变化。

⑦ 免维护电池都配有安全阀，当电池内部气压升高到一定程度时安全阀可自动排除过剩气体，在内部气压恢复时安全阀会自动恢复。

⑧ 电池的周期寿命（充放电次数寿命）取决于放电率、放电深度和恢复性充电的方式，其中最重要的因素是放电深度。在放电率和时间一定时，放电深度越浅，电池周期寿命越长。免维护电池在 25℃ 100%深放电情况下周期寿命约为 200 次。

⑨ 电池在到达寿命时表现为容量衰减，内部短路，外壳变形，极板腐蚀，开路电压降低。

⑩ IEEE 定义电池寿命结束为容量不足标称容量的 80%。标称容量和实际后备时间成非线性关系，容量减低 20%相应后备时间会减低很多。一些 UPS 厂家定义电池的寿命终止为容量降至标称容量的 50%～60%。

⑪ 绝对禁止不同容量和不同厂家的电池混用，否则会降低电池寿命。

⑫ 若两组电池并联使用，应保证电池连线，汇流排阻抗相同。

⑬ 免维护电池意味着可以不用加液，但定期检查外壳有无裂缝、电解液有无渗漏等仍为必要的。

3. UPS 电源系统使用注意事项

UPS 电源系统因其智能化程度高，储能电池采用了免维护蓄电池，给使用带来了许多便利，但在使用过程中还应在多方面引起注意，才能保证使用安全。

① UPS 电源主机对环境温度要求不高，但要求室内清洁、少尘，否则灰尘加上潮湿会引起主机工作紊乱。储能蓄电池则对温度要求较高，标准使用温度为 25℃，温度太低，会使电池容量下降。其放电容量会随温度升高而增加，但寿命降低。

② 主机中设置的参数在使用中不能随意改变。特别是电池组的参数，会直接影响其使用寿命，但随着环境温度的改变，对浮充电压要做相应调整。

③ 在无外电靠 UPS 电源系统自行供电时，应避免带负载启动 UPS 电源，应先关断各负载，等 UPS 电源系统启动后再开启负载。因负载瞬间供电时会有冲击电流，多负载的冲击电流加上所需的供电电流会造成 UPS 电源瞬间过载，严重时将损坏变换器。

④ UPS 电源系统按使用要求运行，功率余量就不大，所以在使用中要避免随意增加大

功率的额外设备，也不允许在满负载状态下长期运行。但工作性质决定了 UPS 电源系统几乎是在不间断状态下运行的，增加大功率负载，即使是在基本满载状态下工作，都会造成主机出故障，严重时将损坏变换器。

⑤ 自备发电机的输出电压，其波形、频率、幅度应满足 UPS 电源对输入电压的要求，另外发电机的功率要远大于 UPS 电源的额定功率，否则任一条件不满，都将会造成 UPS 电源工作异常或损坏。

⑥ 由于组合电池组电压很高，存在电击危险，因此装卸导电连接条、输出线时应有安全保障，工具应采用绝缘措施，特别是输出接点应有防触摸措施。

⑦ 不论是在浮充工作状态还是在充电、放电检修测试状态，都要保证电压、电流符合规定要求。过高的电压或电流可能会造成电池的热失控或失水，电压、电流过小会造成电池亏电，这都会影响电池的使用寿命，前者的影响更大。

⑧ 在任何情况下，都应防止电池短路或深度放电，因为电池的循环寿命和放电深度有关。放电深度越深、循环寿命越短。在容量试验中或是放电检修中，通常放电达到容量的 30%～50%。

任务 2　消防装置的维护

 职业鉴定能力

具备一定的消防装置保养维护能力。

 核心概念

消防设施是指火灾自动报警系统、自动灭火系统、消火栓系统、防烟排烟系统以及应急广播和应急照明、安全疏散设施等。

 任务目标

会对各类消防设备设施进行维护与保养。

 素质目标

1. 提升电气设备故障检测与维护能力。
2. 养成与他人密切配合的团结协作精神。
3. 培养关心人民生命财产安全的家国情怀。

任务引入

电气消防安全装置根据电气设施在运行过程中热辐射、声发射、电磁发射等现代物理学现象，对电气设施进行全方位的量化监测，更加全面、科学、准确地反映电气火灾隐患的存在、危险程度及其准确位置，并及时提出相应整改措施，从而消除隐患，避免电气火灾事故的发生。

点检任务：消防装置的日常保养与维护。

知识链接

消防设备种类繁多，它们从功能上可分为三大类：第一类是灭火系统，包括各种介质，如液体、气体、干粉以及喷洒装置，是直接用于灭火的；第二类是灭火辅助系统，是用于限制火势、防止灾害扩大的各种设备，如防火门、防火墙、防火涂料等；第三类是信号指示系统，用于报警并通过灯光与声响来指挥现场人员的各种设备。这里介绍几种典型的消防设施设备。

1. 火灾自动报警系统

火灾自动报警系统是由触发装置、火灾报警装置以及具有其他辅助功能装置组成的，如图 2-9-6 所示，它能在火灾初期，将燃烧产生的烟雾、热量、火焰等信息，通过火灾探测器

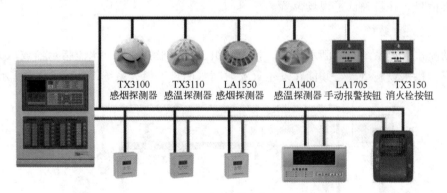

| TX3100 | TX3110 | LA1550 | LA1400 | LA1705 | TX3150 |
| 感烟探测器 | 感温探测器 | 感烟探测器 | 感温探测器 | 手动报警按钮 | 消火栓按钮 |

图 2-9-6　**火灾自动报警系统**

变成电信号，传输到火灾报警控制器，并同时显示出火灾发生的部位、时间等，使人们能够及时发现火灾，并及时采取有效措施，扑灭初期火灾，最大限度地减少生命和财产的损失。

（1）火灾报警控制器

火灾报警控制器是火灾自动报警系统的心脏，如图 2-9-7 所示，火灾报警控制器按监控区域分可分为区域型和集中型报警控制器。区域型报警控制器是负责对一个报警区域进行火灾监测的自动工作装置。一个报警区域包括很多个探测区域（或称探测部位）。一个探测区域可有一个或几个探测器进行火灾监测，同一个探测区域的若干个探测器是互相并联的，同一个探

图 2-9-7　**火灾报警控制器**

测区域允许并联的探测器数量视产品型号不同而有所不同，少则五六个，多则二三十个。集中型报警控制器与区域报警控制器相连，用来处理区域型报警控制器送来的报警信号，常使用在较大型的系统中。

（2）烟感器

当室内（或局部）的烟雾或尘雾达到一定浓度时，烟感器会自动报警，起到预警的作用。常常使用光电式感烟探测器，由光源、光电元件和电子开关组成。利用光散射原理对火灾初期产生的烟雾进行探测，并及时发出报警信号。按照光源不同，可分为一般光电式、激光光电式、紫外光光电式和红外光光电式等 4 种。报警器常采用 9V 层叠电池供电，耗电极微，持续工作时间可长达一年以上。红色指示灯长亮（引起报警）或不亮（无电源）为不正常，闪烁时为正常，如图 2-9-8 所示。

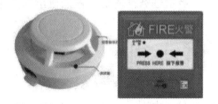

图 2-9-8　**烟感器及手动报警按钮**

（3）手动报警按钮和消火栓按钮

手动报警按钮是火灾报警系统中的一个设备类型，上面有小圆圈，即报警按钮。发生火灾时，在火灾探测器没有探测到火灾的时候，人员手动按下手动报警按钮，将消防信号传到消防监控中心，报告火灾信号。

正常情况下当手动报警按钮报警时，火灾发生的概率比火灾探测器要大得多，几乎没有误报的可能。因为手动报警按钮的报警触发条件是必须人工按下按钮启动。按下手动报警按钮后，3～5s 内手动报警按钮上的火警确认灯会点亮，这个状态灯表示火灾报警控制器已经收到火警信号，并且确认了现场位置。

2. 自动喷水灭火系统

自动喷水灭火系统是由洒水喷头、报警阀组、水流报警装置（水流指示器或压力开关），以及管道、供水设施组成，并能在发生火灾时喷水的自动灭火系统，如图 2-9-9 所示。

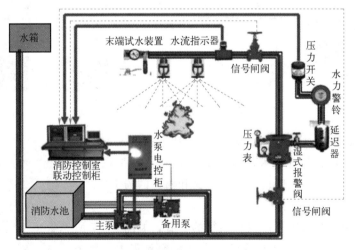

图 2-9-9　**自动喷水灭火系统示意图**

（1）消防喷淋头

消防喷淋头用于消防喷淋系统，当发生火灾时，水通过喷淋头溅水盘洒出进行灭火，对一定区域的火势起到控制，消防喷淋头分为下垂型洒水喷头、直立型洒水喷头、边墙型洒水喷头等，如图 2-9-10 所示。

（2）湿式报警阀

湿式报警阀是湿式自动喷水灭火系统最核心的组件，如图 2-9-11 所示。水源从阀体底部进入，通过阀体内自重关闭止回的阀瓣后，形成一个带有水压的伺服状态系统。高位压力表指示系统内压力，低位压力表指示系统外压力。当被保护区域发生火警，高温令喷头的温

(a) 下垂型喷头　　　　(b) 直立型喷头　　　　(c) 边墙型喷头

图 2-9-10　喷淋头实物图

感元件炸开，喷头喷水灭火，系统内压力下降，阀瓣打开，水不断进入系统内，流向开启的喷头，持续喷水灭火。同时，少量水由阀座内孔进入报警管道，经过滤器、延迟器，推动水力警铃报警。另外，压力开关被启动后，发出电信号并启动喷淋泵。

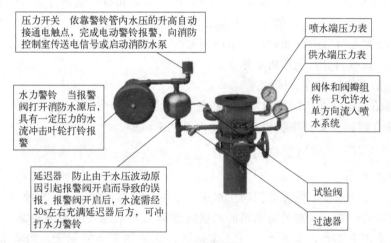

压力开关　依靠警铃管内水压的升高自动接通电触点，完成电动警铃报警，向消防控制室传送电信号或启动消防水泵

喷水端压力表

供水端压力表

水力警铃　当报警阀打开消防水源后，具有一定压力的水流冲击叶轮打铃报警

阀体和阀瓣组件　只允许水单方向流入喷水系统

延迟器　防止由于水压波动原因引起报警阀开启而导致的误报。报警阀开启后，水流需经30s左右充满延迟器后方，可冲打水力警铃

试验阀

过滤器

图 2-9-11　湿式报警阀

3. 水流指示器

水流指示器安装在每层的横干管或分区干管上，当某区域喷头喷水，水管中的水流推动指示器的桨片，通过传动组件，令微动开关动作，使其触点接通，信号传至消防控制主机，如图 2-9-12 所示。

4. 信号闸阀

信号闸阀如图 2-9-13 所示，通常安装在每层的横干管或分区干管上。当逆时针转动手

图 2-9-12　水流指示器

图 2-9-13　信号闸阀

轮，开启到流量小于全开流量 80％时，输出"断"信号。当开启到流量大于或等于全开流量 80％时，输出"通"信号。其正常状态应为通。

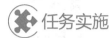 任务实施

1. 火灾自动报警系统维护检查项目及内容

① 火灾自动报警主机：火灾报警自检功能；消音、复位功能；故障报警功能；火灾优先功能；报警记忆功能；电源自动转换功能和备用电源的自动浮充电功能；备用电源的欠压和过压报警功能。

② 检查火灾探测器灵敏度及地址指示。

③ 试验自动喷水灭火系统管网上的火灾报警装置的声光显示。

④ 试验自动喷水灭火系统管网上的水流指示器、压力开头等报警功能、信号显示。

⑤ 对备用电源进行 1～2 次充放试验；1～3 次主电源和备用电源自动切换试验。

⑥ 用自动或手动检查下列消防控制设备的控制显示功能：防排烟设备、电动防火阀、电动防火门、防火卷帘等的控制设备；室内消火栓、自动喷水灭火系统的控制设备；火灾事故广播、火灾事故照明灯及疏散指示标志灯。

⑦ 强制消防电梯停于首层试验。

⑧ 消防通信设施应在消防控制室内进行对讲通话试验。

⑨ 检查所有转换开关、强制切断非消防电源功能试验。

2. 自动喷水灭火系统维护检查项目及内容

（1）水源及水泵

检查消防水池的水位，能保持消防用水量，水位标尺能正常工作；水池各种阀门处于正常状态；无受冻的可能；检查消防水箱的水量应能满足要求；气压水罐能保证水量和水压；自动控制系统能正常工作；检查水泵能正常运转；流量和压力能保证；消防水泵的动力可靠；电力上有保证不间断供电的设施，其性能良好；电动机、内燃机驱动的消防水泵运行可靠；检查附近的室外消火栓使用应便利；通过试水装置检查给水系统流量、压力应符合设计要求。

（2）系统各组件

检查水源控制阀、报警阀组外观，保证系统处于正常状态；对报警阀进行试验，观察阀门开启性能和密封性能及水力警铃、延迟器等性能，如发现阀门开启不畅或密封不严，可拆开阀门检查，视情况调整阀瓣密封性；检查报警阀前、后压力表指示应正常；检查系统所有控制阀门采用铅封或锁链固定在开启或固定状态；检查消防水泵的接口及附件，保证接口完好、无渗漏、闷盖齐全。

（3）管网部分

检查管道应无松脱、变形、损坏、锈蚀；检查各支吊架的固定应无松动；检查管路有无沉淀物，如有污物，应对管路进行冲洗，防止喷头堵塞、报警阀关闭不严、水力警铃输水管堵塞；检查各喷嘴应无锈蚀、缺陷、损伤、异物。

（4）系统功能动作试验

以自动或手动方式启动消防水泵时，消防水泵应在 5min 内投入正常运行；以备用电源切换时，消防水泵应在 1.5min 内投入正常运行；在湿式报警阀的试水装置处放水，报警阀

应及时动作；延时 90s 内水力警铃应发出报警信号，水流指示器应输出报警电信号，压力开关应通电报警，并启动消防水泵；当开启系统试验阀时，干式报警阀的启动时间、启动点压力、水流到试验装置出口所需时间符合要求。当差动型报警阀上室和管网的空气压力降至供水压力的 1/8 以下时，试水装置处应能连续出水，水力警铃应发出报警信号；采用专用测试仪器或其他方式，对火灾自动报警系统的各种探测器输入模拟火灾信号，火灾自动报警控制应发出声光报警信号并启动自动喷水灭火系统。

任务 3   空调系统的维护

职业鉴定能力

具备一定的空调保养维护和故障检测能力。

核心概念

空调是指用人工手段，对建筑或构筑物内环境空气的温度、湿度、流速等参数进行调节和控制的设备。

任务目标

掌握空调构成与性能基本原理，会对空调设施进行维护与保养。

素质目标

1. 提升电气设备故障检测与维护能力。
2. 养成与他人密切配合的团结协作精神。
3. 培养关心人民生命财产安全的家国情怀。

任务引入

空调一般包括冷源和热源设备，以及冷热介质输配系统，利用输配来的冷、热量，具体处理空气状态，使目标环境的空气参数达到一定的要求。空调是现代生活中人们不可缺少的一部分。

点检任务：空调的日常保养与维护。

🌀 知识链接

1. 空调器基本知识

空气调节器是对密闭空间、房间或区域里空气的温度、湿度及空气流动速度等参数进行调节和控制，以满足一定的要求的装置，包括制冷系统、通风系统、电气控制系统三部分，如图 2-9-14 所示。

空调器根据换热方式可分为风冷型、水冷型。

空调器根据压机适应负荷可分为定负荷、变负荷。其中变负荷又可分为转速可控型（变频空调器）和容量可控型（变容空调器）。

空调几大系统
- 制冷系统
  - 氟系统
  - 风系统(水系统)
- 通风系统
- 电气控制系统

图 2-9-14　空调器系统图

2. 空调系统工作原理

（1）制冷循环基本原理

进行制冷运行时，来自室内机蒸发器的低温低压制冷剂气体被压缩机吸入压缩成高温高压过热气体，排入室外机冷凝器，通过室外轴流风扇的作用，与室外的空气进行热交换而成为中温高压的制冷剂饱和液体，经过毛细管（节流阀、电子膨胀阀等节流机构）的节流降压、降温形成低温低压气液两相态后进入蒸发器，在室内机贯流风扇作用下，与室内需调节的空气进行热交换而成为低温低压的制冷剂气体，再被压缩机吸入，如此周而复始地循环而达到制冷的目的。制冷循环示意图如图 2-9-15 所示。

（2）制热循环基本原理

当进行制热运行时，电磁四通换向阀动作，使制冷剂按照制冷过程的逆过程进行循环。制冷剂在室内机换热器中放出热量，在室外机换热器中吸收热量，进行热泵制热循环，从而达到制热的目的，如图 2-9-16 所示。

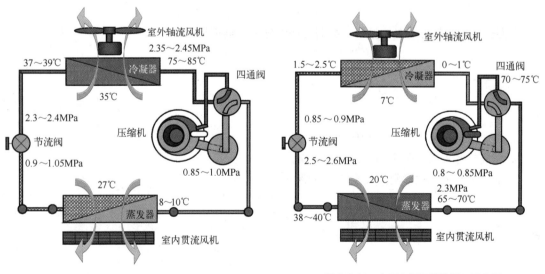

图 2-9-15　**家用空调器制冷循环示意图**　　图 2-9-16　**家用空调器制热循环示意图**

3. 空调器各零部件的功能

（1）压缩机

压缩机是空调器制冷系统的心脏，系统中制冷剂的流动或循环，是靠压缩机的运转来实现的，是空调噪声、振动的主要产生源。

常用的压缩机有活塞式、转子式、涡旋式、螺杆式和离心式等。

家用空调器中常用的压缩机有转子式（单转子、双转子）、涡旋式和活塞式。

螺杆式、离心式压缩机主要用于中央空调。

（2）制冷剂

制冷剂是在制冷装置中进行制冷循环的工作物质，是空调中热量传递转移的媒介，其具有以下特点。

① 具有优良的热力学特性（临界温度高、饱和压力低、沸点低、比热容小、绝热指数低等）。

② 具有优良的热物理性能（较低的黏度，高的热导率，大的汽化热）。

③ 具有良好的化学稳定性。

④ 与润滑油有良好的兼容性。

⑤ 无毒性，不可燃、不可爆，无腐蚀性。

⑥ 有良好的电气绝缘性。

⑦ 经济性。

⑧ 环保性。要求工质的臭氧消耗潜能值（ODP）与全球变暖潜能值（GWP）尽可能小，以减小对大气臭氧层的破坏及全球气候变暖。

（3）热交换器

热交换器包括室内热交换器（蒸发器）和室外热交换器（冷凝器）。

制冷剂与空气之间的热量传递是通过热交换器的铜管管壁和翅片来进行的。加上风机的转动加快换热的效果。

制冷剂从蒸发器通过时，吸收室内的热量，被压缩机吸入压缩排出；经过冷凝器时，在室外放出热量，节流后再进入蒸发器循环。当空调作为热泵功能时，正好相反。

（4）四通阀

四通阀的作用是在同一台空调器中实现制冷与制热的模式切换。

四通阀由先导阀、主阀、电磁线圈三个部分组成。电磁线圈可以拆卸，先导阀与主阀焊接成一体。

（5）节流部件

因为其孔径小，冷媒流经时受到其摩擦的阻力，达到降温降压的作用。

节流装置有毛细管、电子膨胀阀、热力膨胀阀；大部分机型使用毛细管，部分变频机用电子膨胀阀；毛细管以内径和长度形状来控制冷媒流量；电子膨胀阀则通过改变开度调节流量。

任务实施

1. 空调冷水机组维护保养工作内容

（1）一级保养

周期：运行季内 2 次检查机组地脚螺栓有无松动，机组有无异常振动及噪声。用氟利昂电子检漏仪检测机组有无氟利昂渗漏，当表明有渗漏时，应立即采取措施止漏，之后提交维修计划。检查氟利昂充注量，其液位应位于氟利昂视镜中间，必要时作适当调整或提出氟利昂补充计划。检查油压是否正常，油过滤器压差大于 20psig（1psig＝0.00689MPa）时，提出更换油过滤器计划。检查回油系统的工作状况，回油温度（轴承温度）应在允许范围内。

检查油位是否位于上视镜中间，出现油位低应立即提出补充冷冻机油计划，且应立即实施。检查电控柜、启动柜内元器件，导线及线头有无松动或异常发热现象，发现问题立即处理。检查机组各项运行参数和电脑控制中心工作程序。

（2）二级保养

周期：半年（运行季1次）检查回油系统，发现问题并提出更换干燥器、油过滤器、冷冻机润滑油计划。检查主机操作及机组运行参数，检查电脑板工作程序，对有关元件作适当调整。检查润滑系统，油过滤器压差大于20psig时，提出更换油过滤器、冷媒滤芯及冷媒过滤网计划。检查轴承磨损情况，轴承如有磨损，有时可导致异常振动及轴承温升高等现象，应提交维修计划。检查压缩机马达，检测马达绝缘电阻，压缩机绝缘电阻应不小于兆欧级。检查氟利昂充注量，其液位应位于氟利昂视镜中间，必要时作适当调整或提出氟利昂补充计划。检查清洗蒸发器、冷凝器换热铜管污垢情况，如果铜管结垢严重应采用机械方法除垢清洗。保养启动控制柜和电气线路，彻底清除导线、控制元件、传感器、电控箱内的尘埃和污物，并拧紧各加固螺栓及端子排压线螺钉。

2. 空调冷却塔保养标准

（1）一级保养：

周期：运行季内2次。检查冷却塔是否正常工作，螺栓有无松动锈蚀。检查管道、浮球阀及自动电动阀门运行有无故障，是否有跑水现象。检查喷嘴是否堵塞，保持淋水装置的清洁。根据循环水浊度确定是否需要更换，清洗集水池内的污物。清洗填料及集水盘。检查电机的防潮情况和风叶旋转是否灵活，风机和电机的轴承温升不得超过40℃。检查风机及布水器、传动带等情况。及时修补集水盘及各种进出水阀门。

（2）二级保养

周期：运行季1次。冷却塔水箱内由于空气污染物质的影响，会堆积一些污垢，必须进行认真的清扫，用清水冲洗水箱内堆积的污泥。检查水箱内是否有损伤的部分和有无漏水的地方，如有漏水要认真修补。冷却塔的风机一般采用轴流风机，风机和电动机是在高温、高湿的环境中工作，必须认真检查。有拆修必要的提出拆修计划；对轴、轴承、传动带的咬合进行认真的调整。冷却塔填充材料的材质，一般使用涂有氯乙烯的材料，由于和冷却水、空气长期接触，填充材料黏附有污垢，要用高压水冲洗，注意不要损坏填充材料。与空气和冷却水接触，积有一些污垢使部分小孔不通水，要用高压水冲洗被堵塞的小孔。检查浮球阀或球形阀动作和功能是否可靠，必要时，提出更换浮球阀或球形阀更换计划，确保补水装置在使用中正常动作。对水系统管道应作除锈防锈处理，保温材料有破损脱落处，及时修补，有故障的阀门应提出拆修或换新计划，对管道水过滤器的垃圾网拆下清洗除垢。冬季时根据地理位置，判断是否将管路循环水全部排除，避免冬季结冰造成龟裂。

任务4　起重设备的点检

 职业鉴定能力

具备一定的起重设备保养维护的能力。

 核心概念

起重设备是指在一定范围内垂直提升和水平搬运重物的多动作起重机械，又称吊车，属于物料搬运机械。

任务目标

掌握常见的各类起重设备的组成及原理，会对起重设备进行维护与保养。

素质目标

1. 提升电气设备故障检测与维护能力。
2. 养成与他人密切配合的团结协作精神。
3. 培养关心人民生命财产安全的家国情怀。

任务引入

起重设备是工业、交通、建筑企业中实现生产过程机械化、自动化，减轻繁重体力劳动，提高劳动生产率的重要工具和设备，在我国已拥有大量的各式各样的起重设备，对其维护保养及安全运行则显得尤为重要。

点检任务：

（1）起重设备的日常点检。

（2）起重设备的维护与保养。

知识链接

起重设备按结构形式分，主要有轻型、桥架式、臂架式、缆索式起重设备。

1. 轻型起重设备

轻型起重设备有电动葫芦、手拉葫芦、环链电动葫芦、微型葫芦等，其结构轻巧、紧凑，自重轻，体积小，零部件通用性强，如图 2-9-17 所示。

2. 桥架式起重设备

桥式起重机设备在国内外工业与民用建筑中使用最为普遍，它架设在建筑物固定跨间支柱的轨道上，用于车间、仓库等处。在室内或露天做装卸和起重搬运工作，工厂内一般称其为行车。

通用桥式起重机一般由桥架、大车运行机构、起重小车、电气部分等组成，如图 2-9-18 所示。

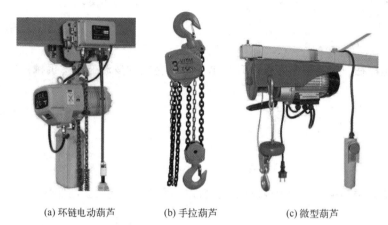

(a) 环链电动葫芦　　　　(b) 手拉葫芦　　　　(c) 微型葫芦

图 2-9-17　**各类轻型起重设备**

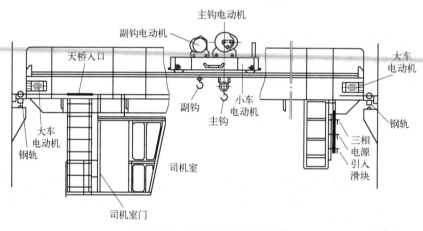

图 2-9-18　**桥式起重机的主要结构**

（1）桥架

桥架包含主梁、端梁、小车运行轨道、栏杆、走台、司机室等，是整个起重机的基础构件，如图 2-9-19 所示。主梁多采用工字型钢或型钢与钢板的组合截面，承受各种载荷，应具有足够的刚度和强度，强度为抵抗断裂的能力，刚度为抵抗变形的能力。

（2）大车运行机构

大车运行机构由车轮、电机、减速器、制动器等组成，向驱动车轮提供驱动力，使整个起重机沿着固定的轨道实现水平方向的运行，如图 2-9-20 所示。

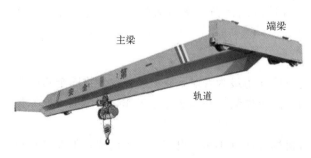

图 2-9-19　**桥架**

图 2-9-20　**大车运行机构**

（3）起重小车

起重小车常为手拉葫芦、电动葫芦或用葫芦作为起升机构部件装配而成，如图 2-9-21 所示。安装于桥架上，由起升机构、小车运行机构、起重小车架组成。起升机构实现货物的升降；小车运行机构驱动起重小车沿桥架上的轨道水平横向运行；小车架支承整个小车，承受载荷。

图 2-9-21　**起重小车**

3. 起重设备主要技术参数

起重设备的参数是表征起重设备工作性能的技术指标，也是设计、使用和检验起重设备的依据。掌握有关参数，对保证起重设备运行安全至关重要。起重设备主要参数有：起重量、幅度、起升高度、工作速度、工作级别等。性能参数说明起重设备的工作性能和技术经济指标，是生产中起重设备安全技术要求的重要依据。

（1）起重量

起重机起吊重物的质量称为起重量，单位为 kg 或 t。起重机在各样工况下安全作业所允许的起吊重物的最大质量叫额定起重量，额定起重量随着幅度的加大而减少。起重机标牌上标定的起重量一般都是指额定起重量。起重量规定包含吊钩、抓斗或电磁吸盘的质量。

起重量是起重机的主要技术参数，为了适应国民经济各部门的需要，同时考虑到起重机品种发展实现标准化、系列化和通用化，国家对起重机的起重量制定了系列标准。在选定起重量时，应使其符合我国起重机械的标准和交通行业标准的规定。

（2）幅度

幅度是指起重机吊具伸出起重机支点以外的水平距离（m），不同形式的起重机往往采用不同的计算起点。对旋转臂架起重机，其幅度是指旋转中心线与取物装置铅垂线之间的水平距离。对非旋转的臂架起重机，其幅度指吊具中心线至臂架后轴或其他典型轴线之间的水平距离。

（3）起升高度

起升高度指起重设备将额定起重量起升的最大垂直距离，单位为米（m）。下降深度指起重设备吊具最低工作位置与水平支撑面之间的垂直位置。在标定起重机性能参数时，通常以额定起升高度表示。额定起升高度是指满载时吊钩上升到最高极限地点时自吊钩中心至地面的距离。在起重机基本参数系列标准中，对各类吨位级起重机的起升高度作了相应的规定。

（4）工作速度

工作速度指起重机的各工作机构包括起升、变幅、回转、运行机构在额定载荷下稳定运行的速度，单位为米/分（m/min）。

一般来说，起重机工作效率与各机构工作速度有直接关系。当起重机工作时，速度高，生产率也高。但速度高也带来一系列不利要素，如惯性增大，启动、制动时的动力载荷增大，进而机构的驱动功率和构造强度也要相应增大。所以，起重机工作速度选择合理与否，对起重机性能有很大影响，要全面考虑。

（5）工作级别

工作级别是表明起重机及其机构工作繁忙程度和载荷状态的参数。把起重机及其机构根据不同情况划分为不同的工作级别，目的是为合理地设计、制造和选用起重机及其零部件提供一个统一的基础。

根据我国起重机设计规范（GB/T 3811—2008），起重机及其机构的工作级别是按它们的利用等级和载荷状态来划分的。利用等级反映工作的繁忙程度，起重机及其机构的载荷状态表明它们经常受载的轻重程度，均分为轻、中、重、特重四级，起重机工作级别按主起升机构确定，分 A1 至 A8 共八个级别，A1～A3——轻；A4～A5——中；A6～A7——重；A8——特重。

 任务实施

1. 起重设备的点检巡查项目

（1）电机部分

检查项目主要包括：①润滑脂是否渗漏；②油盒是否变色；③电机温度；④冷却风扇；⑤运转声音是否正常。

（2）操作台

检查项目主要包括：①灯头；②报警装置是否完善；③按钮、手柄灵活性检查；④电试验。

（3）集电器

检查项目主要包括：①滑块、滑线磨损情况；②滑线和集电器支架是否变形。

（4）接触器

检查项目主要包括：①外观检查；②电磁响声检查；③发热检查；④灭弧罩系统检查；⑤触头系统检查；⑥电磁系统检查；⑦辅助系统检查。

（5）保护功能检查

检查项目主要包括：①各种限位保护可靠性检查；②各种过流保护完好性检查；③防撞装置检查。

（6）控制屏柜

检查项目主要包括：①密封是否良好；②柜内卫生是否整洁；③柜内变频器运转情况检查；④变频器冷却风扇检查；⑤柜内电气元件检查。

（7）电阻箱

检查项目主要包括：①接线牢固性检查；②外观检查。

（8）空调

检查项目主要包括：①室内、室外机散热片清理及制冷情况；②电气元件的检查。

2. 起重设备维护保养

① 起重设备属于国家强制管理设备，为确保安全运行要持证上岗作业。

② 对金属结构的重要部位，如：主梁、主梁主要焊缝、主梁与端梁连接处均应定期检查。

③ 起重机桥架、主要金属构件，应 3～5 年重新涂漆保养。在每次起重机大修理时，必须对整个金属构件全面涂漆保养。

④ 为保证起重机械经常处于良好的运行状态，延长其使用寿命，要对起重各部位进行定期润滑。

⑤ 使用单位必须对起重机械的金属结构、机械部分和电气部分进行日常维修保养，其保养工作由有资格的人员进行。

⑥ 在日常维护中，发现有异常现象，必须及时处理，消除隐患，确保安全运行。

⑦ 使用单位在设备安全检验合格有效期届满前 1 个月向特种设备检验检测机构提出定期检验要求，检验合格后方可使用。

任务 5　电气标准化房所的维护

 职业鉴定能力

掌握电气房所的技术标准。

 核心概念

加强对电气设备的管理，建立和完善各项制度，是确保电气设备安全、正常运行，防范各种事故发生，延长设备使用寿命，保障生产顺利进行的必要措施。

 任务目标

了解电气标准化房所的安全生产标准。

 素质目标

1. 提升电气设备故障检测与维护能力。
2. 养成与他人密切配合的团结协作精神。
3. 培养关心人民生命财产安全的家国情怀。

 任务引入

对电气设备的管理需要有科学的态度和严谨、认真、细致的工作作风，由于电气设备的管理专业性很强，应加强专业技能，才能防止意外事故发生。因此符合安全质量的标准化电气设备设施十分重要。

点检任务：

（1）变配电房维护保养。

（2）变配电房检查注意事项。

 **知识链接**

1. 电气设备管理的作用

加强对电气设备的管理，建立和完善各项制度章程，对日常的使用检修工作进行规范，是确保电气设备安全、正常运行，防范各种事故发生，延长设备使用寿命，保障生产顺利进行的必要措施。电气专业所涉及的现场管理范围包括：高低压变配电间、电缆、变压器、现场用电设备等。

2. 电气设备现场环境管理规定

① 室内外环境卫生整洁，所内场地平整，无积水，无垃圾，无散失器材和配件，有整洁的巡检道路。

② 设备整洁，柜门无油垢，清洁干净，无灰尘。铭牌、警告牌、警戒线明显正确，一次线相序与系统一致，二次线编号符合标准。

③ 室内通风系统完好，温度控制在设备允许范围内。

3. 电气设备预防性试验管理

凡新建、技改安装的电气设备，必须经交接试验合格，方可交付部门投入运行。

预防性试验是检查鉴定运行中供电设备和高压电气设备（电力变压器、电力电缆、高压配电装置、高压电机等）的绝缘性能、导线接头的质量及电气保护装置动作的可靠灵敏程度，并确保电气设备安全运行的重要手段。

预防性试验工作，由设备主管部门统一归口管理，在电气设备测试过程中，若发现主要设备的绝缘显著降低或重大绝缘缺陷和击穿时，应及时向主管领导汇报，组织分析、及时抢修或更换，抢修或更换试验合格后，方可投入运行。

4. 继电保护装置的整定、校验

继电保护装置是电气设备安全运行的卫士，它可以排除或缩小故障的范围，保护电力系统和设备的安全运行。各种高压电气设备保护整定计算要正确，定值要合理，不能因鉴定不当造成保护误动或越级跳闸。继电保护装置调整校验动作要可靠，灵敏度要高，运行要正确，动作率必须达百分之百。凡经整定的继电保护装置要加以铅封，不准随意乱动、乱调。按照国家现行试验标准，每年进行保护调整校验。

投入运行中的继电保护装置，由配电值班人员或维护电工进行定时巡回检查，在运行日志上，要详细记录保护装置动作的次数和原因、信号反映影响范围。运行中出现误动或越级跳闸时，值班人员应立即向车间汇报，车间应组织主管人员到现场检查整定值及保护装置，必要时重新调整，先做传动试验，找不出原因再做继电器的解体检查直至解决问题。

5. 电气设备的防雷保护

建立和完善电气设备的防雷保护设施，是防止雷电对电气设备造成损坏的重要安全措施。各变（配）电室必须具有防止直击雷、感应雷及防止雷电波入侵的保护设施。防雷保护设施应做到先进合理，参数配合恰当，动作灵敏可靠。要定期对防雷设施进行检测，以保证其性能良好可靠。

6. 绝缘油的管理

绝缘油的管理是一项有特殊要求、技术性很强的管理，管理好可以提高绝缘强度，延长电气设备的检修周期，保证电气设备的安全正常运行。运行中电气设备的绝缘油，必须符合国家颁发的试验标准，凡不合格者，不得投入使用。

不同牌号的绝缘油一般不宜混合使用，必须混合使用时事前应做好混合试验，符合要求，方准许投入使用。所有电气设备上的变压油，应每年进行一次取样击穿试验，做简化试验，不合格者，必须立即处理或更换。

7. 主要电气设备检修

主要电气设备的检修周期，应根据设备磨损、腐蚀、老化等规律来安排检修。对主要电气设备应强调"检"字，只有及时地检查出问题及时排除，才能保障其在使用中安全运行，保证设备使用效率。对于正在运行中的设备出现故障，在接到报告后，维修车间应组织修复工作，使设备尽快运行。

8. 关于避免触电事故

严禁无电工证人员在电气设备上的工作。

严禁无经验电工和未在工作地段两端挂接地线的情况下在高压电气设备上作业。同时，验电和接地均需使用合格工具。

严禁约定时间停、送电，配电线路停电必须使用"停电区域图"。

严禁无人监护，单人在高压设备上工作，施工前必须遵守悬挂标示牌和装设遮栏的规定。

严禁私自进行倒闸操作（事故处理可不用操作票的操作应记入操作记录本）。

严禁未经核对盲目操作（核对设备名称、编号、开关刀闸位置、操作模拟图）。

严禁不按规定使用相应的安全工具进行操作。

 **任务实施**

1. 变配电房维护保养

① 检查电气连接点应接触良好，应无氧化及过热现象，导线无松股断股、过紧过松现象。

② 检查瓷绝缘部分，无掉瓷、破碎、裂纹以及放电痕迹和严重的电晕现象。

③ 检查变压器油湿度是否超过允许值，温升是否正常，有无异常声音。

④ 检查变压器防爆筒有无喷油，油面是否降低，及外壳有无大量漏油。

⑤ 检查电容器的外壳有无膨胀变形，有无异声，示温蜡片是否熔化，三相电流是否平衡，电压是否超过允许值，放电装置是否良好。

⑥ 检查各类断电器的外壳有无破损、裂纹，整定值位置是否变化，断电器工作是否正常。

⑦ 高压真空断路器灭弧室在触头断开时，屏蔽罩内壁应无红色或乳白色光辉。

⑧ 避雷器内部应无异声。

⑨ 各级电压指示是否正常，各路负荷是否超出允许值，其他各种仪表指示信号显示是否正常。

⑩ 检查所有接地线有无松动、折断及锈蚀现象。

⑪ 检查门、窗、孔洞等是否严密，有无小动物进入的痕迹。

⑫ 检查互感器及各种线圈有无异味。

2. 变配电房检查时注意事项

① 检查时应注意安全距离，高压柜前 0.6m，10kV 以下 0.7m。

② 电气设备停电后，在未拉开有关刀闸和采取安全措施以前，不得触及设备或进入遮栏内，以防突然来电。

③ 雷雨天气不得靠近避雷器。

④ 高压设备发生接地故障，检查时要保持一定的距离，室内不得接近故障点 4m 以内，室外不得接近故障点 8m 以内。

⑤ 如遇紧急情况严重威胁设备或人身安全时，值班人员可拉下有关设备的电源开关，但严禁直接拉下高压柜电源开关。

实 训 篇

第一部分

机 械 单 元

实训 1 认识机械安全规范

 实训目的

掌握和遵守安全操作规程。

 点检要点

安全操作规程是为了保证安全生产制定的必须遵守的操作活动规则，是根据企业的生产性质、机器设备的特点和技术要求，结合具体情况及群众经验制定的安全操作守则，是企业进行安全教育也是处理伤亡事故的一种依据。

安全操作规程内容一般包括对作业环境、设备状态、人员状态、操作程序、人机交互和异常情况处理等的规定。具体来说可以分为：作业前、作业中和作业完成后三个阶段。

1. 作业前

① 观察作业天气、采光、地形等情况，清理好工作现场；

② 仔细检查设备的安全装置是否齐备可靠；

③ 人员的精神状态、衣着及劳动防护用品的佩戴。

2. 作业中

① 工件装卡牢固，设备运转时操作者不得离开工作岗位，注意各部位有无异常，发现故障应立即停止操作，及时排除；

② 中断作业应停止设备运行，切断电源；

③ 严禁超性能、超负荷使用设备；

④ 维修设备时，应按设备维修程序操作。

3. 作业完成后

① 各操作手柄、按钮复位，恢复设备状态；

② 所使用的工具要清点，作业用辅助设施应及时拆除；

③ 设备润滑，场地清理；

④ 维修作业要做好设备交接；

⑤ 个人防护用品应在确认作业完成后，最后摘除。

实操考核

请指出漫画图 3-1-1 安全规范考核题中存在的隐患。

图 3-1-1　安全规范考核题

回答（具体请扫描二维码观看）：

① 安全帽佩戴不规范，两人都未系好安全帽帽带；

② 在悬吊的货物下禁止有人工作、通过或者站立；

③ 吊装只有一根钢丝绳，吊装物易掉落；

④ 没有安全插销和舌片的吊钩；

⑤ 货物本体须固定绑牢；

⑥ 货物长度不一，货物的重心不稳定，建议该次吊装分货物长短进行分批吊装；安全出口上锁，安全门应使用便于打开的门销装置。

实训 2　工、量具的使用与保养

 实训目的

会正确使用和保养工、量具。

点检要点

工、量具包括游标卡尺、外径千分尺、听音棒、点检锤、测振笔等，放置传动轴、轴套、蜗轮、蜗杆、带轮、直齿轮、滚动轴承、斜齿轮等零部件用于测量，测量位置如：齿轮内径、轴套内径等。

工、量具使用和保养要点如下。

① 测量工具的分类和选用。根据被测定物体的形状、测定场所、测定范围、所需精度等选用合适的测量工具。

② 测量工具是精密的测定设备。使用中须注意轻拿轻放，避免碰撞，以免造成工具动

作不良或精度不准。

③ 测量工具的测定面的清扫。使用前要认真地擦去各部分的污染物、灰尘，特别是测定面，即使有一点灰尘都可能造成测定误差，所以要很仔细地清扫。

④ 测量工具应定期进行检查和标定，以确保其处于可靠的状态。超过检定周期的量具不要使用。

⑤ 读数时要避免视差。无论是使用标准千分尺还是指针式千分尺，在读数时由于眼睛所处的位置不同会有所差异。所以读数时一定要从正面读取，使视线垂直于刻度或指针。

⑥ 测量工具的保管。应在满足下述条件的情况下进行保管：

a. 避免阳光直射；

b. 湿度低、通风好的地方；

c. 尘埃少的地方；

d. 放入专用的盒子里。

⑦ 公差配合类互换性测量学科知识的学习。

实操考核

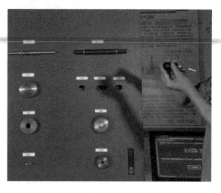

请使用游标卡尺测量陈列柜上（如图 3-1-2 所示）陈列的三个轴套中左侧轴套的内径尺寸，并在智能机电设备点检实训考核系统中（如图 3-1-3 所示）选择正确答案：

A：$\phi25^{+0.120}_{+0.060}$ B：$\phi25^{+0.020}_{-0.040}$ C：$\phi25^{-0.120}_{-0.060}$

已知传动轴左侧轴头直径的设计尺寸为 $\phi25^{\ 0}_{-0.05}$，请在智能机电设备点检实训考核系统中（如图 3-1-3 所示）判断所测轴套与传动轴左侧轴头的配合类型：

图 3-1-2   零件面板

A：间隙配合   B：过渡配合   C：过盈配合

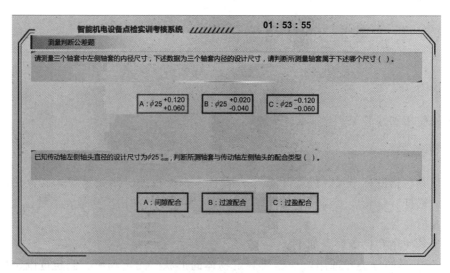

图 3-1-3   智能机电设备点检实训考核系统

回答（具体请扫描二维码观看）：

① 用游标卡尺测量零件面板上（如图 3-1-2 所示）陈列的三个轴套中左侧轴套的内径尺寸为 C：$\phi 25^{+0.120}_{-0.060}$。

② 与传动轴左侧轴头的配合类型为 A：间隙配合。

工、量具的使用与保养

实训 3　连接、传动系统点检与维护

 实训目的

　　风机为工厂常用的设备，具备连接、传动系统的所有特点，以风机为例，学习连接、传动系统的点检与维护。

 点检要点

　　1. 检查风机本体的泄漏情况；

　　2. 检查轴承箱的润滑、冷却情况及温度变化情况；

　　3. 注意机组的振动、噪声及撞击杂声的情况，注意检查电机地脚螺栓，轴承箱地脚螺栓，风机地脚螺栓，轴承箱的轴承状态，润滑油状态等；

　　4. 用电流表监视电动机负荷，观察风机运行负荷状态。

 实操考核

　　在智能机电设备点检实训考核系统中，对图 3-1-4 虚拟风机设备进行点检，根据点检结果完成点检计划表。

图 3-1-4　虚拟风机设备

　　回答：

　　在智能机电设备点检实训考核系统中，如图 3-1-5 所示，根据点检计划表格对虚拟风机设备进行点检，并根据点检结果完成点检计划表，具体请扫描二维码查看。

连接、传动系
统点检与维护

序号	点检内容	点检部位	点检方法	点检标准	点检结果	点检维护
1	风机本体检查	风机内部异声检查	耳听	无异声	正常	
2	风机本体检查	风机密封处异声检查	耳听	无异声	正常	
3	风机本体检查	机壳外观检查	目视	无破损泄漏	选择	选择
4	风机本体检查	紧固件检查	点检锤，目视	无松动无缺失	选择	未处理
5	轴承座检查	轴承座温度检查	点温计	≤80℃	正常	
6	轴承座检查	轴承座螺栓检查	点检锤，目视	无松动无缺失	选择	未处理
7	轴承座检查	轴承座泄漏检查	目视	无泄漏	正常	
8	轴承座检查	轴承座液位检查	目视	在上下刻度线之间	选择	未处理
9	轴承座检查	轴承座外观检查	目视	无裂纹	正常	
10	风门检查	风门动作检查	目视	无卡阻	正常	

图 3-1-5　点检计划表

实训 4　液压传动系统点检与维护

实训目的

掌握液压设备的点检与维护。

点检要点

做好液压设备的点检与维护是保证液压设备正常运转的关键，即使是一台很好的液压设备，如果不注意点检与维护，也会发生故障而影响生产。良好的维护还能使设备处于良好的性能状态，并延长使用寿命。

1. 液压设备的日常点检项目

① 检查油箱液位是否在规定范围内。
② 检查油温是否在规定范围内。
③ 检查系统压力与要求的设定值是否一致。
④ 检查振动和噪声。
⑤ 检查行程开关和限位块紧固螺钉是否松动，以及位置是否正确。
⑥ 检查系统是否漏油。
⑦ 检查执行机构动作是否平稳，速度是否符合要求。
⑧ 检查各执行机构的动作是否按照程序协调动作。
⑨ 检查系统的联锁功能是否动作准确。

2. 液压设备的定期点检项目

① 液压件安装螺栓、液压管路法兰连接螺栓、管接头是否紧固。
② 蓄能器充气压力检查。
③ 蓄能器壳体的检验。

④ 滤油器及空气滤清器。

⑤ 液压软管定期检查更换。

 实操考核

图 3-1-6 所示工件运输、组装装置液压系统回路中，手动换向阀动作后，判断液压缸的下一步动作。

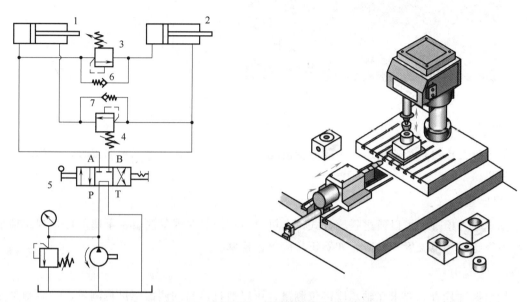

图 3-1-6　工件运输、组装装置液压系统回路
1,2—液压缸；3,4—顺序阀；5—手动换向阀；6,7—单向阀

回答：

① 手动换向阀 5 左位：系统空载，液压缸 1 左腔进油，右腔油液经单向阀 7 回油箱，液压缸 1 活塞杆伸出，液压缸 2 不动；待液压缸 1 到达限定位置，系统压力升高，顺序阀 3 打开，液压缸 2 左腔进油，右腔油液回油箱，液压缸 2 活塞杆伸出。

② 手动换向阀 5 右位：系统空载，液压缸 2 右腔进油，左腔油液经单向阀 6 回油箱，液压缸 2 活塞杆返回，液压缸 1 不动；待液压缸 2 到达限定位置，系统压力升高，顺序阀 4 打开，液压缸 1 右腔进油，左腔油液回油箱，液压缸 1 活塞杆返回。

③ 手动换向阀 5 中位：泵卸荷，左、右液压缸均不动。

实训 5　旋转、往复设备点检与维护

 实训目的

掌握旋转、往复设备的点检与维护，以一级斜齿减速机为例。

点检要点

减速机是原动机和工作机之间的独立的闭式传动装置，用来降低转速、增大转矩，满足工作需要，减速机中包含传动零件（齿轮或蜗杆）、轴、轴承、箱体等部件。

1. 螺栓点检

一般用锤子对螺栓进行点检，正确的方法是手握柄端敲打螺母的横面，见图 3-1-7。如果是拧紧的状态，发出清脆的声音，手也感受到振动；如果是松动的情况，发出浑浊的声音，手感受不到振动。

图 3-1-7　用锤子对螺栓进行点检

2. 异音检查

使用听音棒检查减速机运转中的异音情况，在使用听音棒点检轴承部位时，注意运转状态的变化。

3. 温度检查

轴承温升检查，可以通过手感方式，也可以通过简易测温笔测量轴承座部位，判定轴承温度不得超过环境温度＋40℃，如不正常应停机检修。

4. 振动检查

轴承振动检查，要求在轴承座部位测量，可以通过简易的测振笔进行测量，一般测量振动速度：从轴向、垂直、水平三个方向测量。

 **实操考核**

在智能机电设备点检实训考核系统中，根据一级斜齿减速机点检计划表，如图 3-1-8 所示，对一级斜齿减速机进行点检，并将点检结果输入触摸屏中。

智能机电设备点检实训考核系统				01：59：23	
序号	**点检内容**	**点检部位**	**点检方法**	**点检标准**	**点检结果**	**点检维护**
1	螺栓检查	地脚螺栓	点检锤	紧固、齐全	选择	
2	异音检查	输入轴轴承1	耳听，听音棒	无异音	选择	
3	异音检查	输出轴轴承3	耳听，听音棒	无异音	选择	
4	异音检查	小齿轮	耳听，听音棒	无异音	选择	
5	异音检查	大齿轮	耳听，听音棒	无异音	选择	
6	异音检查	联轴器	耳听，听音棒	无异音	选择	
7	温度检查	输入轴轴承2	点温仪	室温+40℃	选择	
8	温度检查	输出轴轴承4	点温仪	室温+40℃	选择	
9	温度检查	电机轴轴承	点温仪	不超过80℃	选择	
10	振动检查	输入轴	测振笔	无振动或小于1.8m/s	选择	选择

(a) 一级斜齿减速机点检计划表(1)

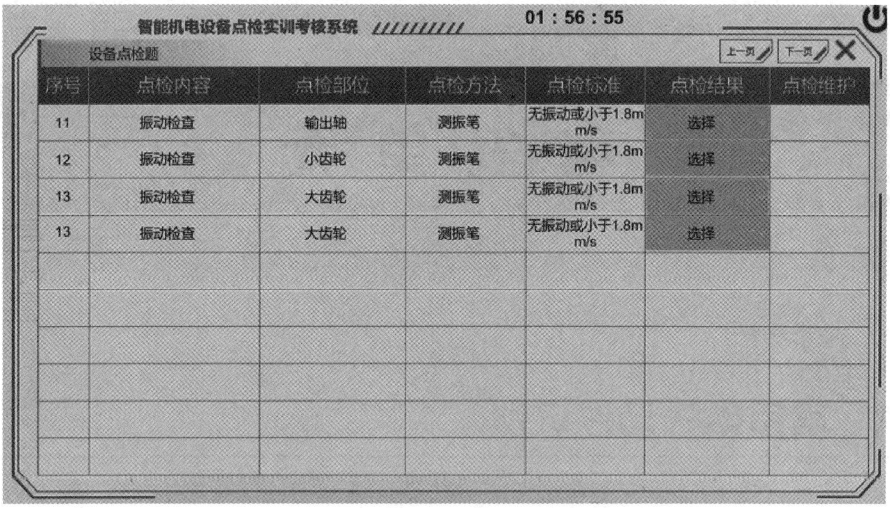

序号	点检内容	点检部位	点检方法	点检标准	点检结果	点检维护
11	振动检查	输出轴	测振笔	无振动或小于1.8m m/s	选择	
12	振动检查	小齿轮	测振笔	无振动或小于1.8m m/s	选择	
13	振动检查	大齿轮	测振笔	无振动或小于1.8m m/s	选择	
13	振动检查	大齿轮	测振笔	无振动或小于1.8m m/s	选择	

智能机电设备点检实训考核系统　01：56：55　上一页　下一页

(b) 一级斜齿减速机点检计划表(2)

图 3-1-8　**一级斜齿减速机点检计划表**

① 对螺栓进行点检，并将点检结果输入点检计划表中。

② 异音检查，并将点检结果输入点检计划表中。

③ 温度检查，并将点检结果输入点检计划表中。

④ 振动检查，并将点检结果输入点检计划表中。

回答：

　　根据点检计划表格对一级斜齿减速机进行点检，并根据点检结果完成点检计划表，具体请扫描二维码查看。

动画扫一扫

旋转、往复设备点检与维护

第二部分

电 气 单 元

实训 1　常用电气元件识别

 实训目的

掌握各种常用元器件的功能、参数，通过了解它们在电路中的作用、元件结构、工作原理来掌握设备正常运行情况。

 点检要点

作为冶金设备点检的工作者，识别电气元件的重要性，毋庸置疑。考虑到电气设备的多样性、条件限制等因素，将电气设备认知分为对实物和 3D 虚拟设备的认知。

① 各品牌、型号元器件的认知，包含外形、结构、功能、参数及原理等。如配电电器、控制电器、主令电器、保护电器、执行电器等；

② 电气图形符号及电路的认知，包含图形符号及文字符号；如高压电气部件及低压常用电气元件的图形符号含义；

③ 电气专业常用英语及缩写；

④ PLC 常用指令块的认知。

实操考核

请在智能机电设备点检实训考核系统（如图 3-2-1 所示常用电气元件识别）中选择"交

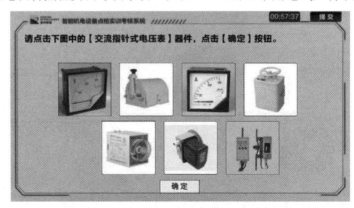

图 3-2-1　常用电气元件识别

流指针式电压表"器件,然后点击确定按钮。

回答(具体请扫描二维码观看):

点击题目(图 3-2-1)中的第一张图片——交流指针式电压表
(图 3-2-2),然后点击确定按钮。

**常用电气
元件识别**

图 3-2-2　交流指针式电压表

实训 2　电气设备状态检查

实训目的

设备状态检查是按照电气设备点检作业流程的规定,选用适当方法和装置来检查测量设备的状态信息,检查电气设备状态是否运行正常。

点检要点

① 利用人的五种感官,通过人的眼睛看、耳朵听、手摸、鼻子闻气味、口尝等所谓的五种感官功能作为主要的检查手段(装有仪表的当然根据仪表指示),按标准进行检查,根据电气设备的声音、振动、气味、变色、温度等参数判断其运行状态。

② 使用简单的听音棒、万用表、简易测振仪、红外点温仪等作为主要的检查手段(装有仪表的当然根据仪表指示),对电气设备的声音、振动、气味、变色、温度等进行判断,以确定电气设备的运行状态。

实操考核

选取工业企业通用的桥式起重机为载体,进行系统及被控对象的典型化设计,采用虚拟形式模拟桥式起重机运行方式,保留桥式起重机核心电路,综合多种电气传动控制系统的考核装置。系统能自动随机设置电气设备初始故障状态,学员通过使用"五感"、红外测温枪、热成像仪器等方法,按照点检计划表内的内容,检测柜内照明、控制器状态指示灯、各用电设备温度等项目。点检完成后进行记录,考核管理系统会对学员的点检记录表进行评分。

图 3-2-3 所示为电气设备状态检查考核,由学员按照电气点检计划表的内容,目测观察各控制器状态指示灯,操控操作台进行试车,检查大车左右移动、小车前进后退、主钩升降、副钩升降运行是否正常,使用热像仪检测各用电设备温度状况。

图 3-2-3　电气设备状态检查考核

动画扫一扫

电气设备
状态检查

回答（具体请扫描二维码观看）：

在智能机电设备点检实训考核系统中，根据点检的实际情况填写点检计划表（如表 3-2-1 所示）。

表 3-2-1　电气设备点检计划

序号	点检部位	点检项目	点检要求及标准	点检方法	是否正常	备注
1	电源控制柜	柜内照明	电源控制柜内有照明	目视		
2		KM 接触器	主接触器触点系统和导线连接处不超过 75℃	检测		
3		PLC	PLC 状态指示灯指示正常	目视		
4		柜门	电压电流表正常显示	目视、检测		
5			各指示灯显示正常	目视、检测		
6	平移控制柜	柜内照明	电源控制柜内有照明	目视		
7		QF11 断路器	断路器触点系统和导线连接处不超过 75℃	检测		
8		QF21 断路器	断路器触点系统和导线连接处不超过 75℃	检测		
9		变频器	西门子 MM440 状态指示灯显示正常	目测		
10	主起升控制柜	柜内照明	电源控制柜内有照明	目视		
11		QF31 断路器	断路器触点系统和导线连接处不超过 75℃	检测		
12		KM31 接触器	KM31 接触器触点系统与导线连接处不超过 75℃	检测		
13		A03 变频器	西门子 G120 变频器状态指示灯显示正常	检测		
14	副起升控制柜操作设备	柜内照明	电源控制柜内有照明	目视		
15		定子调压调速装置	定子调压调速装置状态显示正常，无报警	目视，检测		
16		QF41 断路器	断路器触点系统和导线连接处不超过 75℃	检测		
17	联动台	脚踏开关	脚踏开关动作后，声音无异常	检测		
18		联动台指示灯	电源启动后，状态指示灯无异常	目视		

实训 3　过程控制系统维护

 实训目的

对原设计、安装、调试不当存在的问题，或由于生产工艺、生产运行条件发生变化带来的新要求，提出优化方案或按要求采取相应措施。

点检要点

① 优化执行装置，调节参数位置。

② 优化程序，改进系统性能。

③ 优化软件控制方案。

④ 优化硬件的调节参数。

⑤ 优化系统控制程序与参数。

⑥ 调整执行装置的动态特性和控制特性。

⑦ 维护、调整软件控制参数。

⑧ 维护通信网络设备的状态。

⑨ 维护执行装置定位器定位精度。

⑩ 构建工艺设备控制系统，确定方案。

⑪ 检测功能模块和通信网络设备。

⑫ 调整交直流传动系统性能参数。

⑬ PLC 控制技术及应用。

⑭ 变频器控制技术及应用。

⑮ 传感器及检测装置的维护及使用。

实操考核

智能转速位置控制考核系统是自动设置制动器初始异常状态，并根据惯性负载的特性，完成基于 PLC 的快速位置随动系统的机电一体化考核系统。系统分为机械调整和电气设计考核两部分，主要由惯性负载模拟装置、电气控制柜、含有编程软件的电脑组成，惯性负载模拟装置包括：蜗杆减速机、笼型电机、抱闸制动器、增量值编码器等。

① 学员登录图 3-2-4 考核系统后，系统随机设置制动器初始异常状态，学员根据系统提示进行操作，使大车"制动距离"达到题目的要求。

图 3-2-4　考核系统

② 惯性负载性能调整，使用合适的工具调整推杆补偿行程至 5～12mm 范围内。

③ 设计 PLC 程序和调整变频器的参数，控制大车运行，使大车在最短时间内，在 20m、45m、75m 位置各停一次，每次稳态误差为±5mm，振荡≤2 次。（程序设计与调试次数不限。）

回答（具体请扫描二维码观看）：

① 机械调整，学员操作如图 3-2-5 所示。

② 电气设计考核，学员操作如图 3-2-6、图 3-2-7 所示。

过程控制
系统维护

动画扫一扫

图 3-2-5　学员操作（1）

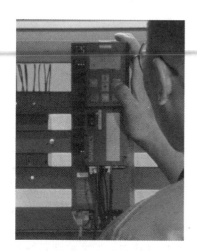

图 3-2-6　学员操作（2）

图 3-2-7　学员操作（3）

第三部分

仪 器 单 元

实训1　信号传递及现场操作设备状态点检与维护

 实训目的

掌握使用 HART 手操器进行点检和维护。

 点检要点

在过程控制中常用的现场传递信号有模拟量信号、数字量信号、HART 信号等，对于 HART 信号需要使用 HART 手操器进行点检和维护，通过 HART 手操器可以完成对现场仪表的压力、温度、流量等信号的读取和变送器的校准、设置零点偏移、输出信号上下限等维护工作。

1. HART 手操器的使用

　① 对 HART 手操器进行正确开关机、界面切换。
　② 检查与现场仪表的接线是否正确。
　③ 对于 HART 手操器的保养是否正确。

2. 信号传递情况的点检

　① 现场信号传递是否正常。
　② 现场信号和表显是否一致。
　③ 现场信号是否可以更改。
　④ 现场信号和 DCS 接收信号是否一致。

实操考核

请使用 HART 手操器测量冷水箱的水深，实物操作题如图 3-3-1 所示，并将数据填写至智能机电设备点检实训考核答题系统中，以完成对手操器使用的考察。

回答：

正确使用 HART 手操器，如图 3-3-2 所示，读出水深数据。具体操作请扫描二维码查看。

动画扫一扫

信号传递及现场操作设备状态点检与维护

图 3-3-1 实物操作题

图 3-3-2 学员操作

实训 2 测量、显示仪表维护

 实训目的

正确维护测量、显示仪表。

 点检要点

系统中显示仪表有压力、温度、液位等变送器，压力和差压变送器是工业自动化仪表与装置中的大类仪表，广泛应用于冶金、化工等行业。压力变送器主要是测量工艺介质的压力，也可间接地测量液位，差压变送器和节流装置配套测量工艺装置中的流量。

测量、显示仪表的点检与维护如下。

① 外观检查（是否锈蚀和破损、铭牌是否脱落）；

② 检查三组阀和导压管是否有泄漏；

③ 检查信号显示是否有异常（与平时的正常值比较）；

④ 检查紧固件及安装支架、底座等是否牢固，有无松动现象；

⑤ 检查接插件、端子接线是否接触良好、可靠，是否有腐蚀和松动现象，电缆及电缆保护管是否完好；

⑥ 在冬季，对露天的变送器的防冻设备要重点检查，一旦导压管中的介质（液体）冻结，会影响变送器的正常测量，严重的会把传感器冻坏。

 实操考核

在智能机电设备点检实训考核系统中，请根据图 3-3-3 情况判断现场测量、显示仪表是否需要点检。

回答：

图 3-3-3 中，A：电缆破损裸露影响数据稳定性，B：明显接线端子松动有虚接现象，C：变送器铭牌被遮挡不便于设备点检，所以这三个现象都需要点检。具体请扫描二维码查看。

测量、显示仪表维护

图 3-3-3 显示仪表

[1] 张福臣. 液压与气压传动 [M]. 北京：机械工业出版社，2016.

[2] 刘建明，何伟利. 液压与气压传动 [M]. 北京：机械工业出版社，2019.

[3] 黄志坚. 液压系统典型故障治理方案 200 例 [M]. 北京：化学工业出版社，2011.

[4] 张利平. 液压元件与系统故障诊断排除典型案例 [M]. 北京：化学工业出版社，2011.

[5] 黄志坚. 液压元件与系统故障诊断排除典型案例 [M]. 北京：化学工业出版社，2019.

[6] 强生泽. 电工实用技能 [M]. 北京：中国电力出版社，2015.

[7] 王庆有. 图像传感器应用技术 [M]. 北京：电子工业出版社，2003.

[8] 浣喜明，姚为正. 电力电子技术 [M]. 北京：高等教育出版社，2021.

[9] 单海鸥，刘晓琴. 电力电子变流技术 [M]. 北京：中国石化出版社，2017.

[10] 刘介才. 工厂供电 [M]. 北京：机械工业出版社，2015.

[11] 袁晓东. 机电设备安装与维护 [M]. 2 版. 北京：北京理工大学出版社，2014.

[12] 李葆文. 现代设备资产管理 [M]. 北京：机械工业出版社，2009.

[13] 张友诚. 现代企业设备管理 [M]. 北京：中国计划出版社，2006.

[14] 张翠凤. 机电设备诊断与维修技术 [M]. 2 版. 北京：机械工业出版社，2011.

[15] 蒋立刚，成成祥. 现代设备管理、故障诊断及维修技术 [M]. 哈尔滨：哈尔滨工程大学出版社，2010.

[16] 杨志伊. 设备状态检测与故障诊断 [M]. 北京：中国计划出版社，2007.

[17] 郁君平. 设备管理 [M]. 北京：机械工业出版社，2011.

[18] 张孝桐. 设备点检管理手册 [M]. 北京：机械工业出版社，2013.

[19] 李葆文. 设备管理新思维新模式 [M]. 北京：机械工业出版社，2019.

[20] 蒋立刚，陈再富. 冶金机械设备故障诊断与维修 [M]. 北京：冶金工业出版社，2015.

[21] 侯向东. 高炉冶炼操作与控制 [M]. 北京：冶金工业出版社，2012.

[22] 雷亚，杨治立，任正德，等. 炼钢学 [M]. 北京：冶金工业出版社，2014.

[23] 袁建路，陈敏. 轧钢机械设备维护 [M]. 北京：冶金工业出版社，2016.

[24] 王庆春. 冶金通用机械与冶炼设备 [M]. 北京：冶金工业出版社，2015.

[25] 李明照，许并社. 铜冶炼工艺 [M]. 北京：化学工业出版社，2012.

[26] 王克勤. 铝冶炼工艺 [M]. 北京：化学工业出版社，2010.

[27] 张群生. 液压与气压传动 [M]. 北京：机械工业出版社，2015.

[28] 《电气装置安装工程 接地装置施工及验收规范》GB 50169—2016

[29] 《电气装置安装工程 低压电器施工及验收规范》GB 50254—2014

[30] 《电气装置安装工程 电气设备交接试验标准》GB 50150—2016

[31] ISO 4406：2021 Hydraulic fluid power-Fluids-Method for coding the level of contamination by solid particles [S]. 2021.